校企合作双元开发新形态信息化教材
高等职业教育土木建筑类“十四五”技能型人才培养实用教材

工程招投标与合同管理

主　编　陈丽娟　何继坤　曹　丹
副主编　庄　重　黎伟林

教材课件

西南交通大学出版社
·成　都·

图书在版编目（CIP）数据

工程招投标与合同管理 / 陈丽娟，何继坤，曹丹主编. —成都：西南交通大学出版社，2023.1
高等职业教育土木建筑类“十四五”技能型人才培养实用教材
ISBN 978-7-5643-9025-9

Ⅰ. ①工… Ⅱ. ①陈… ②何… ③曹… Ⅲ. ①建筑工程－招标－高等职业教育－教材②建筑工程－投标－高等职业教育－教材③建筑工程－合同－管理－高等职业教育－教材 Ⅳ. ①TU723

中国版本图书馆 CIP 数据核字（2022）第 221366 号

高等职业教育土木建筑类“十四五”技能型人才培养实用教材
Gongcheng Zhaotoubiao yu Hetong Guanli
工程招投标与合同管理

主编 陈丽娟 何继坤 曹 丹

责任编辑 罗在伟
封面设计 何东琳设计工作室

出版发行 西南交通大学出版社
（四川省成都市金牛区二环路北一段 111 号
西南交通大学创新大厦 21 楼）
邮政编码 610031
发行部电话 028-87600564 028-87600533
网址 http://www.xnjdcbs.com
印刷 四川森林印务有限责任公司

成品尺寸 185 mm × 260 mm
印张 17
字数 425 千
版次 2023 年 1 月第 1 版
印次 2023 年 1 月第 1 次
书号 ISBN 978-7-5643-9025-9
定价 48.00 元

前言
PREFACE

招投标与合同管理工作是工程建设中十分重要的环节，也是建筑施工企业主要的生产经营活动之一。随着建筑市场的快速发展，在竞争日益激烈的建筑市场环境下，建筑相关企业对负责招标投标岗位的人才需求也越来越多，对工程招标投标人员工作能力的要求也越来越高，急需生产、建造、管理、服务等一线的技术应用型人才。

本书是根据高等教育土木建筑类专业的人才培养方案，参照《中华人民共和国招标投标法》(简称《招标投标法》)《评标专家和评标专家库管理暂行办法》《电子招标投标办法》《房屋建筑和市政基础设施工程施工招标投标管理办法》等国家现行的有关规范和标准，结合笔者多年的招投标与合同管理工作及教学经验编写而成。全书分为9个项目，内容包括建设工程市场与法律制度，建设工程招标与投标，建设工程施工招标，建设工程施工投标，建设工程开标、评标与定标，合同与法律法规，建设工程合同管理，建设工程施工索赔管理，国际合同条件及管理等。本书根据“以学生为主体，教师为主导”的原则编写教学目标，同时以招投标工作过程为导向，以任务为引领，培养学生完成实际招投标中各项工作任务的能力，充分体现了工学结合的理念。同时，紧密结合当今建筑市场的变化和需求，注重理论与实践的结合，内容精练、重点突出，并附有多种类型的习题供读者选用。让学生能够通过学习，在掌握专业理论知识的基础上，提升专业技能与职业素养，使其更加熟悉招投标各项工作过程和操作要点，为其从事招投标工作奠定良好的基础。

本书结合建设工程招投标市场管理和运行中出现的新政策、新规范、新理念，系统地阐述了建设工程招投标、政府采购、评标与定标、合同管理等基本理论以及应遵循的工作程序。依据建设工程交易过程中招标方与投标方的工作程序和工作内容，重点介绍了招投标的各项程序和工作。着眼于学生就业所需的专业知识和操作技能，力求学习过程与工作过程相一致，对工程、咨询服务、政府采购及货物招标全过程的实务操作能力进行了系统的训练，满足建设工程招投标管理中相关技术领域和岗位工作的操作技能要求。

本书由陈丽娟（重庆能源职业学院）、何继坤（成都纺织高等专科学校）和曹丹（成都纺织高等专科学校）担任主编，庄重（成都建工第四建筑工程有限公司）、黎伟林（四川范泽律师事务所）担任副主编，其中项目 1、项目 5、项目 7 由陈丽娟编写，项目 2、项目 3 由何继坤编写，项目 4、项目 6 由曹丹编写，项目 8 由黎伟林编写，项目 9 由庄重编写。本书可作为高等（职业）院校工程管理、工程造价、房地产经营与管理、土木工程等专业的教材或教学参考书，也可作为工程招投标人员、预算报价人员、合同管理人员、工程技术人员和企业管理人员业务培训教材，也可供工程技术人员报考建造师、造价工程师等作为参考用书。在编写过程中借鉴和参考了相关专家学者的有关著作，在此对相关材料作者表示由衷的感谢！

鉴于编者水平有限，书中难免存在不足和疏漏之处，恳请广大读者批评指正。

编　者

2022 年 10 月

目录
CONTENTS

项目 1　建设工程市场与法律制度

案例导入

某医院医技大楼设计建筑面积 19 945 m^2，预计造价 7 400 万元；其中土建工程造价为 3 402 万元，配套设备暂定造价为 3 998 万元。该工程项目在某省建设工程交易中心以总承包方式向社会公开招标。

以“某房地产有限公司总经理”身份对外的承包商郑某获悉该项目的相关情况后，分别向 4 家建筑公司联系，寻求挂靠这 4 家公司参与投标。这 4 家公司在未对郑某的公司资质和业绩进行审查的情况下，就同意其挂靠，并分别商定了合作条件：一是投标保证金由郑某支付；二是其建筑公司代替郑某编制标书，由郑某支付劳务费，其余 3 家公司的经济标书由公司自行编制；三是项目中标后全部或部分工程由郑某组织施工，挂靠单位收取占工程造价 3%～5%的管理费。上述 4 家公司违法出让资质证明，为郑某搞串标活动提供了条件。当年 1 月郑某给 4 家公司各汇去 30 万元投标保证金，并支付给各家建筑公司 1.5 万元编制标书的劳务费。

为揽到该项目，郑某还拉拢某交易中心评标处副处长张某、办公室副主任陈某。张、陈两人积极为郑某提供业务咨询服务，不惜泄露招投标中有关保密事项，甚至带郑某到审核标底现场向有关人员打探标底，后因现场具有严格的监督而未得逞。

评标当日，评标委员会置该项目的招标文件规定于不顾，擅自改变了评标的时间和流程，致使评标委员会成员没有足够时间对投标响应文件进行细致的评审，一些响应内容明显存在违反招标文件的规定而未被发现。同时，评标委员会在评审中还把标底价 50%以上的配套设备暂定价 3 998 万元剔除，使造价总体下浮变为部分下浮，影响了评标结果的合理性。评标结束，郑某挂靠的 4 家公司均未中标。郑某便鼓动这 4 家公司向有关部门投诉，设法改变评标结果。因不断发生投诉，有关单位未发出中标通知书。

提出问题

1. 建筑市场的概念是什么，建筑市场的主体有哪些？
2. 建设工程交易中心的基本功能有哪些？
3. 本案例中出现了哪些建筑市场中的违法违规行为？

分析问题

1. 建筑市场的主体是指参与建筑生产交易的各方，包括业主、承包商和工程咨询服务机构等。本案例中的业主是医院。

2. 建设工程交易中心根据国家法律法规成立，是一种有形的建筑市场，负责收集和发布建设工程信息，依法办理建设工程的有关手续，提供和获取政策法规及技术经济咨询服务。建设工程交易中心主要有以下基本功能：（1）信息服务功能；（2）集中办公功能；（3）监督管理职能。

3. 本案例中出现多处违法违规行为：（1）以“某房地产有限公司总经理”身份对外的承包商郑某得知该项目的情况后，即分别向4家建筑公司活动，要求挂靠这4家公司参与投标。资质的挂靠是违法行为。承包建筑工程的单位应当持有依法取得的资质证书，并在其资质等级许可的业务范围内承揽工程。（2）郑某与4家公司商定了“合作”条件，3家公司的经济标书由郑某编制，属于串通投标，简称“串标”，也是违法行为。（3）评标委员会无视招标文件的内容，擅自修改评标时间和流程、删除暂定价等行为均属于招投标活动中的违规行为。（4）交易中心评标处副处长张某、办公室副主任陈某也不应私自与郑某联系，泄露招投标中有关保密事项。

项目导学

微课：“建设工程市场与法律制度”导学

1. 学习内容

建筑市场的概念、建筑市场主体与客体、资质管理制度、交易中心的功能和作用等。

2. 知识目标

了解建筑市场的概念及管理体制，掌握建设工程市场的资质管理及相关法律制度，熟悉建设工程市场的主体与客体、掌握建设工程交易中心的职责与办事流程。

3. 能力目标

能够根据建筑市场的概念判断建筑市场的类型，根据资质管理相关法律制度分析问题解决问题，能够准确梳理建筑市场中各主体之间的关系。

4. 素养目标

增强学生对社会主义核心价值观的认同，着重体会“自由、平等、公正、法治”在建筑市场运行中的内涵。

1.1 建筑市场概述

1.1.1 建筑市场的概念

建筑市场管理，是指各级人民政府建设行政主管部门、工商行政管理机关等有关部门，按照各自的职权，对从事各种房屋建筑、土木工程、设备安装、管线敷设等勘察设计、施工、监理，以及建筑构配件、非标准设备加工生产等发包和承包活动的监督、管理。

建筑市场是建设工程市场的简称，是进行建筑商品和相关要素交换的市场。建筑市场是固定资产投资转化为建筑产品的交易场所，由有形建筑市场和无形建筑两部分构成。

狭义的建筑市场是指有形建筑市场，有固定交易场所。但由于建筑商品体形庞大、无法移动，不可能集中在一定的地方交易，所以一般意义上的建筑市场为无形市场，没有固定交易场所。它主要通过招标投标等手段，完成建筑商品交易。当然，交易场所随建筑工程的建设地点和成交方式不同而变化。

广义的建筑市场是指商品交换关系的总和，包括狭义的建筑市场、建筑商品的需求程度、建筑商品交易过程中形成的各种经济关系等。例如：与工程建设有关的技术、租赁、劳务等各种要素市场；为工程建设提供服务的各种中介组织；通过广告、通信、中介机构或经纪人等沟通买卖双方或通过招投标等多种方式成交的各种交易活动；建设商品生产过程及流通过程中的经济联系和经济关系。

1.1.2 建筑市场的主体

市场主体是一个庞大的体系，包括各类自然人和法人。在市场生活中，不论哪类自然人和法人，总是要购买商品或接受服务，同时销售商品或提供服务，其中，企业是最重要的一类市场主体。因为企业既是各种生产资料和消费品的销售者，也是资本、技术等生产要素的提供者，又是各种生产要素的购买者。

建筑市场的主体是指参与建筑生产交易的各方，包括业主、承包商和工程咨询服务机构等。

1. 业　主

业主是指既有进行某种工程的需求，又具有工程建设资金和各种准建手续，在建筑市场中发包建设任务，并最终得到建筑产品达到其投资目的的法人、其他组织和个人。他们可以是学校、医院、工厂、房地产开发公司，或是政府及政府委托的资产管理部门，也可以是个人。在我国工程建设中常将业主称为建设单位或甲方、发包人。

业主应具备的基本条件：

（1）拥有符合国家规定的注册资本；

（2）拥有与资质相适应且具有注册执业资格的专业技术和管理人员；

（3）有从事相应建筑活动所必需的技术装备。

业主在工程建设中的主要职责：

（1）建设项目立项决策；

（2）建设项目资金筹措与管理；

（3）办理建设项目的有关手续，如征地、报建、施工许可证等；

（4）建设项目的招投标与合同管理；

（5）建设项目的施工与质量管理；

（6）建设项目的竣工验收与试运行；

（7）建设项目的统计与文档管理。

2. 承包商

承包商是指具有一定生产能力、技术装备、流动资金，拥有承包工程建设任务的营业资格，在建筑市场中能够按照业主的要求，提供不同形态的建筑产品，并获得工程价款的建筑业企业。在我国工程建设中承包商又称为乙方。

按照不同的承包方式，承包商可分为施工总承包企业、专业承包企业、劳务分包企业。按照不同的生产形式，承包商又可分为勘察、设计单位，建筑安装施工企业，混凝土预制构件、非标准件制作等生产厂家，商品混凝土供应站、建筑机械租赁单位，以及专门提供劳务的企业等。

承包商应具备的基本条件：

（1）具有符合国家规定的注册资金；

（2）具有从事建筑活动相适应的具有法定执行资格的专业技术人员；

（3）具有从事相关建筑活动所应有的技术设备；

（4）满足法律、行政法律规定的其他条件。

承包商是工程建设的实施者。在市场经济条件下，承包商通过市场竞争取得施工项目，需要依靠自身的实力赢得市场，从获取合同到实施合同，承包商都要组织大量人力、物力实施建设工作。承包商的实力主要包括以下 4 个方面：

（1）技术方面的实力。有精通本行业的工程师、造价工程师、项目经理、合同管理等专业人员队伍；有工程设计、施工专业装备，解决各类工程施工中的技术难题的能力；有承揽不同类型项目施工的经验等。

（2）经济方面的实力。具有相当的周转资金用于工程准备及备料；具有相当的固定资产和为完成项目采购大型设备所需的资金；具有支付各种担保和保险的能力，能承担相应风险的能力；承担国际工程尚需具备筹集外汇的能力。

（3）管理方面的能力。做好工程管理是承包商获得项目成功的一个关键环节。应注意应用现代管理手段，不断提高项目管理水平。

（4）信誉方面的能力。承包商要有良好的信誉，它将直接影响企业的生存与发展，而要建立良好的信誉必须遵守法律法规。

3. 工程咨询服务机构

工程咨询服务机构是指具有一定注册资金、工程技术、经济管理人员、取得建设咨询证书和营业执照，能对工程建设提供估算测量、管理咨询、建设监理等智力型服务，并获取相应费用的中介组织。工程咨询服务包括勘察设计、工程造价（测量）、工程管理、招标代理、工程监理等多种业务。

其中，招标代理机构是依法设立、从事招标代理业务并提供相关服务的社会中介组织，业务范围包括从事招标代理业务，即接受招标人委托，组织招标活动。具体业务活动包括帮助招标人或受其委托拟定招标文件，依据招标文件的规定，审查投标人的资质，组织评标、定标等。

招标代理机构设立条件包括以下 3 个方面：

（1）具有固定的营业场所以便于开展招标代理业务。

（2）具有与其所代理的招标业务相适应的能够独立编制有关招标文件、有效组织评标活动的专业队伍和技术设施，包括有熟悉招标业务所在领域的专业人员，有提供行业技术信息的情报手段及有一定的从事招标代理业务的经验等等。

（3）应当备有依法可以作为评标委员会成员人选的技术、经济等方面的专家库，其中所储备的专家均应当从事相关领域工作 8 年以上并具有高级职称或者具有同等专业水平。

1.1.3 建筑市场的客体

建筑市场客体是指一定量的可供交换的商品和服务，它包括有形的物质产品和无形的服务，以及各种商品化的资源要素，如资金、技术、信息和劳动力等。市场活动的基本内容是商品交换，若没有交换客体，就不存在市场，具备一定量的可供交换的商品，是市场存在的物质条件。

在不同的生产交易阶段，建筑产品表现为不同的形态。它可以是中介机构提供的咨询报告、咨询意见或其他服务，可以是勘察设计单位提供的设计方案、设计图纸、勘察报告，可以是生产厂家提供的混凝土构件、非标准预制构件等产品，也可以是施工企业提供的最终产品——各种各样的建筑物和构筑物。

由于建筑产品地点的固定性、类型的多样性和体形庞大等三大主要特点，决定了建筑产品生产的特点与一般工业产品生产的特点相比较具有自身的特殊性。

（1）建筑产品的固定性和生产过程的流动性。建筑物与土地相连，不可移动。这就要求施工人员和施工机械只能随建筑物不断流动，从而使施工管理具有多变性和复杂性。

（2）建筑产品的单件性。由于业主对建筑产品的用途、性能要求不同以及建设地点的差异性，决定了多数建筑产品都需要单独进行设计，不能批量生产。建筑市场的买方只能通过选择建筑产品的生产单位来完成交易。业主选择的不是产品，而是产品的生产单位。

（3）建筑产品的整体性和分部分项工程的相对独立性。这个特点决定了总包和分包相结合的特殊承包形式。随着经济的发展和建筑技术的进步，施工生产的专业性越来越强。在建筑生产中，由各种专业施工企业分别承担工程的土建、安装、装饰、劳务分包，有利于施工生产技术和效率的提高。

（4）建筑生产的不可逆性。建筑产品一旦进入生产阶段，其产品则不可能退换，也难以重新建造，否则双方都将承受极大的损失。所以，建筑生产的最终产品质量是由各阶段成果的质量决定的，设计、施工必须按照规范和标准进行，才能保证生产出合格的建筑产品。

（5）建筑产品的社会性。绝大部分建筑产品都具有相当广泛的社会性，涉及公众的利益和生命财产的安全。政府作为公众利益的代表，加强对建筑产品的规划、设计、交易、建造管理是十分必要的，有关工程建设的市场行为都应受到管理部门的监督和审查。

1.2 建设工程市场的资质管理

为保证建设工程的质量和安全，对从事建设活动的单位和专业技术人员实行从业资格管理，即资质管理制度。建筑市场中的资质管理包括两类：一是对从业企业的资质管理；二是对专业人士的资格管理。

1.2.1 从业企业资质管理

《中华人民共和国建筑法》（简称《建筑法》）规定，对从事建筑活动的工程监理企业、勘察企业、设计企业和施工企业实行资质管理。

1. 工程监理企业资管管理

《工程监理企业资质管理规定》（原建设部令第 158 号）中规定，工程监理企业资质分为综合资质、专业资质和事务所资质。其中，专业资质按照工程性质和技术特点划分为若干工程类别。

综合资质、事务所资质不分级别。专业资质分为甲级、乙级；其中，房屋建筑、水利水电、公路和市政公用专业资质可设立丙级。

工程监理企业的资质等级标准如下：

1）综合资质标准

① 具有独立法人资格且注册资本不少于 600 万元。

② 企业技术负责人应为注册监理工程师，并具有 15 年以上工程建设工作的经历或者具有工程类高级职称。

③ 具有 5 个以上工程类别的专业甲级工程监理资质。

④ 注册监理工程师不少于 60 人，注册造价工程师不少于 5 人，一级注册建造师、一级注册建筑师、一级注册结构工程师或者其他勘察设计注册工程师合计不少于 15 人次。

⑤ 企业具有完善的组织结构和质量管理体系，有健全的技术、档案等管理制度。

⑥ 企业具有必要的工程试验检测设备。

⑦ 申请工程监理资质之日前一年内没有《工程监理企业资质管理规定》第十六条禁止的行为。

⑧ 申请工程监理资质之日前一年内没有因本企业监理责任造成重大质量事故。

⑨ 申请工程监理资质之日前一年内没有因本企业监理责任发生三级以上工程建设重大安全事故或者发生两起以上四级工程建设安全事故。

2）专业资质标准

（1）甲　级

① 具有独立法人资格且注册资本不少于 300 万元。

② 企业技术负责人应为注册监理工程师，并具有 15 年以上从事工程建设工作的经历或者具有工程类高级职称。

③ 注册监理工程师、注册造价工程师、一级注册建造师、一级注册建筑师、一级注册结构工程师或者其他勘察设计注册工程师合计不少于 25 人次；注册造价工程师不少于 2 人。

④ 企业近 2 年内独立监理过 3 个以上相应专业的二级工程项目，但是，具有甲级设计资质或一级及以上施工总承包资质的企业申请本专业工程类别甲级资质的除外。

⑤ 企业具有完善的组织结构和质量管理体系，有健全的技术、档案等管理制度。

⑥ 企业具有必要的工程试验检测设备。

⑦ 申请工程监理资质之日前一年内没有本规定第十六条禁止的行为。

⑧ 申请工程监理资质之日前一年内没有因本企业监理责任造成重大质量事故。

⑨ 申请工程监理资质之日前一年内没有因本企业监理责任发生三级以上工程建设重大安全事故或者发生两起以上四级工程建设安全事故。

（2）乙　级

① 具有独立法人资格且注册资本不少于 100 万元。

② 企业技术负责人应为注册监理工程师，并具有10年以上从事工程建设工作的经历。

③ 注册监理工程师、注册造价工程师、一级注册建造师、一级注册建筑师、一级注册结构工程师或者其他勘察设计注册工程师合计不少于15人次；注册造价工程师不少于1人。

④ 具有较完善的组织结构和质量管理体系，有技术、档案等管理制度。

⑤ 具有必要的工程试验检测设备。

⑥ 申请工程监理资质之日前一年内没有本规定第十六条禁止的行为。

⑦ 申请工程监理资质之日前一年内没有因本企业监理责任造成重大质量事故。

⑧ 申请工程监理资质之日前一年内没有因本企业监理责任发生三级以上工程建设重大安全事故或者发生两起以上四级工程建设安全事故。

（3）丙　级

① 具有独立法人资格且注册资本不少于50万元。

② 企业技术负责人应为注册监理工程师，并具有8年以上从事工程建设工作的经历。

③ 有必要的质量管理体系和规章制度。

④ 具有必要的工程试验检测设备。

3）事务所资质标准

① 取得合伙企业营业执照，具有书面合作协议书。

② 合伙人中有3名以上注册监理工程师,合伙人均有5年以上从事建设工程监理的工作经历。

③ 具有固定的工作场所。

④ 具有必要的质量管理体系和规章制度。

⑤ 具有必要的工程试验检测设备。

2. 工程勘察设计企业资质管理

1）工程勘察企业资质管理

工程勘察资质分为工程勘察综合资质、工程勘察专业资质、工程勘察劳务资质。

工程勘察综合资质只设甲级；工程勘察专业资质根据工程性质和技术特点设立类别和级别；工程勘察劳务资质不分级别。取得工程勘察综合资质的企业，承接工程勘察业务范围不受限制；取得工程勘察专业资质的企业，可以承接同级别相应专业的工程勘察业务；取得工程勘察劳务资质的企业，可以承接岩土工程治理、工程钻探、凿井工程勘察劳务工作。

2）工程设计企业资质管理

工程设计资质分为工程设计综合资质、工程设计行业资质、工程设计专项资质。

工程设计综合资质只设甲级；工程设计行业资质和工程设计专项资质根据工程性质和技术特点设立类别和级别。取得工程设计综合资质的企业，其承接工程设计业务范围不受限制；取得工程设计行业资质的企业，可以承接同级别相应行业的工程设计业务；取得工程设计专项资质的企业，可以承接同级别相应的专项工程设计业务。取得工程设计行业资质的企业，可以承接本行业范围内同级别的相应专项工程设计业务，不需再单独领取工程设计专项资质。

3. 施工企业资质管理

《建筑业企业资质管理规定》（2015 修订）中规定，建筑业企业是指从事土木工程、建筑工程、线路管道设备安装工程的新建、扩建、改建等施工活动的企业。建筑业企业资质分为施工总承包资质、专业承包资质、施工劳务资质三个序列。

① 工程施工总承包企业资质等级分为特、一、二、三级。

② 施工专业承包企业资质等级一般分为一、二、三级，但是有的专业不设一级，如建筑防水工程；有的专业不设三级，如电梯安装工程。

③ 劳务分包企业资质等级分为一、二级。但是有的作业不分级，如水暖电安装作业、抹灰作业和油漆作业。

工程施工总承包企业和施工专业承包企业的资质实行分级审批，特级、一级资质由住建部审批；二级以下资质由企业注册所在地省、自治区、直辖市人民政府建筑主管部门审批。经审查合格的，由相关的资质管理部门颁发相应等级的建筑业企业（施工企业）资质证书。建筑业企业资质证书由国务院建筑行政主管部门统一印刷，分为正本（1 本）和副本（若干本），正本和副本具有同等的法律效力。任何单位和个人不得涂改、伪造出借、转让资质证书，复印资质证书无效。

1）建筑业企业资质等级标准

（1）施工总承包企业资质等级标准

施工总承包企业资质等级标准包括 11 个标准。按工程性质分为房屋、公路、铁路、港口、水利、电力、矿山、冶金、化工石油、市政公用、通信、机电等 11 个类别。

（2）专业承包企业资质等级标准

专业承包企业资质等级标准包括 60 个标准。按工程性质和技术特点分为 60 个类别，例如：地基与基础工程、土石方工程、建筑装修装饰工程、建筑幕墙工程、预拌商品混凝土专业、混凝土预制构件专业、园林古建筑工程、钢结构工程、高耸构筑物工程、电梯安装工程、消防设施工程、建筑防水工程、防腐保温工程等。

（3）劳务分包企业资质等级标准

劳务分包企业资质等级标准包括包括 13 个标准。按技术特点分为木工作业、砌筑作业、抹灰作业、石作业、油气作业、钢筋作业、混凝土作业、脚手架作业、模板作业、焊接作业、水暖电安装作业、钣金作业和架线作业等 13 个类别。

2）建筑业企业承包工程的范围

（1）施工总承包企业

特级企业：可承担各类房屋建筑工程的施工。

一级企业：可承担单项建筑安装施工合同额不超过企业注册资本金 5 倍的下列房屋建筑工程的施工：

① 40 层及以下、各类跨度的房屋建筑工程；

② 高度 240 m 及以下的构筑物；

③ 建筑面积 20 万 m^2 及以下的住宅小区或建筑群体。

二级企业：可承担单项建筑安装施工合同额不超过企业注册资本金 5 倍的下列房屋建筑工程的施工：

① 28 层及以下，单跨跨度 36 m 及以下的房屋建筑工程；

② 高度 110 m 及以下的构筑物；

③ 建筑面积 11 万 m^2 及以下的住宅小区或建筑群体。

三级企业：可承担单项建筑安装施工合同额不超过企业注册资本金 5 倍的下列房屋建筑工程的施工：

① 14 层及以下，单跨跨度 24 m 及以下的房屋建筑工程；

② 高度 70 m 及以下的构筑物；

③ 建筑面积 6 万 m^2 及以下的住宅小区或建筑群体。

注：房屋建筑工程是指工业、民用与公共建筑（建筑物、构筑物）工程。工程内容包括地基与基础工程，土石方工程，结构工程，屋面工程，内、外部的装修装饰工程，上下水、供暖、电器、卫生洁具、通风、照明、消防、防雷等安装工程。

（2）专业承包企业

① 一级（以土石方工程为例）可承担各类土石方工程的施工；

② 二级（以土石方工程为例）可承担单项合同额不超过企业资质资本 5 倍且 60 万 m^2 及以下的土石方工程的施工；

③ 三级（以土石方工程为例）可承担单项合同额不超过企业资质资本 5 倍且 15 万 m^2 及以下的土石方工程的施工。

（3）劳务分包企业

可承担各类作业分包业务。

为规范建筑市场秩序，加强建筑活动监管，保证建设工程质量安全，促进建筑业高质量发展，根据《中华人民共和国建筑法》《中华人民共和国行政许可法》《建设工程质量管理条例》和《建设工程安全生产管理条例》等法律、法规，住房和城乡建设部于 2022 年 2 月 25 日发布了最新的《建筑资质标准征求意见稿》。变动的资质标准涉及内容为：建筑业企业资质、工程勘察资质、工程设计资质、工程监理企业资质这四大类资质。主要表现为：加强核心资质审核力度，放开较低级资质的审批权限，详细规定仍在正式出台中。

1.2.2 专业人士资格管理

建筑市场中具有从事工程咨询资格的专业工程师称为专业人士。1998 年 3 月实施的《建筑法》第十四条规定：从事建筑活动的专业技术人员，应当依法取得相应的执业资格证书，并在执业资格证书许可的范围内从事建筑活动。

目前，已经确定和将要确定的专业人员主要有建筑师（一、二级）、建造师（一、二级）、结构工程师（一、二级）、监理工程师、造价工程师（一、二级）、咨询工程师。其资格和注册条件为：一般为大专以上的专业学历；参加全国统一考试，成绩合格；相关专业的实践经验。

1.3 建设工程交易中心

建设工程交易中心根据国家有关法律法规成立，是一种有形的建筑市场，负责收集和发布建设工程信息，依法办理建设工程的有关手续，提供和获取政策法规及技术经济咨询服务。

1.3.1 建设工程交易中心的性质与作用

1. 建设工程交易中心的性质

建设工程交易中心依法自主经营、独立核算，它不以营利为目的，是服务性机构，不是政府管理部门，也不是政府授权的监督机构，本身并不具备监督管理职能。它的设立需要经过政府或政府授权主管部门批准，并非任何单位和个人可随意成立，旨在为建立公开、公正、公平竞争的招投标制度服务。政府对建设工程交易中心等有关部门监督，规范建设工程承发包行为，建设工程交易行为不能在场外进行。

2. 建设工程交易中心的作用

随着国有投资的监督制约机制的建立，规范建筑工程承发包行为，将建筑市场纳入法制化的管理轨道有着重要的作用。依法组织并管理该省、市区范围内的建筑工程、市政基础设施工程的设计、监理、施工的总承包、专业分包、设备材料采购等项目的招标投标（谈判）交易活动。

1.3.2 建设工程交易中心的基本功能

1. 信息服务功能

建设工程交易中心将辖区内所有拟建工程的建设信息公开发布，符合条件的单位可以参加招标。

2. 集中办公功能

建设工程交易中心一般在一个地区只有一个固定的办公场所，相关的招标投标手续和中标后的工程报建手续都可以在中心集中办理，方便了发包承包单位。

3. 监督管理职能

建设工程交易中心的交易活动在当地建设主管部门的监督下进行，所有招标投标活动和合同需要经过备案登记，目的就是将《建筑法》《招标投标法》落到实处，杜绝暗箱操作。

1.3.3 建设工程交易中心的运行原则

为了加强建设工程交易管理，建立公开、公正和公平的市场竞争秩序，维护市场交易当事人的合法权益，必须坚持市场运行的一些基本原则，主要包括如下几点：

1. **信息公开原则**

建设工程交易中心必须充分掌握政策法律、工程发包、承包商和咨询单位的资质，造价指数、招标规则、评标标准、专家评委库等信息，并保证市场各方主体都能及时获得所需要的信息资料。

2. **依法管理原则**

建设工程交易中心应当严格按照法律法规开展工作，尊重业主依法确定中标单位的权利。尊重潜在的投标人提出的投标要求和接受邀请参加投标的权利。禁止非法干预交易活动的正常进行，由检察机关等部门实施监督。

3. **公平竞争原则**

进驻建设工程交易中心的有关行政监督管理部门应严格监督招投标单位的行为，防止行业部门垄断和不正当竞争，不得侵犯交易活动各方的合法权益。

4. **属地进入原则**

按照相关规定，实行属地进入原则。每个城市原则上只能建立一个建设工程交易中心，特大城市可以根据需要，设立区域性分中心。在建设工程所在地的交易中心进行招标投标活动，对跨省、自治区、直辖市的铁路、公路、水利等工程项目，可在政府有关部门的监督下，通过公告由项目法人组织招标、投标。

5. **办事公正原则**

建设工程交易中心必须配合进场的各行政管理部门做好相应的工程交易活动管理和服务工作。要建立监督制约机制，公开办事规则和程序，制定完善的规章制度和工作人员守则。发现建设工程交易活动中的违法违规行为，应当向政府有关管理部门报告。

1.3.4 建设工程交易中心交易流程

建设工程交易中心的运行程序可以简单地归纳为：报建备案，招标方式确认，履行建设工程项目招标投标程序，签订合同，进行质量、安全监督登记，交纳有关工程前期费用，领取建设工程施工许可证。

按照有关规定，建设项目进入建设工程交易中心后，一般按下列程序进行：

（1）拟建工程立项后，到建设工程交易中心办理报建备案手续，报建内容包括：工程项目名称、建设地点、投资规模、工程规模、资金来源、当年投资额、工程筹建情况和开、竣工日期等。

（2）报建工程由招标监督部门依据《招标投标法》的有关规定确认招标方式。

（3）招标人依据《招标投标法》的有关规定，履行建设项目包括项目的勘察、设计、施工、监理以及与工程建设有关的重要设备、材料等的招标投标程序。

（4）自“中标（成交）通知书”发出30日内，双方签订合同。

（5）按规定进行质量、安全监督登记。

（6）统一交纳有关工程前期费用。

（7）领取建设工程施工许可证。

案例链接

某劳务分包企业，其注册资本金为50万元，有木工作业一级、砌筑作业二级、抹灰作业的劳务企业资质证书。在某工程施工中，与该工程的施工总承包企业签订的劳务分包合同额为158万元，最终实际结算额为1 536万元。该劳务分包企业实际承揽的劳务作业工程，除了木工、砌筑、抹灰作业外，还包括了脚手架、模板、混凝土等作业内容。

问：本案中的劳务分包企业在承揽该劳务分包工程中有无违法行为?

案例解析：

《建筑业企业资质等级标准》中“建筑业劳务分包企业资质等级标准”规定，承担劳务分包业务“单项业务合同额不超过企业注册资本金的5倍”。

该劳务分包公司可以定性为违法分包工程和违法越级承揽工程，应当依法对施工总承包企业和劳务分包企业做出处罚。

复习思考题

一、选择题

1. 建筑市场是以进行建筑商品和相关要素交换的市场，其主体不包括(　　)。

A. 政府主管部门　　B. 业主

C. 承包商　　D. 咨询服务机构

2. 业主是指(　　)。

A. 有一定生产能力、技术装备、流动资金，能够承包工程建设任务的建筑业企业

B. 能对工程建设提供估算测量、管理咨询、建设监理等智能型服务的机构

C. 对某项工程建设有需求，又具有该工程建设资金和准建证件，在建设工程市场中发包工程项目的法人、组织和自然人

D. 不用遵守市场规律的客体

3. 在市场经济条件下，承包商需要通过市场竞争取得施工项目，需要依靠自身的实力去赢得市场，承包商的实力主要包括(　　)。

A. 技术实力　　B. 经济实力　　C. 管理能力

D. 信誉能力　　E. 运营能力

4. 狭义的建筑市场(　　)。

A. 一般指有形建筑市场

B. 一般指无形建筑市场

C. 它是以工程承发包交易活动为主要内容

D. 它是指承载与建筑业生产经营活动相关的一切交易活动的总称

E. 它是指建筑商品供需求关系的总和

5. 我国建设工程交易中心的功能有（　　）。

A. 信息服务　　B. 场所服务　　C. 集中办公

D. 监督管理　　E. 依法管理

二、简答题

1. 简述建筑市场的概念。
2. 简述建筑市场的主体、客体。
3. 建设工程交易中心的性质和作用是什么？
4. 简述建设工程交易中心的交易流程。
5. 简述建筑业企业资质管理内容。

三、实　训

1. 实训目的：熟悉建筑市场主体的构成。

2. 实训步骤：

（1）团队训练，完成团队组建。

（2）以建筑市场为背景，通过收集、查阅、归纳、整理各种资料，了解建设工程招标投标交易中心的工作流程。

项目 2　建设工程招标与投标

案例导入

某民营房地产开发公司（以下称 M 公司）投资的商品住宅项目，总建筑面积 35 万 m^2，估算价 6 900 万元。M 公司委托具有相应资质的招标代理公司组织招标活动。招标人采用邀请招标方式进行施工总承包招标，共向 A、B、C、D、E 五家企业发出了包含投标邀请书的招标文件。招标文件规定："投标人应在投标截止时间之前提交投标保证金 160 万元；招标人和中标人需在中标通知书发出后 30 日内订立合同书，合同书订立后 10 日内，中标人可进场施工并按合同价的 15%提交履约保证金。"开标后，投标人 A、B、C、D 的投标报价分别为 6 800 万元人民币、6 650 万元人民币、6 600 万元人民币和 6 350 万元人民币。M 企业与 C 企业私下进行了多次谈判并达成一致。随后 C 企业将投标报价修改为 6 300 万元人民币。评标委员会严格按照招标文件规定的评标标准和方法，经评审后推荐 C 企业作为排名第一的中标候选人。招标人遂向 C 企业发出了中标通知书，中标价格为 6 300 万元人民币。进场施工后，C 企业一直未按招标文件规定向招标人提交履约保证金。招标人以 C 企业未能提交履约保证金为由单方解除了双方签订的施工总承包合同，并一直未归还五家企业的投标保证金。

招标人最迟应当在书面合同签订后 5 日内向中标人和未中标的投标人退还投标保证金及银行同期存款利息。

提出问题

1. 建设工程招标方式除了邀请招标还有什么方式？本案例中的邀请招标一般需要邀请几家单位参与投标？

2. 招标文件有哪些不合理的地方？

3. 招标人以 C 企业未能提交履约保证金为由单方解除了双方签订的施工总承包合同，并一直未退还五家企业的投标保证金。招标人的做法是否合理？请说明理由。

4. 本案例中 C 企业的中标是否有效？

分析问题

1. 建设工程按招标方式分类可分为公开招标和邀请招标。招标人采用邀请招标方式的，应当向三个以上具备承担招标项目的能力、资信良好的特定法人或者其他组织发出投标邀请书。投标邀请书也应当载明招标人的名称和地址，招标项目的性质、数量、实施地点和时间以及获取招标文件的办法等事项。

2. 本案例中的招标文件有以下不合理之处：

（1）“投标人应在投标截止时间之前提交投标保证金 160 万元”,《中华人民共和国招标投标法实施条例》（简称《招标投标法实施条例》）（2019 年修订）中规定：如招标人在招标文件中要求投标人提交投标保证金，投标保证金不得超过招标项目估算价的 2%。投标保证金有效期应当与投标有效期一致。

（2）“合同书订立后 10 日内，中标人可进场施工并按合同价的 15%提交履约保证金。”《招标投标法实施条例》中规定：招标文件要求中标人提交履约保证金的，中标人应当按照招标文件的要求提交。履约保证金不得超过中标合同金额的 10%。

3. 招标人的做法不合理。《招标投标法》规定：没有提交履约保证金的，应当对招标人的损失承担赔偿责任。招标人最迟应当在书面合同签订后 5 日内向中标人和未中标的投标人退还投标保证金及银行同期存款利息。

4. C 企业的中标无效。《招标投标法》规定：投标人相互串通投标或者与招标人串通投标的，投标人以向招标人或者评标委员会成员行贿的手段谋取中标的，中标无效。

微课：“建设工程招标与投标”导学

项目导学

1. 学习内容

招标投标的基本概念、建设工程项目招标投标的适用范围、工程施工招标的方式和组织形式、《招标投标法》及《招标投标法实施条例》主要内容、《政府采购法》及《政府采购法实施条例》主要内容。

2. 知识目标

掌握招标投标的基本概念，理解并掌握建设工程项目招标投标的适用范围，理解工程施工招标的方式和组织形式，熟悉《招标投标法》《招标投标方实施条例》《政府采购法》《政府采购法实施条例》的主要条款。

3. 能力目标

能够运用《招标投标法》和《招标投标方实施条例》的主要条款，掌握招标条件、招标方式、投标文件的内容，以及开标、评标和中标的流程及和标准。

4. 素养目标

激发学生的爱国热情，增强民族自信心，引导学生增强社会责任意识，树立正确的价值观，在从事工程建设工作时遵纪守法。

2.1 《中华人民共和国招标投标法》概述

1980 年 10 月 7 日，国务院在《关于开展和保护社会主义竞争的暂行规定》中，首次提出对一些适宜承包的生产建设项目和经营项目试行招标投标，自此招标活动从建设工程开始试点，逐步推广到了机电设备进口、科研课题、出口商品配额分配等领域。

1984 年 11 月 20 日，国家计委、建设部发布了《建设工程招标投标投标暂行规定》，提出改变行政手段分配建设任务、实行招标投标，大力推行工程招标承包制。1997 年，原国家计委制定并发布了《国家基本建设大中型项目实行招标投标的暂行规定》，指出建设项目主体工程的设计、建设、安装、监理和主要设备、材料供应及工程总承包单位，除有特殊情况或要求外，都要实行招标投标。

第九届全国人民代表大会常务委员会于 1999 年 8 月 30 日审议通过了《中华人民共和国招标投标法》。

2000 年 1 月 1 日《中华人民共和国招标投标法》正式施行，确立了有关招标投标的基本法律制度。这一法律的颁布，意味着我国的招标投标制度正式进入了法制建设的轨道，是招标投标制度建设的一个重要里程碑，推动招标投标制度进入了一个新的发展时期。2017 年 12 月 27 日第十二届全国人民代表大会常务委员会第三十一次会议对《招标投标法》进行了修正。

2012 年 2 月 1 日《招标投标法实施条例》正式施行，相关的部门规章、地方性法规、政府规章及一系列规范性文件纷纷出台，建立了比较完善的招标投标法律体系。

2019 年 12 月国家发改委发布了对《招标投标法》进行修改的《征求意见稿》。《征求意见稿》共 8 章，94 条，对现行《招标投标法》修改 58 条，增加 28 条，删除 2 条，维持 8 条不变。

2.1.1 招标投标的概念

招标投标是商品经济中的一种竞争性市场交易方式，通常适用于大宗交易。它的特点是由唯一的买主（或卖主）设定标的，招请若干个卖主（或买主）通过报价进行竞争，从中选择优胜者并与之达成交易协议，随后按协议实现标的。

工程建设项目招标投标是国际上广泛采用的建设项目业主择优选择工程承包商或材料设备供应商的主要交易方式。招标目的是为拟建的工程项目选择合适的承包商或材料设备供应商，或将全部工程或其中部分工作委托给这个（些）承包商或材料设备供应商负责完成。承包商或材料设备供应商则通过投标竞争，决定自己的生产任务和销售对象，通过完成生产任务，实现盈利计划。为此，承包商或材料设备供应商需要具备一定的条件，才有可能在投标竞争中获胜，为业主所选中。这些条件通常包括一定的技术经济实力和管理经验，价格合理、信誉良好等。

根据《中华人民共和国民法典》的相关规定，建设工程招标文件是要约邀请，投标文件是要约，中标通知书则是承诺。也就是说，招标文件（招标公告）实际上是邀请投标人对招标人提出要约（即报价），属于要约邀请。投标文件则是一种要约，它符合要约的所有条件，具有缔结合同的主观目的；一旦中标，投标人将受投标文件的约束；投标文件的内容具有足以使合同成立的主要条件。招标人向中标的投标人发出的中标通知书，则是招标人同意接受中标的投标人的投标条件，即同意接受该投标人的要约的意思表示，应属于承诺。招标投标制度意在鼓励竞争，防止垄断，提高投资效益和社会效益，其作用主要体现在以下几个方面：

（1）节省资金，确保质量，保证项目按期完成，提高投资效益和社会效益。

（2）创造公平竞争的市场环境，促进企业间的公平竞争，有利于完善和推动中国建立社会主义市场经济的步伐。

（3）依法招标，能够保证在市场经济条件下进行最大限度的竞争，有利于实现社会资源的优化配置，提高涉及企事业单位的业务技术能力和企业管理水平。

（4）依法招标有利于克服不正当竞争，有利于防止和堵住采购活动中的腐败行为。

（5）普遍推广应用招标投标制度，有利于保护国家利益、社会公共利益和招标投标活动当事人的合法利益。

招标投标制度产生的根源是市场中买卖双方存在着信息不对称现象，因为信息不对称，交易可能产生不公平，资源不能得到优化配置。鉴于此，一方构建一个充分竞争的交易环境，迫使对方为赢得合同而相互竞争，这样，就产生了招投标活动。

2.1.2 招标投标法规体系

我国的招标投标制度起步于20世纪80年代初期。1980年10月，国务院发布《关于开展和保护社会主义竞争的暂行规定》，提出对一些适宜于承包的生产建设项目可以试行招标投标，揭开了招标投标的新篇章。随后，吉林省和深圳市于1981年开始工程招标投标试点。1982年，鲁布革水电站引水系统工程成为我国第一个利用世界银行贷款并按世界银行规定进行项目管理的工程，极大推动了我国工程建设项目管理方式的改革和发展。1983年，城乡建设环境保护部出台《建筑安装工程招标投标试行办法》。1984年9月国务院发布了《关于改革建筑业和基本建设管理体制若干问题的暂行规定》，旨在引入市场经济的做法，提出了推行建设项目投资包干责任制，推行工程招标承包制，建立工程承包公司，建设项目投资拨改贷等16项改革举措。1992年10月，党的十四大提出了建立社会主义市场经济体制的目标，进一步解除了束缚招标投标制度和市场化发展的体制障碍。

20世纪80年代初期至90年代后期，经过近20年的发展，我国一方面积累了丰富的招标投标经验，为完善和推动中国建立社会主义市场经济做出了贡献，但另外一方面，我国招标投标活动中暴露的问题也越来越多，如招标程序不规范、做法不统一、虚假招标、泄漏标底、串通投标、行贿受贿等问题较为突出，特别是政企不分问题仍然没有得到有效解决。针对上述问题，施行了《中华人民共和国招标投标法》，这是我国第一部规范公共采购和招标投标活动的专门法律，标志着我国招标投标法规体系的初步建立。此外，为了规范政府采购行为，提高政府采购资金的使用效益，保护政府采购当事人的合法权益，促进廉政建设，第九届全国人民代表大会常务委员会于2002年6月29日审议通过了《中华人民共和国政府采购法》，于2003年1月正式施行。

《招标投标法》和《政府采购法》是规范我国境内招标采购活动的两大基本法律，在此基础上，2012年2月开始施行的《招标投标法实施条例》和2015年3月开始施行的《政府采购法实施条例》作为两大法律的配套行政法规，对招标投标制度做了补充、细化和完善，进一步健全和完善了我国招标投标制度。

另外，国务院各相关部门结合本部门、本行业的特点和实际情况制定出台了专门的招投标管理部门规章、规范性文件及政策性文件，如《工程建设项目施工招标投标办法》《评标委员会和评标方法暂行规定》《招标公告发布暂行办法》《房屋建筑和市政基础设施工程施工招标投标管理办法》等。地方人大及其常委会、人民政府及其有关部门也结合本地区的特点和需要，相继制定出台了招标投标方面的地方性法规、规章和规范性文件。

总体看来，这些规章和规范性文件使招标采购活动的主要方面和重点环节实现了有法可依、有章可循，已经构成了我国整个招标采购市场的重要组成部分，形成了覆盖全国各领域、各层级的招标采购制度体系，对创造公平竞争的市场环境，规范招标采购行为发挥了重要作用。

2.2 建设工程项目招标投标的适用范围

为了规范招投标行为，我国相关法规对必须进行招标的项目进行了规定。根据《招标投标法》的规定，国家发展和改革委员会于 2018 年 3 月发布了《必须招标的工程项目规定》（国家发展和改革委员会令第 16 号），明确必须招标项目的具体范围和规模标准如下：

（1）全部或者部分使用国有资金投资或者国家融资的项目包括：

① 使用预算资金 200 万元人民币以上，并且该资金占投资额 10%上的项目；

② 使用国有企业事业单位资金，并且该资金占控股或者主导地位的项目。

（2）使用国际组织或者外国政府贷款、援助资金的项目包括：

① 使用世界银行、亚洲开发银行等国际组织贷款、援助资金的项目；

② 使用外国政府及其机构贷款、援助资金的项目。

（3）不属于以上（1）、（2）规定情形的大型基础设施、公用事业等关系社会公共利益、公众安全的项目，必须招标的具体范围由国务院发展改革部门会同国务院有关部门按照确有必要、严格限定的原则制定，报国务院批准。

（4）以上规定范围内的项目，其勘察、设计、施工、监理以及与工程建设有关的重要设备、材料等的采购达到下列标准之一的，必须招标：

① 施工单项合同估算价在 400 万元人民币以上；

② 重要设备、材料等货物的采购，单项合同估算价在 200 万元人民币以上；

③ 勘察、设计、监理等服务的采购，单项合同估算价在 100 万元人民币以上。同一项目中可以合并进行的勘察、设计、施工、监理以及与工程建设有关的重要设备、材料等的采购，合同估算价合计达到上述规定标准的，必须招标。

根据《必须招标的基础设施和公用事业项目范围规定》（发改法规〔2018〕843 号），不属于《必须招标的工程项目规定》第二条、第三条规定情形的大型基础设施、公用事业等关系社会公共利益、公众安全的项目，必须招标的具体范围包括：

（1）煤炭、石油、天然气、电力、新能源等能源基础设施项目；

（2）铁路、公路、管道、水运，以及公共航空和 A1 级通用机场等交通运输基础设施项目；

（3）电信枢纽、通信信息网络等通信基础设施项目；

（4）防洪、灌溉、排涝、引（供）水等水利基础设施项目；

（5）城市轨道交通等城建项目。

需要注意的是，在《必须招标的工程项目规定》施行以前，必须强制招标的项目范围遵循原国家发展计划委员会于 2000 年发布的《工程建设项目招标范围和规模标准规定》。《必须招标的工程项目规定》相较 2000 年发布的《工程建设项目招标范围和规模标准规定》适度缩小了必须招标项目的范围。提高了必须招标项目的规模标准。体现了既要规范招标投标活动、预防腐败，又要提高工作效率、降低企业成本、激发投资主体活力的目的。

涉及国家安全、国家秘密、抢险救灾或者属于利用扶贫资金实行以工代赈、需要使用农民工等特殊情况，不适宜进行招标的项目，按照国家有关规定可以不进行招标。此外，有下列情形之一的，也可以不进行招标：

（1）需要采用不可替代的专利或者专有技术；

（2）采购人依法能够自行建设、生产或者提供；

（3）已通过招标方式选定的特许经营项目投资人依法能够自行建设、生产或者提供；

（4）需要向原中标人采购工程、货物或者服务，否则将影响施工或者功能配套要求；

（5）国家规定的其他特殊情形。

2.3 工程施工招标的方式和组织形式

《招标投标法》明确规定，招标分为公开招标和邀请招标两种方式。公开招标又称无限竞争性招标，是指招标人以招标公告的方式邀请不特定的法人或者其他组织投标。邀请招标又称有限竞争性招标，是指招标人以投标邀请书的方式邀请特定的法人或者其他组织投标。

而招标的组织形式也分为两种，即招标人自行组织招标和招标人委托招标代理机构代理招标两种组织形式。

2.3.1 工程施工招标方式

公开招标和邀请招标具有各自不同的适用情况和优缺点。公开招标的优点：招标人可以在较广的范围内选择承包商，投标竞争激烈，择优率更高，易于获得有竞争性的商业报价，同时，也可以在较大程度上避免招标过程中的贿标行为。公开招标的缺点：准备招标、对投标申请者进行资格预审和评标的工作量大。招标时间长、费用高；若招标人对投标人资格条件的设置不当，常导致投标人之间的差异大，导致评标困难，甚至出现恶意报价行为；招标人和投标人之间可能缺乏互信，增大合同履约风险。

与公开招标方式相比，邀请招标的优点是不发布招标公告，不进行资格预审，简化了招标程序，因而节约了招标费用、缩短了招标时间。而且由于招标人比较了解投标人。从而减少了合同履约过程中承包商违约的风险。邀请招标的缺点主要体现在邀请招标的投标竞争激烈程度较差，有可能会提高中标合同价格，也有可能排除某些在技术上或报价上有竞争力的承包商参与投标。

招标人采用公开招标方式的，应当发布招标公告。依法必须进行招标的项目的招标公告，应当通过国家指定的报刊、信息网络或者其他媒介发布。招标公告应当载明招标人的名称和地址，招标项目的性质、数量、实施地点和时间以及获取招标文件的办法等事项。招标人可以根据招标项目本身的要求，在招标公告中，要求潜在投标人提供有关资质证明文件和业绩情况，并对潜在投标人进行资格审查；国家对投标人的资格条件有规定的，依照其规定。招标人不得以不合理的条件限制或者排斥潜在投标人，不得对潜在投标人实行歧视待遇。

招标人采用邀请招标方式的，应当向三个以上具备承担招标项目的能力、资信良好的特定法人或者其他组织发出投标邀请书。投标邀请书也应当载明招标人的名称和地址，招标项目的性质、数量、实施地点和时间以及获取招标文件的办法等事项。

2.3.2 工程施工招标组织形式

对于具有编制招标文件和组织评标能力的招标人，可自行办理招标事宜，组织招标投标活动，任何单位和个人不得强制其委托招标代理机构办理招标事宜。依法必须进行招标的项目，招标人自行办理招标事宜的，应当向有关行政监督部门备案。

招标人有权自行选择招标代理机构，委托其办理招标事宜，开展招标活动，任何单位和个人不得以任何方式为招标人指定招标代理机构。招标代理机构是依法设立、从事招标代理业务并提供相关服务的中介组织。招标代理机构应当具备下列条件：

（1）有从事招标代理业务的营业场所和相应资金；

（2）有能够编制招标文件和组织评标的相应专业力量；

（3）有符合《招标投标法》规定条件，可以作为评标委员会成员人选的技术、经济等方面的专家库。

招标代理机构代理招标业务，应当遵守《招标投标法》和《招标投标法实施条例》关于招标人的规定。招标代理机构不得在所代理的招标项目中投标或者代理投标，也不得为所代理的招标项目的投标人提供咨询。

2.4 建设工程施工项目招标程序

招标是招标人选择中标人并与其签订合同的过程，而投标则是投标人力争获得实施合同的竞争过程。招标人和投标人均需按照招标投标法律和法规的规定进行招标投标活动。招标程序是指招标单位或委托招标单位开展招标活动全过程的主要步骤、内容及其操作顺序。公开招标与邀请招标在招标程序上的差异主要是指承包商获得招标信息的方式不同，对投标人资格审查的方式不同。公开招标与邀请招标均要经过招标准备、资格审查与投标、开标评标与授标三个阶段。典型的施工招标程序（主要工作步骤和工作内容）详见表 2-1。

表 2-1　建设工程施工项目招标主要工作步骤和工作内容

阶　段	主要工作步骤	主要工作内容	
		招标人	投标人
招标准备	项目的招标条件准备	招标人需要完成项目前期研究与立项、图纸和技术要求等技术文件准备、项目相关建设手续办理等工作	组成投标小组进行市场调查、投标机会研究与跟踪
	招标审批手续办理	按照国家有关规定需要履行项目审批、核准手续的依法必须进行招标的项目，其招标范围、招标方式、招标组织形式应当报项目审批、核准部门审批、核准	
	组建招标组织	自行建立招标组织或招标代理机构	
	策划招标方案	施工标段划分，合同计价方式、合同类型选择，潜在竞争程度评价，投标人资格要求，评标方法设置要求等	
	发布招标公告（资格预审公告）或发出招标邀请	明确招标公告（资格预审公告）内容，发布招标公告（资格预审公告）或者选择确定受邀单位，发出投标邀请函	
	编制标底或确定最高投标限价	自行或委托专业机构编制标底或最高投标限价，完成相关评审并最终确定	
	准备招标文件	编制资格预审文件和招标文件，并完成相关评审或备案手	
资格审查与投标	发售资格预审文件（实行资格预审）	发售资格预审文件	购买资格预审文件填报资格预审材料
	进行资格预审（实行资格预审）	分析评价资格预审材料； 确定资格预审合格者； 通知资格预审结果	回函收到资格预审结果
	发售招标文件	发售招标文件	购买招标文件
	现场踏勘、标前会议（必要时）	组织现场踏勘和标前会议（必要时）进行招标文件的澄清和补遗	参加现场踏勘和标前会议或者自主开展现场踏勘 对招标文件提出质疑
	投标文件的编制、递交和接收	接收投标文件（包括投标保证金或投标保函）	编制投标文件、递交投标文件（包括投标保证金或投标保函）
开标评标授标	开标	组织开标会议	参加开标会议
	评标	组建评标委员会； 投标文件初评（符合性鉴定）； 投标文件详评（技术标、商务标评审）； 要求投标人提交澄清资料（必要时）； 资格后审（实行资格后审）； 编写评标报告	提交澄清资料（必要时）
	授标	确定中标候选人； 公示中标候选人； 发出中标通知书； 签订施工合同； 退还投标保证金	提交履约保函； 签订施工合同； 收回投标保证金

2.5 《中华人民共和国招标投标法》及其实施条例概述

《中华人民共和国招标投标法》是自 1999 年 8 月 30 日第九届全国人民代表大会常务委员会第十一次会议通过，并根据 2017 年 12 月 27 日第十二届全国人民代表大会常务委员会第三十一次会议《关于修改〈中华人民共和国招标投标法〉、〈中华人民共和国计量法〉的决定》修正。

《中华人民共和国招标投标法实施条例》是为了规范招标投标活动，根据《中华人民共和国招标投标法》制定的条例。2011 年 11 月 30 日，中华人民共和国国务院令第 613 号予以公布，自 2012 年 2 月 1 日起施行。根据 2017 年 3 月 1 日中华人民共和国国务院令第 676 号《国务院关于修改和废止部分行政法规的决定》第一次修订。根据 2018 年 3 月 19 日中华人民共和国国务院令第 698 号令《国务院关于修改和废止部分行政法规的决定》第二次修订。根据 2019 年 3 月 2 日《国务院关于修改部分行政法规的决定》第三次修订。

2.5.1 《招标投标法》主要内容

为了规范招标投标活动，保护国家利益、社会公共利益和招标投标活动当事人的合法权益，提高经济效益，保证项目质量，制定《中华人民共和国招标投标法》。在中华人民共和国境内进行招标投标活动，均适用《招标投标法》。

2.5.1.1 《招标投标法》主要相关内容

《招标投标法》规定，在中华人民共和国境内进行下列工程建设项目（包括项目的勘察、设计、施工、监理以及与工程建设有关的重要设备、材料等的采购）必须进行招标：

（1）大型基础设施、公用事业等关系社会公共利益、公众安全的项目；

（2）全部或者部分使用国有资金投资或者国家融资的项目；

（3）使用国际组织或者外国政府贷款、援助资金的项目。

任何单位和个人不得将依法必须进行招标的项目化整为零或者以其他任何方式规避招标。依法必须进行招标的项目，其招标投标活动不受地区或者部门的限制。任何单位和个人不得违法限制或者排斥本地区、本系统以外的法人或者其他组织参加投标。不得以任何方式非法干涉招标投标活动。

1. 招　标

1）招标条件和方式

（1）招标条件

招标项目按照国家有关规定需要履行项目审批手续的，应当先履行审批手续，取得批准。招标人应当有进行招标项目的相应资金或者资金来源已经落实，并应当在招标文件中如实载明。

招标人有权自行选择招标代理机构，委托其办理招标事宜。任何单位和个人不得以任何方式为招标人指定招标代理机构。招标人具有编制招标文件和组织评标能力的，可以自行办理招标事宜。任何单位和个人不得强制其委托招标代理机构办理招标事宜。依法必须进行招标的项目，招标人自行办理招标事宜的，应当向有关行政监督部门备案。

招标代理机构是依法设立、从事招标代理业务并提供相关服务的社会中介组织。

招标代理机构应当具备下列条件：

① 有从事招标代理业务的营业场所和相应资金；

② 有能够编制招标文件和组织评标的相应专业力量。

招标代理机构与行政机关和其他国家机关不得存在隶属关系或者其他利益关系。招标代理机构应当在招标人委托的范围内办理招标事宜，并遵守《招标投标法》关于招标人的规定。

（2）招标方式

招标分为公开招标和邀请招标两种方式。公开招标是指招标人以招标公告的方式邀请不特定的法人或者其他组织投标；邀请招标是指招标人以投标邀请书的方式邀请特定的法人或者其他组织投标。

招标人采用公开招标方式的，应当发布招标公告。招标人采用邀请招标方式的，应当向三个以上具备承担招标项目的能力、资信良好的特定的法人或者其他组织发出投标邀请书。

招标公告或投标邀请书应当载明招标人的名称和地址，招标项目的性质、数量、实施地点和时间以及获取招标文件的办法等事项。招标人不得以不合理的条件限制或者排斥潜在投标人，不得对潜在投标人实行歧视待遇。

2）招标文件

招标人应当根据招标项目的特点和需要编制招标文件。招标文件应当包括招标项目的技术要求、对投标人资格审查的标准、投标报价要求和评标标准等所有实质性要求和条件以及拟签订合同的主要条款。招标项目需要划分标段、确定工期的，招标人应当合理划分标段、确定工期，并在招标文件中载明。

招标文件不得要求或者标明特定的生产供应者以及含有倾向或者排斥潜在投标人的其他内容。招标人不得向他人透露已获取招标文件的潜在投标人的名称、数量及可能影响公平竞争的有关招标投标的其他情况。

招标人对已发出的招标文件进行必要的澄清或者修改的，应当在招标文件要求提交投标文件截止时间至少 15 日前，以书面形式通知所有招标文件收受人。该澄清或者修改的内容为招标文件的组成部分。

3）其他规定

招标人设有标底的，标底必须保密。招标人应当确定投标人编制投标文件所需要的合理时间。依法必须进行招标的项目，自招标文件开始发出之日起至投标人提交投标文件截止之日止，最短不得少于 20 日。

2. 投　标

投标人应当具备承担招标项目的能力。国家有关规定对投标人资格条件或者招标文件对投标人资格条件有规定的，投标人应当具备规定的资格条件。

1）投标文件

（1）投标文件内容

投标人应当按照招标文件的要求编制投标文件。投标文件应当对招标文件提出的实质性要求和条件作出响应。

根据招标文件载明的项目实际情况，投标人如果准备在中标后将中标项目的部分非主体、非关键工程进行分包的，应当在投标文件中载明。在招标文件要求提交投标文件的截止时间前，投标人可以补充、修改或者撤回已提交的投标文件，并书面通知招标人。补充、修改的内容为投标文件的组成部分。

（2）投标文件送达

投标人应当在招标文件要求提交投标文件的截止时间前，将投标文件送达投标地点。招标人收到投标文件后，应当签收保存，不得开启。投标人少于3个的，招标人应当依照《招标投标法》重新组织招标。

在招标文件要求提交投标文件的截止时间后送达的投标文件，招标人应当拒收。

2）联合投标

两个以上法人或者其他组织可以组成一个联合体，以一个投标人的身份共同投标。联合体各方均应具备承担招标项目的相应能力。联合体各方应当签订共同投标协议。明确约定各方拟承担的工作和责任，并将共同投标协议连同投标文件一并提交给招标人。联合体中标的，联合体各方应当共同与招标人签订合同，就中标项目向招标人承担连带责任。

3）其他规定

投标人不得相互串通投标报价，不得排挤其他投标人的公平竞争，损害招标人或其他投标人的合法权益。投标人不得与招标人串通投标，损害国家利益、社会公共利益或者他人的合法权益。投标人不得以低于成本的报价竞标，也不得以他人名义投标或者以其他方式弄虚作假，骗取中标。禁止投标人以向招标人或评标委员会成员行贿的手段谋取中标。

3. 开标、评标和中标

1）开　标

开标应当在招标人的主持下，在招标文件确定的提交投标文件截止时间的同一时间、招标文件中预先确定的地点公开进行。应邀请所有投标人参加开标。开标时，由投标人或者其推选的代表检查投标文件的密封情况，也可以由招标人委托的公证机构检查并公证。经确认无误后，由工作人员当众拆封，宣读投标人名称、投标价格和投标文件的其他主要内容。

开标过程应当记录，并存档备查。

2）评　标

评标由招标人依法组建的评标委员会负责。评标委员会应当按照招标文件确定的评标标准和方法，对投标文件进行评审和比较。中标人的投标应当符合下列条件之一：

（1）能够最大限度地满足招标文件中规定的各项综合评价标准；

（2）能够满足招标文件的实质性要求，并且经评审的投标价格最低。但是，投标价格低于成本的除外。

评标委员会经评审，认为所有投标都不符合招标文件要求的，可以否决所有投标。

评标委员会完成评标后，应当向招标人提出书面评标报告，并推荐合格的中标候选人。

招标人根据评标委员会提出的书面评标报告和推荐的中标候选人确定中标人。招标人也可以授权评标委员会直接确定中标人。在确定中标人前，招标人不得与投标人就投标价格、投标方案等实质性内容进行谈判。

3）中　标

中标人确定后，招标人应当向中标人发出中标通知书，并同时将中标结果通知所有未中标的投标人。

招标人和中标人应当自中标通知书发出之日起 30 日内。按照招标文件和中标人的投标文件订立书面合同。招标人和中标人不得再订立背离合同实质性内容的其他协议。

招标文件要求中标人提交履约保证金的，中标人应当提交。

2.5.1.2 《招标投标法》主要法律责任

违反《招标投标法》规定，必须进行招标的项目而不招标的，将必须进行招标的项目化整为零或者以其他任何方式规避招标的，责令限期改正，可以处项目合同金额千分之五以上千分之十以下的罚款；对全部或者部分使用国有资金的项目，可以暂停项目执行或者暂停资金拨付；对单位直接负责的主管人员和其他直接责任人员依法给予处分。

招标代理机构违反《招标投标法》规定，泄露应当保密的与招标投标活动有关的情况和资料的，或者与招标人、投标人串通损害国家利益、社会公共利益或者他人合法权益的，处五万元以上二十五万元以下的罚款，对单位直接负责的主管人员和其他直接责任人员处单位罚款数额百分之五以上百分之十以下的罚款；有违法所得的，并处没收违法所得；情节严重的，禁止其一年至二年内代理依法必须进行招标的项目并予以公告，直至由工商行政管理机关吊销营业执照；构成犯罪的，依法追究刑事责任。给他人造成损失的，依法承担赔偿责任。

上述所列行为影响中标结果的，中标无效。

招标人以不合理的条件限制或者排斥潜在投标人的，对潜在投标人实行歧视待遇的，强制要求投标人组成联合体共同投标的，或者限制投标人之间竞争的，责令改正，可以处一万元以上五万元以下的罚款。

依法必须进行招标的项目的招标人向他人透露已获取招标文件的潜在投标人的名称、数量或者可能影响公平竞争的有关招标投标的其他情况的，或者泄露标底的，给予警告，可以并处一万元以上十万元以下的罚款；对单位直接负责的主管人员和其他直接责任人员依法给予处分；构成犯罪的，依法追究刑事责任。

上述所列行为影响中标结果的，中标无效。

投标人相互串通投标或者与招标人串通投标的，投标人以向招标人或者评标委员会成员行贿的手段谋取中标的，中标无效，处中标项目金额千分之五以上千分之十以下的罚款，对单位直接负责的主管人员和其他直接责任人员处单位罚款数额百分之五以上百分之十以下的罚款；有违法所得的，并处没收违法所得；情节严重的，取消其一年至二年内参加依法必须进行招标的项目的投标资格并予以公告，直至由工商行政管理机关吊销营业执照；构成犯罪的，依法追究刑事责任。给他人造成损失的，依法承担赔偿责任。

投标人以他人名义投标或者以其他方式弄虚作假，骗取中标的，中标无效，给招标人造成损失的，依法承担赔偿责任；构成犯罪的，依法追究刑事责任。

依法必须进行招标的项目的投标人有上述所列行为尚未构成犯罪的，处中标项目金额千分之五以上千分之十以下的罚款，对单位直接负责的主管人员和其他直接责任人员处单位罚款数额百分之五以上百分之十以下的罚款；有违法所得的，并处没收违法所得；情节严重的，取消其一年至三年内参加依法必须进行招标的项目的投标资格并予以公告，直至由工商行政管理机关吊销营业执照。

依法必须进行招标的项目，招标人违反《招标投标法》规定，与投标人就投标价格、投标方案等实质性内容进行谈判的，给予警告，对单位直接负责的主管人员和其他直接责任人员依法给予处分。

上述所列行为影响中标结果的，中标无效。

评标委员会成员收受投标人的财物或者其他好处的，评标委员会成员或者参加评标的有关工作人员向他人透露对投标文件的评审和比较、中标候选人的推荐以及与评标有关的其他情况的，给予警告，没收收受的财物，可以并处三千元以上五万元以下的罚款，对有所列违法行为的评标委员会成员取消担任评标委员会成员的资格，不得再参加任何依法必须进行招标的项目的评标；构成犯罪的，依法追究刑事责任。

招标人在评标委员会依法推荐的中标候选人以外确定中标人的，依法必须进行招标的项目在所有投标被评标委员会否决后自行确定中标人的，中标无效。责令改正，可以处中标项目金额千分之五以上千分之十以下的罚款；对单位直接负责的主管人员和其他直接责任人员依法给予处分。

中标人将中标项目转让给他人的，将中标项目肢解后分别转让给他人的，违反《招标投标法》规定将中标项目的部分主体、关键性工作分包给他人的，或者分包人再次分包的，转让、分包无效，处转让、分包项目金额千分之五以上千分之十以下的罚款；有违法所得的，并处没收违法所得；可以责令停业整顿；情节严重的，由工商行政管理机关吊销营业执照。

招标人与中标人不按照招标文件和中标人的投标文件订立合同的，或者招标人、中标人订立背离合同实质性内容的协议的，责令改正；可以处中标项目金额千分之五以上千分之十以下的罚款。

中标人不履行与招标人订立的合同的，履约保证金不予退还，给招标人造成的损失超过履约保证金数额的，还应当对超过部分予以赔偿；没有提交履约保证金的，应当对招标人的损失承担赔偿责任。中标人不按照与招标人订立的合同履行义务，情节严重的，取消其二年至五年内参加依法必须进行招标的项目的投标资格并予以公告，直至由工商行政管理机关吊销营业执照。因不可抗力不能履行合同的，不适用前述规定。

本章规定的行政处罚，由国务院规定的有关行政监督部门决定。《招标投标法》已对实施行政处罚的机关作出规定的除外。任何单位违反《招标投标法》规定，限制或者排斥本地区、本系统以外的法人或者其他组织参加投标的，为招标人指定招标代理机构的，强制招标人委托招标代理机构办理招标事宜的，或者以其他方式干涉招标投标活动的，责令改正；对单位直接负责的主管人员和其他直接责任人员依法给予警告、记过、记大过的处分，情节较重的，依法给予降级、撤职、开除的处分。个人利用职权进行上述违法行为的，依照前述规定追究责任。

对招标投标活动依法负有行政监督职责的国家机关工作人员徇私舞弊、滥用职权或者玩忽职守，构成犯罪的，依法追究刑事责任；不构成犯罪的，依法给予行政处分。

依法必须进行招标的项目违反《招标投标法》规定，中标无效的，应当依照《招标投标法》规定的中标条件从其余投标人中重新确定中标人或者依照《招标投标法》重新进行招标。

2.5.2 《招标投标法实施条例》主要内容

《招标投标法实施条例》进一步明确了招标、投标、开标、评标和中标以及投诉与处理等方面内容，并鼓励利用信息网络进行电子招标投标。

2.5.2.1 《招标投标法实施条例》主要相关内容

《招标投标法实施条例》自 2012 年 2 月 1 日起施行。

1. 招　标

1）招标范围和方式

（1）可以邀请招标的项目

国有资金占控股或者主导地位的依法必须进行招标的项目，应当公开招标；但有下列情形之一的，可以邀请招标：

① 技术复杂、有特殊要求或者受自然环境限制，只有少量潜在投标人可供选择；

② 采用公开招标方式的费用占项目合同金额的比例过大。

（2）可以不招标的项目

有下列情形之一的，可以不进行招标：

① 需要采用不可替代的专利或者专有技术；

② 采购人依法能够自行建设、生产或者提供；

③ 已通过招标方式选定的特许经营项目投资人依法能够自行建设、生产或者提供；

④ 需要向原中标人采购工程、货物或者服务，否则将影响施工或者功能配套要求；

⑤ 国家规定的其他特殊情形。

2）招标文件与资格审查

（1）资格预审公告和招标公告

公开招标的项目，应当依照《招标投标法》和《招标投标法实施条例》的规定发布招标公告、编制招标文件。招标人采用资格预审办法对潜在投标人进行资格审查的，应当发布资格预审公告、编制资格预审文件。

资格预审文件或者招标文件的发售期不得少于 5 日。招标人发售资格预审文件、招标文件收取的费用应当限于补偿印刷、邮寄的成本支出，不得以营利为目的。

如潜在投标人或者其他利害关系人对资格预审文件有异议，应当在提交资格预审申请文件截止时间 2 日前提出；如对招标文件有异议，应当在投标截止时间 10 日前提出。

招标人应当自收到异议之日起 3 日内作出答复；作出答复前，应当暂停招标投标活动。

如招标人编制的资格预审文件、招标文件的内容违反法律、行政法规的强制性规定，违反公开、公平、公正和诚实信用原则，影响资格预审结果或者潜在投标人投标，依法必须进行招标的项目的招标人应当在修改资格预审文件或者招标文件后重新招标。

（2）资格预审

招标人应当合理确定提交资格预审申请文件的时间。依法必须进行招标的项目提交资格预审申请文件的时间，自资格预审文件停止发售之日起不得少于 5 日。

资格预审应当按照资格预审文件载明的标准和方法进行。国有资金占控股或者主导地位的依法必须进行招标的项目，招标人应当组建资格审查委员会审查资格预审申请文件。

资格预审结束后，招标人应当及时向资格预审申请人发出资格预审结果通知书。未通过资格预审的申请人不具有投标资格。通过资格预审的申请人少于 3 个的，应当重新招标。

招标人可以对已发出的资格预审文件或者招标文件进行必要的澄清或者修改。如澄清或者修改的内容可能影响资格预审申请文件或者投标文件编制，招标人应当在提交资格预审申请文件截止时间至少 3 日前，或者投标截止时间至少 15 日前，以书面形式通知所有获取资格预审文件或者招标文件的潜在投标人；不足 3 日或者 15 日的。招标人应当顺延提交资格预审申请文件或者投标文件的截止时间。

如招标人采用资格后审办法对投标人进行资格审查。应当在开标后由评标委员会按照招标文件规定的标准和方法对投标人的资格进行审查。

3）招标工作实施

（1）禁止投标限制

招标人如对招标项目划分标段，应当遵守《招标投标法》的有关规定，不得利用划分标段限制或者排斥潜在投标人。依法必须进行招标的项目的招标人不得利用划分标段规避招标。

招标人不得以不合理的条件限制、排斥潜在投标人或者投标人。招标人有下列行为之一的，属于以不合理条件限制、排斥潜在投标人或者投标人：

① 就同一招标项目向潜在投标人或者投标人提供有差别的项目信息；

② 设定的资格、技术、商务条件与招标项目的具体特点和实际需要不相适应或者与合同履行无关；

③ 依法必须进行招标的项目以特定行政区域或者特定行业的业绩、奖项作为加分条件或者中标条件；

④ 对潜在投标人或者投标人采取不同的资格审查或者评标标准；

⑤ 限定或者指定特定的专利、商标、品牌、原产地或者供应商；

⑥ 依法必须进行招标的项目非法限定潜在投标人或者投标人的所有制形式或者组织形式；

⑦ 以其他不合理条件限制、排斥潜在投标人或者投标人。

招标人不得组织单个或者部分潜在投标人踏勘项目现场。

（2）总承包招标

招标人可以依法对工程以及与工程建设有关的货物、服务全部或者部分实行总承包招标。以暂估价（指总承包招标时不能确定价格而由招标人在招标文件中暂时估定的工程、货物、服务的金额）形式包括在总承包范围内的工程、货物、服务属于依法必须进行招标的项目范围且达到国家规定规模标准的，应当依法进行招标。

（3）两阶段招标

对技术复杂或者无法精确拟定技术规格的项目，招标人可以分两阶段进行招标：第一阶段，投标人按照招标公告或者投标邀请书的要求提交不带报价的技术建议，招标人根据投标人提交的技术建议确定技术标准和要求，编制招标文件。第二阶段，招标人向在第一阶段提交技术建议的投标人提供招标文件。投标人按照招标文件的要求提交包括最终技术方案和投标报价的投标文件。如招标人要求投标人提交投标保证金，应当在第二阶段提出。

（4）投标有效期

招标人应当在招标文件中载明投标有效期。投标有效期从提交投标文件的截止之日起算。

（5）投标保证金

如招标人在招标文件中要求投标人提交投标保证金，投标保证金不得超过招标项目估算价的 2%。投标保证金有效期应当与投标有效期一致。

（6）标底及最高投标限价

招标人可以自行决定是否编制标底。一个招标项目只能有一个标底。标底必须保密。接受委托编制标底的中介机构不得参加受托编制标底项目的投标，也不得为该项目的投标人编制投标文件或者提供咨询。如招标人设有最高投标限价，应当在招标文件中明确最高投标限价或者最高投标限价的计算方法。招标人不得规定最低投标限价。

2. 投　标

1）投标规定

投标人参加依法必须进行招标的项目的投标，不受地区或者部门的限制，任何单位和个人不得非法干涉。与招标人存在利害关系可能影响招标公正性的法人、其他组织或者个人，不得参加投标。单位负责人为同一人或者存在控股、管理关系的不同单位，不得参加同一标段投标或者未划分标段的同一招标项目投标。

投标人撤回已提交的投标文件，应当在投标截止时间前书面通知招标人。招标人已收取投标保证金的，应当自收到投标人书面撤回通知之日起 5 日内退还。投标截止后投标人撤销投标文件的，招标人可以不退还投标保证金。未通过资格预审的申请人提交的投标文件，以及逾期送达或者不按照招标文件要求密封的投标文件，招标人应当拒收。

招标人应当如实记载投标文件的送达时间和密封情况，并存档备查。

招标人应当在资格预审公告、招标公告或者投标邀请书中载明是否接受联合体投标。招标人接受联合体投标并进行资格预审的，联合体应当在提交资格预审申请文件前组成。资格预审后联合体增减、更换成员的，其投标无效。如联合体各方在同一招标项目中以自己名义单独投标或者参加其他联合体投标，相关投标均无效。

投标人发生合并、分立、破产等重大变化，应当及时书面告知招标人。如投标人不再具备资格预审文件、招标文件规定的资格条件或者其投标影响招标公正性，其投标无效。

2）属于串通投标和弄虚作假的情形

（1）投标人相互串通投标

包括相互串通投标和视为相互串通投标两种情形：

有下列情形之一的，属于投标人相互串通投标：

① 投标人之间协商投标报价等投标文件的实质性内容；
② 投标人之间约定中标人；
③ 投标人之间约定部分投标人放弃投标或者中标；
④ 属于同一集团、协会、商会等组织成员的投标人按照该组织要求协同投标；
⑤ 投标人之间为谋取中标或者排斥特定投标人而采取的其他联合行动。
有下列情形之一的，视为投标人相互串通投标：
① 不同投标人的投标文件由同一单位或者个人编制；
② 不同投标人委托同一单位或者个人办理投标事宜；
③ 不同投标人的投标文件载明的项目管理成员为同一人；
④ 不同投标人的投标文件异常一致或者投标报价呈规律性差异；
⑤ 不同投标人的投标文件相互混装；
⑥ 不同投标人的投标保证金从同一单位或者个人的账户转出。
（2）招标人与投标人串通投标
有下列情形之一的，属于招标人与投标人串通投标：
① 招标人在开标前开启投标文件并将有关信息泄露给其他投标人；
② 招标人直接或者间接向投标人泄露标底、评标委员会成员等信息；
③ 招标人明示或者暗示投标人压低或者抬高投标报价；
④ 招标人授意投标人撤换、修改投标文件；
⑤ 招标人明示或者暗示投标人为特定投标人中标提供方便；
⑥ 招标人与投标人为谋求特定投标人中标而采取的其他串通行为。
（3）弄虚作假
投标人不得以他人名义投标，如使用通过受让或者租借等方式获取的资格、资质证书投标。投标人也不得以其他方式弄虚作假，骗取中标，包括：
① 使用伪造、变造的许可证件；
② 提供虚假的财务状况或者业绩；
③ 提供虚假的项目负责人或者主要技术人员简历、劳动关系证明；
④ 提供虚假的信用状况；
⑤ 其他弄虚作假的行为。

3. 开标、评标和中标

1）开　标

招标人应当按照招标文件规定的时间、地点开标。如有效投标人少于 3 个，不得开标；招标人应当重新招标。如投标人对开标有异议，应当在开标现场提出，招标人应当当场作出答复，并作记录。

2）评　标

招标人应当根据项目规模和技术复杂程度等因素合理地确定评标时间。如超过 1/3 的评标委员会成员认为评标时间不够，招标人应当适当延长。

招标人应当向评标委员会提供评标所必需的信息，但不得明示或者暗示其倾向或者排斥特定投标人。

评标委员会成员应当按照招标文件规定的评标标准和方法，客观、公正地对投标文件提出评审意见。招标文件没有规定的评标标准和方法不得作为评标的依据。如招标项目设有标底，招标人应当在开标时公布。标底只能作为评标的参考，不得以投标报价是否接近标底作为中标条件，也不得以投标报价超过标底上下浮动范围作为否决投标的条件。

3）投标否决

有下列情形之一的，评标委员会应当否决其投标：

① 投标文件未经投标单位盖章和单位负责人签字；

② 投标联合体没有提交共同投标协议；

③ 投标人不符合国家或者招标文件规定的资格条件；

④ 同一投标人提交两个以上不同的投标文件或者投标报价，但招标文件要求提交备选投标的除外；

⑤ 投标报价低于成本或者高于招标文件设定的最高投标限价；

⑥ 投标文件没有对招标文件的实质性要求和条件作出响应；

⑦ 投标人有串通投标、弄虚作假、行贿等违法行为。

4）投标文件澄清

投标文件中有含义不明确的内容、明显文字或者计算错误，评标委员会认为需要投标人作出必要澄清、说明的，应当书面通知该投标人。投标人的澄清、说明应当采用书面形式，并不得超出投标文件的范围或者改变投标文件的实质性内容。

评标委员会不得暗示或者诱导投标人作出澄清、说明，不得接受投标人主动提出的澄清、说明。

5）中　标

评标完成后，评标委员会应当向招标人提交书面评标报告和中标候选人名单。中标候选人应当不超过 3 个，并标明排序。

评标报告应当由评标委员会全体成员签字。对评标结果有不同意见的评标委员会成员应当以书面形式说明其不同意见和理由，评标报告应当注明该不同意见。评标委员会成员拒绝在评标报告上签字又不书面说明其不同意见和理由的，视为同意评标结果。

依法必须进行招标的项目，招标人应当自收到评标报告之日起 3 日内公示中标候选人，公示期不得少于 3 日。如投标人或者其他利害关系人对依法必须进行招标的项目的评标结果有异议，应当在中标候选人公示期间提出。招标人应当自收到异议之日起 3 日内作出答复；作出答复前，应当暂停招标投标活动。

国有资金控股或者占主导地位的依法必须进行招标的项目，招标人应当确定排名第一的中标候选人为中标人。排名第一的中标候选人放弃中标、因不可抗力不能履行合同、不按照招标文件要求提交履约保证金，或者被查实存在影响中标结果的违法行为等情形不符合中标条件的，招标人可以按照评标委员会提出的中标候选人名单排序依次确定其他中标候选人为中标人，也可以组织重新招标。

中标候选人的经营、财务状况发生较大变化或者存在违法行为，招标人认为可能影响其履约能力的，应当在发出中标通知书前由原评标委员会按照招标文件规定的标准和方法审查确认。

6）签订合同及履约

招标人和中标人应当依照《招标投标法》和《招标投标法实施条例》的规定签订书面合同，合同的标的、价款、质量、履行期限等主要条款应当与招标文件和中标人的投标文件的内容一致。招标人和中标人不得再行订立背离合同实质性内容的其他协议。

招标人最迟应当在书面合同签订后 5 日内向中标人和未中标的投标人退还投标保证金及银行同期存款利息。招标文件要求中标人提交履约保证金的，中标人应当按照招标文件的要求提交。履约保证金不得超过中标合同金额的 10%。

4. 投诉与处理

1）投　诉

如果投标人或者其他利害关系人认为招标投标活动不符合法律、行政法规规定，可以自知道或者应当知道之日起 10 日内向有关行政监督部门投诉。投诉应当有明确的请求和必要的证明材料。

2）处　理

行政监督部门应当自收到投诉之日起 3 个工作日内决定是否受理投诉，并自受理投诉之日起 30 个工作日内作出书面处理决定；需要检验、检测、鉴定、专家评审的，所需时间不计算在内。如投诉人捏造事实、伪造材料或者以非法手段取得证明材料进行投诉，行政监督部门应当予以驳回。

行政监督部门处理投诉，有权查阅、复制有关文件、资料，调查有关情况，相关单位和人员应当予以配合。必要时，行政监督部门可以责令暂停招标投标活动。行政监督部门的工作人员对监督检查过程中知悉的国家秘密、商业秘密，应当依法予以保密。

2.5.2.2 《招标投标法实施条例》主要法律责任

招标人有下列限制或者排斥潜在投标人行为之一的，由有关行政监督部门依照《招标投标法》的相关规定处罚。

（1）依法应当公开招标的项目不按照规定在指定媒介发布资格预审公告或者招标公告；

（2）在不同媒介发布的同一招标项目的资格预审公告或者招标公告的内容不一致，影响潜在投标人申请资格预审或者投标。

依法必须进行招标的项目的招标人不按照规定发布资格预审公告或者招标公告，构成规避招标的，依照《招标投标法》相关规定处罚。

招标人有下列情形之一的，由有关行政监督部门责令改正，可以处十万元以下的罚款：

（1）依法应当公开招标而采用邀请招标；

（2）招标文件、资格预审文件的发售、澄清、修改的时限，或者确定的提交资格预审申请文件、投标文件的时限不符合《招标投标法》和《招标投标法实施条例》规定；

（3）接受未通过资格预审的单位或者个人参加投标；

（4）接受应当拒收的投标文件。

招标人有上述第一项、第三项、第四项所列行为之一的，对单位直接负责的主管人员和其他直接责任人员依法给予处分。

招标代理机构在所代理的招标项目中投标、代理投标或者向该项目投标人提供咨询的，接受委托编制标底的中介机构参加受托编制标底项目的投标或者为该项目的投标人编制投标文件、提供咨询的，依照《招标投标法》的相关规定追究法律责任。

招标人超过《招标投标法实施条例》规定的比例收取投标保证金、履约保证金或者不按照规定退还投标保证金及银行同期存款利息的，由有关行政监督部门责令改正，可以处五万元以下的罚款；给他人造成损失的，依法承担赔偿责任。

投标人相互串通投标或者与招标人串通投标的，投标人向招标人或者评标委员会成员行贿谋取中标的，中标无效；构成犯罪的，依法追究刑事责任；尚不构成犯罪的，依照《招标投标法》第五十三条的规定处罚。投标人未中标的，对单位的罚款金额按照招标项目合同金额依照《招标投标法》规定的比例计算。

投标人有下列行为之一的，属于《招标投标法》第五十三条规定的情节严重行为，由有关行政监督部门取消其 1 ~ 2 年内参加依法必须进行招标的项目的投标资格。

（1）以行贿谋取中标；

（2）3 年内 2 次以上串通投标；

（3）串通投标行为损害招标人、其他投标人或者国家、集体、公民的合法利益，造成直接经济损失三十万元以上；

（4）其他串通投标情节严重的行为。

投标人自本条的相关规定的处罚执行期限届满之日起 3 年内又有该款所列违法行为之一的，或者串通投标、以行贿谋取中标情节特别严重的，由工商行政管理机关吊销营业执照。

法律、行政法规对串通投标报价行为的处罚另有规定的，从其规定。

投标人以他人名义投标或者以其他方式弄虚作假骗取中标的，中标无效；构成犯罪的，依法追究刑事责任；尚不构成犯罪的，依照《招标投标法》的相关规定处罚。依法必须进行招标的项目的投标人未中标的，对单位的罚款金额按照招标项目合同金额依照《招标投标法》规定的比例计算。

投标人有下列行为之一的，属于招标投标法的相关规定的情节严重行为，由有关行政监督部门取消其 1 ~ 3 年内参加依法必须进行招标的项目的投标资格。

（1）伪造、变造资格、资质证书或者其他许可证件骗取中标；

（2）3 年内 2 次以上使用他人名义投标；

（3）弄虚作假骗取中标给招标人造成直接经济损失三十万元以上；

（4）其他弄虚作假骗取中标情节严重的行为。

投标人自上述第二款规定的处罚执行期限届满之日起 3 年内又有该款所列违法行为之一的，或者弄虚作假骗取中标情节特别严重的，由工商行政管理机关吊销营业执照。

出让或者出租资格、资质证书供他人投标的，依照法律、行政法规的规定给予行政处罚；构成犯罪的，依法追究刑事责任。

依法必须进行招标的项目的招标人不按照规定组建评标委员会，或者确定、更换评标委员会成员违反《招标投标法》和《招标投标法实施条例》规定的，由有关行政监督部门责令改正，可以处十万元以下的罚款，对单位直接负责的主管人员和其他直接责任人员依法给予处分；违法确定或者更换的评标委员会成员作出的评审结论无效，依法重新进行评审。

国家工作人员以任何方式非法干涉选取评标委员会成员的，依照《招标投标法实施条例》的相关规定追究法律责任。

评标委员会成员有下列行为之一的，由有关行政监督部门责令改正；情节严重的，禁止其在一定期限内参加依法必须进行招标的项目的评标；情节特别严重的，取消其担任评标委员会成员的资格。

（1）应当回避而不回避；

（2）擅离职守；

（3）不按照招标文件规定的评标标准和方法评标；

（4）私下接触投标人；

（5）向招标人征询确定中标人的意向或者接受任何单位或者个人明示或者暗示提出的倾向或者排斥特定投标人的要求；

（6）对依法应当否决的投标不提出否决意见；

（7）暗示或者诱导投标人作出澄清、说明或者接受投标人主动提出的澄清、说明；

（8）其他不客观、不公正履行职务的行为。

评标委员会成员收受投标人的财物或者其他好处的，没收收受的财物，处三千元以上五万元以下的罚款，取消担任评标委员会成员的资格，不得再参加依法必须进行招标的项目的评标；构成犯罪的，依法追究刑事责任。

依法必须进行招标的项目的招标人有下列情形之一的，由有关行政监督部门责令改正，可以处中标项目金额千分之十以下的罚款；给他人造成损失的，依法承担赔偿责任；对单位直接负责的主管人员和其他直接责任人员依法给予处分。

（1）无正当理由不发出中标通知书；

（2）不按照规定确定中标人；

（3）中标通知书发出后无正当理由改变中标结果；

（4）无正当理由不与中标人订立合同；

（5）在订立合同时向中标人提出附加条件。

中标人无正当理由不与招标人订立合同，在签订合同时向招标人提出附加条件，或者不按照招标文件要求提交履约保证金的，取消其中标资格，投标保证金不予退还。对依法必须进行招标的项目的中标人，由有关行政监督部门责令改正，可以处中标项目金额千分之十以下的罚款。

招标人和中标人不按照招标文件和中标人的投标文件订立合同，合同的主要条款与招标文件、中标人的投标文件的内容不一致，或者招标人、中标人订立背离合同实质性内容的协议的，由有关行政监督部门责令改正，可以处中标项目金额千分之五以上千分之十以下的罚款。

中标人将中标项目转让给他人的，将中标项目肢解后分别转让给他人的，违反招标投标法和《招标投标法实施条例》规定将中标项目的部分主体、关键性工作分包给他人的，或者分包人再次分包的，转让、分包无效，处转让、分包项目金额千分之五以上千分之十以下的罚款；有违法所得的，并处没收违法所得；可以责令停业整顿；情节严重的，由工商行政管理机关吊销营业执照。

投标人或者其他利害关系人捏造事实、伪造材料或者以非法手段取得证明材料进行投诉，给他人造成损失的，依法承担赔偿责任。

招标人不按照规定对异议作出答复，继续进行招标投标活动的，由有关行政监督部门责令改正，拒不改正或者不能改正并影响中标结果的，依照《招标投标法实施条例》的相关规定处理。

国家建立招标投标信用制度，有关行政监督部门应当依法公告对招标人、招标代理机构、投标人、评标委员会成员等当事人违法行为的行政处理决定。

项目审批、核准部门不依法审批、核准项目招标范围、招标方式、招标组织形式的，对单位直接负责的主管人员和其他直接责任人员依法给予处分。

有关行政监督部门不依法履行职责，对违反《招标投标法》和《招标投标法实施条例》规定的行为不依法查处，或者不按照规定处理投诉、不依法公告对招标投标当事人违法行为的行政处理决定的，对直接负责的主管人员和其他直接责任人员依法给予处分。

项目审批、核准部门和有关行政监督部门的工作人员徇私舞弊、滥用职权、玩忽职守，构成犯罪的，依法追究刑事责任。

国家工作人员利用职务便利，以直接或间接、明示或暗示等任何方式非法干涉招标投标活动，有下列情形之一的，依法给予记过或者记大过处分；情节严重的，依法给予降级或者撤职处分；情节特别严重的，依法给予开除处分；构成犯罪的，依法追究刑事责任。

（1）要求对依法必须进行招标的项目不招标，或者要求对依法应当公开招标的项目不公开招标；

（2）要求评标委员会成员或者招标人以其指定的投标人作为中标候选人或者中标人，或者以其他方式非法干涉评标活动，影响中标结果；

（3）以其他方式非法干涉招标投标活动。

依法必须进行招标的项目的招标投标活动违反《招标投标法》和《招标投标法实施条例》的规定，对中标结果造成实质性影响，且不能采取补救措施予以纠正的，招标、投标、中标无效，应当依法重新招标或者评标。

2.6《中华人民共和国政府采购法》及其实施条例概述

政府采购法是指调整各级国家机关、事业单位和团体组织，使用财政性资金依法采购货物、工程和服务活动的法律规范的总称。《中华人民共和国政府采购法》（简称《政府采购法》）是为了规范政府采购行为，提高政府采购资金的使用效益，维护国家利益和社会公共利益，保护政府采购当事人的合法权益，促进廉政建设，制定的法律。2002 年 6 月 29 日，第九届全国人民代表大会常务委员会第二十八次会议通过了《中华人民共和国政府采购法》，自 2003 年 1 月 1 日起施行。《政府采购法》共九章八十八条，除总则和附则外，分别对政府采购当事人、政府采购方式、政府采购程序、政府采购合同、质疑和投诉、监督检查、法律责任等问题，作出了较为全面的规定。

《中华人民共和国政府采购法实施条例》（中华人民共和国国务院第 658 号令）是根据《中华人民共和国政府采购法》制定。《中华人民共和国政府采购法实施条例》已经于 2014 年 12 月 31 日国务院第 75 次常务会议通过，自 2015 年 3 月 1 日起施行。

2.6.1 《政府采购法》主要内容

《政府采购法》所称政府采购，是指各级国家机关、事业单位和团体组织，使用财政性资金采购依法制定的集中采购目录以内的或采购限额标准以上的货物、工程和服务的行为。政府采购工程进行招标投标的，适用《招标投标法》。

政府采购实行集中采购和分散采购相结合。集中采购的范围由省级以上人民政府公布的集中采购目录确定。

2.6.1.1 政府采购当事人

采购人采购纳入集中采购目录的政府采购项目，必须委托集中采购机构代理采购；

采购未纳入集中采购目录的政府采购项目，可以自行采购，也可以委托集中采购机构委托的范围内代理采购。

采购人可以根据采购项目的特殊要求，规定供应商的特定条件，但不得以不合理的条件对供应商实行差别待遇或者歧视待遇。

两个以上的自然人、法人或者其他组织可以组成一个联合体，以一个供应商的身份共同参加政府采购。

2.6.1.2 政府采购方式

政府采购可采用的方式有；公开招标、邀请招标、竞争性谈判、单一来源采购、询价，以及国务院政府采购监督管理部门认定的其他采购方式。公开招标应作为政府采购的主要采购方式。

1. 公开招标

采购货物或服务应当采用公开招标方式的，其具体数额标准，属于中央预算的政府采购项目，由国务院规定；属于地方预算的政府采购项目，由省、自治区、直辖市人民政府规定；因特殊情况需要采用公开招标以外的采购方式的，应当在采购活动开始前获得设区的市、自治州以上人民政府采购监督管理部门的批准。

2. 邀请招标

符合下列情形之一的货物或服务，可采用邀请招标方式采购：

（1）具有特殊性，只能从有限范围的供应商处采购的；

（2）采用公开招标方式的费用占政府采购项目总价值的比例过大的。

3. 竞争性谈判

符合下列情形之一的货物或服务，可采用竞争性谈判方式采购：

（1）招标后没有供应商投标或没有合格标的或重新招标未能成立的；
（2）技术复杂或性质特殊，不能确定详细规格或具体要求的；
（3）采用招标所需时间不能满足用户紧急需要的；
（4）不能事先计算出价格总额的。

4. 单一来源采购

符合下列情形之一的货物或服务，可以采用单一来源方式采购：
（1）只能从唯一供应商处采购的；
（2）发生不可预见的紧急情况，不能从其他供应商处采购的；
（3）必须保证原有采购项目一致性或服务配套的要求，需要继续从原供应商处添购，且添购资金总额不超过原合同采购金额10%的。

5. 询　价

采购的货物规格、标准统一、现货货源充足且价格变化幅度小的政府采购项目，可以采用询价方式采购。

2.6.1.3 政府采购程序

负有编制部门预算职责的部门在编制下一财政年度部门预算时，应当将该财政年度政府采购的项目及资金预算列出，报本级财政部门汇总。部门预算的审批，按预算管理权限和程序进行。

货物或者服务项目采取邀请招标方式采购的，采购人应当从符合相应资格条件的供应商中，通过随机方式选择三家以上的供应商，并向其发出投标邀请书。

货物和服务项目实行招标方式采购的，自招标文件开始发出之日起至投标人提交投标文件截止之日止，不得少于20日。

（1）在招标采购中，出现下列情形之一的，应予废标：
① 符合专业条件的供应商或者对招标文件作实质响应的供应商不足三家的；
② 出现影响采购公正的违法、违规行为的；
③ 投标人的报价均超过了采购预算，采购人不能支付的；
④ 因重大变故，采购任务取消的。

废标后，采购人应当将废标理由通知所有投标人。

废标后，除采购任务取消情形外，应当重新组织招标；需要采取其他方式采购的，应当在采购活动开始前获得设区的市、自治州以上人民政府采购监督管理部门或者政府有关部门批准。

（2）采用竞争性谈判方式采购的，应当遵循下列程序：

① 成立谈判小组。谈判小组由采购人的代表和有关专家共三人以上的单数组成，其中专家的人数不得少于成员总数的三分之二。

② 制定谈判文件。谈判文件应当明确谈判程序、谈判内容、合同草案的条款以及评定成交的标准等事项。

③ 确定邀请参加谈判的供应商名单。谈判小组从符合相应资格条件的供应商名单中确定

不少于3家的供应商参加谈判，并向其提供谈判文件。

④ 谈判。谈判小组所有成员集中与单一供应商分别进行谈判。在谈判中，谈判的任何一方不得透露与谈判有关的其他供应商的技术资料、价格和其他信息。谈判文件有实质性变动的，谈判小组应当以书面形式通知所有参加谈判的供应商。

⑤ 确定成交供应商。谈判结束后，谈判小组应当要求所有参加谈判的供应商在规定时间内进行最后报价，采购人从谈判小组提出的成交候选人中根据符合采购需求、质量和服务相等且报价最低的原则确定成交供应商，并将结果通知所有参加谈判的未成交的供应商。

（3）采取单一来源方式采购的，采购人与供应商应当遵循《政府采购法》规定的原则，在保证采购项目质量和双方商定合理价格的基础上进行采购。

（4）采取询价方式采购的，应当遵循下列程序：

① 成立询价小组。询价小组由采购人的代表和有关专家共三人以上的单数组成，其中专家的人数不得少于成员总数的三分之二。询价小组应当对采购项目的价格构成和评定成交的标准等事项作出规定。

② 确定被询价的供应商名单。询价小组根据采购需求，从符合相应资格条件的供应商名单中确定不少于三家的供应商，并向其发出询价通知书让其报价。

③ 询价小组要求被询价的供应商一次报出不得更改的价格。

④ 确定成交供应商。采购人根据符合采购需求、质量和服务相等且报价最低的原则确定成交供应商，并将结果通知所有被询价的未成交的供应商。

⑤ 采购人或者其委托的采购代理机构应当组织对供应商履约的验收。大型或者复杂的政府采购项目，应当邀请国家认可的质量检测机构参加验收工作。验收方成员应当在验收书上签字，并承担相应的法律责任。

⑥ 采购人、采购代理机构对政府采购项目每项采购活动的采购文件应当妥善保存，不得伪造、变造、隐匿或者销毁。采购文件的保存期限为从采购结束之日起至少保存十五年。

采购文件包括采购活动记录、采购预算、招标文件、投标文件、评标标准、评估报告、定标文件、合同文本、验收证明、质疑答复、投诉处理决定及其他有关文件、资料。

（5）采购活动记录至少应当包括下列内容：

① 采购项目类别、名称；

② 采购项目预算、资金构成和合同价格；

③ 采购方式，采用公开招标以外的采购方式的，应当载明原因；

④ 邀请和选择供应商的条件及原因；

⑤ 评标标准及确定中标人的原因；

⑥ 废标的原因；

⑦ 采用招标以外采购方式的相应记载。

2.6.1.4 政府采购合同

政府采购合同应当采用书面形式。采购人可以委托采购代理机构代表与供应商签订政府采购合同。由采购代理机构以采购人名义签订合同的，应当提交采购人的授权委托书，作为合同附件。

经采购人同意，中标、成交供应商可依法采取分包方式履行合同。政府采购合同履行中，采购人需追加与合同标的相同的货物、工程或服务的，在不改变合同其他条款的前提下，可以与供应商协商签订补充合同，但所有补充合同的采购金额不得超过原合同采购金额的10%。

2.6.1.5 质疑与投诉

供应商对政府采购活动事项有疑问的，可以向采购人提出询问，采购人应当及时作出答复，但答复的内容不得涉及商业秘密。

供应商认为采购文件、采购过程和中标、成交结果使自己的权益受到损害的，可以在知道或者应知其权益受到损害之日起7个工作日内，以书面形式向采购人提出质疑。

采购人应当在收到供应商的书面质疑后7个工作日内作出答复，并以书面形式通知质疑供应商和其他有关供应商，但答复的内容不得涉及商业秘密。

采购人委托采购代理机构采购的，供应商可以向采购代理机构提出询问或者质疑，采购代理机构应当依照《政府采购法》第五十一条、第五十三条的规定就采购人委托授权范围内的事项作出答复。

质疑供应商对采购人、采购代理机构的答复不满意或者采购人、采购代理机构未在规定的时间内作出答复的，可以在答复期满后十五个工作日内向同级政府采购监督管理部门投诉。

政府采购监督管理部门应当在收到投诉后三十个工作日内，对投诉事项作出处理决定，并以书面形式通知投诉人和与投诉事项有关的当事人。

政府采购监督管理部门在处理投诉事项期间，可以视具体情况书面通知采购人暂停采购活动，但暂停时间最长不得超过三十日。

投诉人对政府采购监督管理部门的投诉处理决定不服或者政府采购监督管理部门逾期未作处理的，可以依法申请行政复议或者向人民法院提起行政诉讼。

2.6.1.6 监督检查

政府采购监督管理部门应当加强对政府采购活动及集中采购机构的监督检查。

监督检查的主要内容是：

（1）有关政府采购的法律、行政法规和规章的执行情况；

（2）采购范围、采购方式和采购程序的执行情况；

（3）政府采购人员的职业素质和专业技能。

政府采购监督管理部门不得设置集中采购机构，不得参与政府采购项目的采购活动。

采购代理机构与行政机关不得存在隶属关系或者其他利益关系。

集中采购机构应当建立健全内部监督管理制度。采购活动的决策和执行程序应当明确，并相互监督、相互制约。经办采购的人员与负责采购合同审核、验收人员的职责权限应当明确，并相互分离。

集中采购机构的采购人员应当具有相关职业素质和专业技能，符合政府采购监督管理部门规定的专业岗位任职要求。

集中采购机构对其工作人员应当加强教育和培训；对采购人员的专业水平、工作实绩和职业道德状况定期进行考核。采购人员经考核不合格的，不得继续任职。

政府采购项目的采购标准应当公开。

采用《政府采购法》规定的采购方式的，采购人在采购活动完成后，应当将采购结果予以公布。

采购人必须按照《政府采购法》规定的采购方式和采购程序进行采购。

任何单位和个人不得违反《政府采购法》规定，要求采购人或者采购工作人员向其指定的供应商进行采购。

政府采购监督管理部门应当对政府采购项目的采购活动进行检查，政府采购当事人应当如实反映情况，提供有关材料。

政府采购监督管理部门应当对集中采购机构的采购价格、节约资金效果、服务质量、信誉状况、有无违法行为等事项进行考核，并定期如实公布考核结果。

依照法律、行政法规的规定对政府采购负有行政监督职责的政府有关部门，应当按照其职责分工，加强对政府采购活动的监督。

审计机关应当对政府采购进行审计监督。政府采购监督管理部门、政府采购各当事人有关政府采购活动，应当接受审计机关的审计监督。

监察机关应当加强对参与政府采购活动的国家机关、国家公务员和国家行政机关任命的其他人员实施监察。

任何单位和个人对政府采购活动中的违法行为，有权控告和检举，有关部门、机关应当依照各自职责及时处理。

2.6.1.7 法律责任

采购人、采购代理机构有下列情形之一的，责令限期改正，给予警告，可以并处罚款，对直接负责的主管人员和其他直接责任人员，由其行政主管部门或者有关机关给予处分，并予通报。

（1）应当采用公开招标方式而擅自采用其他方式采购的；

（2）擅自提高采购标准的；

（3）委托不具备政府采购业务代理资格的机构办理采购事务的；

（4）以不合理的条件对供应商实行差别待遇或者歧视待遇的；

（5）在招标采购过程中与投标人进行协商谈判的；

（6）中标、成交通知书发出后不与中标、成交供应商签订采购合同的；

（7）拒绝有关部门依法实施监督检查的。

采购人，采购代理机构及其工作人员有下列情形之一，构成犯罪的，依法追究刑事责任；尚不构成犯罪的，处以罚款；有违法所得的，并处没收违法所得；属于国家机关工作人员的，依法给予行政处分。

（1）与供应商或者采购代理机构恶意串通的；

（2）在采购过程中接受贿赂或者获取其他不正当利益的；

（3）在有关部门依法实施的监督检查中提供虚假情况的；

（4）开标前泄露标底的。

有前两条违法行为之一影响中标、成交结果或者可能影响中标、成交结果的，按下列情况分别处理：

（1）未确定中标、成交供应商的，终止采购活动；

（2）中标、成交供应商已经确定但采购合同尚未履行的，撤销合同，从合格的中标、成交候选人中另行确定中标、成交供应商；

（3）采购合同已经履行的，给采购人、供应商造成损失的，由责任人承担赔偿责任。

采购人对应当实行集中采购的政府采购项目，不委托集中采购机构实行集中采购的，由政府采购监督管理部门责令改正；拒不改正的，停止按预算向其支付资金，由其上级行政主管部门或者有关机关依法给予其直接负责的主管人员和其他直接责任人员处分。

采购人未依法公布政府采购项目的采购标准和采购结果的，责令改正，对直接负责的主管人员依法给予处分。

采购人、采购代理机构违反《政府采购法》规定隐匿、销毁应当保存的采购文件或者伪造、变造采购文件的，由政府采购监督管理部门处以二万元以上十万元以下的罚款，对其直接负责的主管人员和其他直接责任人员依法给予处分；构成犯罪的，依法追究刑事责任。

供应商有下列情形之一的，处以采购金额千分之五以上千分之十以下的罚款，列入不良行为记录名单，在一至三年内禁止参加政府采购活动，有违法所得的，并处没收违法所得，情节严重的，由工商行政管理机关吊销营业执照；构成犯罪的，依法追究刑事责任。

（1）提供虚假材料谋取中标、成交的；

（2）采取不正当手段诋毁、排挤其他供应商的；

（3）与采购人、其他供应商或者采购代理机构恶意串通的；

（4）向采购人、采购代理机构行贿或者提供其他不正当利益的；

（5）在招标采购过程中与采购人进行协商谈判的；

（6）拒绝有关部门监督检查或者提供虚假情况的。

供应商有前款第（1）至（5）项情形之一的，中标、成交无效。

采购代理机构在代理政府采购业务中有违法行为的，按照有关法律规定处以罚款，可以依法取消其进行相关业务的资格，构成犯罪的，依法追究刑事责任。

政府采购当事人有《政府采购法》第七十一条、第七十二条、第七十七条违法行为之一，给他人造成损失的，并应依照有关民事法律规定承担民事责任。

政府采购监督管理部门的工作人员在实施监督检查中违反《政府采购法》规定滥用职权，玩忽职守，徇私舞弊的，依法给予行政处分；构成犯罪的，依法追究刑事责任。

政府采购监督管理部门对供应商的投诉逾期未作处理的，给予直接负责的主管人员和其他直接责任人员行政处分。

政府采购监督管理部门对集中采购机构业绩的考核，有虚假陈述，隐瞒真实情况的，或者不作定期考核和公布考核结果的，应当及时纠正，由其上级机关或者监察机关对其负责人进行通报，并对直接负责的人员依法给予行政处分。

集中采购机构在政府采购监督管理部门考核中，虚报业绩，隐瞒真实情况的，处以二万元以上二十万元以下的罚款，并予以通报；情节严重的，取消其代理采购的资格。

任何单位或者个人阻挠和限制供应商进入本地区或者本行业政府采购市场的，责令限期改正；拒不改正的，由该单位、个人的上级行政主管部门或者有关机关给予单位责任人或者个人处分。

2.6.1.8 《政府采购法》附则

使用国际组织和外国政府贷款进行的政府采购，贷款方、资金提供方与中方达成的协议对采购的具体条件另有规定的，可以适用其规定，但不得损害国家利益和社会公共利益。

对因严重自然灾害和其他不可抗力事件所实施的紧急采购和涉及国家安全和秘密的采购，不适用《政府采购法》。

军事采购法规由中央军事委员会另行制定。《政府采购法》实施的具体步骤和办法由国务院规定。

2.6.2 《政府采购法实施条例》主要内容

《政府采购法实施条例》进一步明确了政府采购当事人、政府采购方式、政府采购程序、政府采购合同、质疑与投诉等方面内容，并明确国家实行统一的政府采购电子交易平台建设标准，推动利用信息网络进行电子化政府采购活动。自 2003 年 1 月 1 日起施行。

2.6.2.1 政府采购当事人

采购人或者采购代理机构有下列情形之一的，属于以不合理的条件对供应商实行差别待遇或者歧视待遇。

（1）就同一采购项目向供应商提供有差别的项目信息；

（2）设定的资格、技术、商务条件与采购项目的具体特点和实际需要不相适应或者与合同履行无关；

（3）采购需求中的技术、服务等要求指向特定供应商、特定产品；

（4）以特定行政区域或者特定行业的业绩、奖项作为加分条件或者中标、成交条件；

（5）对供应商采取不同的资格审查或者评审标准；

（6）限定或者指定特定的专利、商标、品牌或者供应商；

（7）非法限定供应商的所有制形式、组织形式或者所在地；

（8）以其他不合理条件限制或者排斥潜在供应商。

2.6.2.2 政府采购方式

列入集中采购目录的项目，适合实行批量集中采购的，应当实行批量集中采购，但紧急的小额零星货物项目和有特殊要求的服务、工程项目除外。

政府采购工程依法不进行招标的，应当依照政府采购法律法规规定的竞争性谈判或者单一来源采购方式采购。

2.6.2.3 政府采购程序

1. 招标文件

招标文件的提供期限自招标文件开始发出之日起不得少于 5 个工作日。采购人或者采购代理机构可以对已发出的招标文件进行必要的澄清或者修改。澄清或者修改的内容可能影响投标文件编制的，采购人或者采购代理机构应当在投标截止时间至少 15 日前，以书面形式通知所有获取招标文件的潜在投标人；不足 15 日的，采购人或者采购代理机构应当顺延提交投标文件的截止时间。

2. 投标保证金

招标文件要求投标人提交投标保证金的，投标保证金不得超过采购项目预算金额的 2%。

3. 评标程序

政府采购招标评标方法分为最低评标价法和综合评分法。技术、服务等标准统一的货物和服务项目，应当采用最低评标价法。采用综合评分法的，评审标准中的分值设置应当与评审因素的量化指标相对应。招标文件中没有规定的评标标准不得作为评审的依据。

2.6.2.4　政府采购合同

采购文件要求中标或者成交供应商提交履约保证金的，供应商应当以支票、汇票、本票或者金融机构、担保机构出具的保函等非现金形式提交。履约保证金的数额不得超过政府采购合同金额的 10%。

中标或者成交供应商拒绝与采购人签订合同的，采购人可以按照评审报告推荐的中标或者成交候选人名单排序，确定下一候选人为中标或者成交供应商，也可以重新开展政府采购活动。

采购人应当按照政府采购合同规定，及时向中标或者成交供应商支付采购资金。政府采购项目资金支付程序，按照国家有关财政资金支付管理的规定执行。

复习思考题

一、选择题

1. 根据《招标投标法》，下列关于招标投标的说法，正确的是（　　）。

A. 招标分为公开招标、邀请招标和议标三种方式

B. 联合体中标后，联合体各方应分别与招标人签订合同

C. 招标人不得修改已发出的招标文件

D. 投标文件应当对招标文件提出的实质性要求和条件作出响应

2. 根据《招标投标法实施条例》相关规定，下列选项中，可以不进行招标的情形是（　　）。

A. 技术复杂，只有少量潜在投标人可供选择

B. 采用公开招标方式的费用占用项目合同金额比例过大

C. 已通过招标方式选定的特许经营项目投资人依法能够自行建设、生产或者提供

D. 受自然环境限制，只有少量潜在投标人可供选择

3. 根据《招标投标法实施条例》，对于采用两阶段招标的项目，投标人在第一阶段向招标人提交的文件是（　　）。

A. 不带报价的技术建议　　B. 带报价的技术建议

C. 不带报价的技术方案　　D. 带报价的技术方案

4. 根据《招标投标法实施条例》，投标保证金不得超过（　　）。

A. 招标项目估算价的 2%　　B. 招标项目估算价的 3%

C. 投标报价的 2%　　D. 投标报价的 3%

5. 根据《政府采购法》，下列选项中，应采用邀请招标方式采购的是（　　）。

A. 属于地方预算的政府采购项目

B. 具有特殊性，只能从有限范围的供应商处采购的

C. 不能事先计算出价格总额的

D. 技术复杂或性质特殊，不能确定详细规格或具体要求的

二、简答题

1. 简述工程施工招标的方式。
2. 简述工程施工招标的组织形式。
3. 简述什么是投标人之间的串标。
4. 简述什么是两阶段招标。
5. 简述政府采购有哪几种方式。

三、实　训

1. 实训目的：熟悉《招标投标法》的常见条款。

2. 实训步骤：

（1）团队训练，完成团队组建。

（2）每一团队团队成员均出题，包括《招标投标法》及《招标投标方实施条例》主要条款内容、《政府采购法》及《政府采购法实施条例》等主要条款内容的题目，由测评学员抽题并回答，并实施学生互评。

（3）提交给授课教师审核点评。

项目 3 建设工程施工招标

案例导入

某国有企业招标公告如下：

A 市××机场有限责任公司新建××机场 T2 航站楼
公开招标公告

招标人决定将本次公告的建设项目施工通过公开招标方式择优选定施工单位，现将招标有关事宜公告如下：

一、招标条件

1. 招标项目名称：新建××机场 T2 航站楼。

2. 招标项目地点：A 市 B 区 C 路 99 号。

3. 项目资金来源：60%利用自有资金，30%利用银行贷款，10%利用政府拨款。

4. 招标人名称：A 市××机场有限责任公司。

5. 招标人地址：A 市 B 区 C 路 89 号××写字楼 7～10 号。

6. 核准的施工招标方式为公开招标，委托 B 招标代理公司组织招标。招标人的招标申请已通过相关监督部门的审核批准，申请的办公场所能够满足本次招标开标、评标等招标投标活动的需要，该工程现已具备施工总承包招标条件，施工现场已具备进场条件。

二、工程概况

建筑面积 235 000 m^2，批准的设计概算为 305 000 万元，该工程为地下 3 层，地上 4 层（局部夹层）的单体建筑。计划 2020 年 3 月 1 日开工建设，2022 年 5 月 1 日竣工投入使用。

三、投标人资格要求

采用施工总承包方式招标，择优选择一家施工总承包企业，要求投标人具有房屋建筑工程施工总承包特级资质，并要求近五年至少具有一项规模相近的机场航站楼类似工程施工业绩；接受联合体投标；采用资格后审方法。

四、招标文件的获取

1. 时间：202×年 11 月 14 日——202×年 11 月 24 日

2. 地点：A 市 B 区 C 路 89 号××写字楼 7～10 号

3. 方式：相关文件均免费发放，每份收取图纸押金 500 元，所有纸质文件往来均不接受邮寄。

五、投标文件的递交时间

为招标文件开始发售之日起30个日历日。

六、公告发布媒体

通过公开网络媒介发布（A市招标采购网、本公司官方网站等）。

七、联系方式

咨询电话：135××××××××（张女士）

咨询邮箱：123××××@163.com

招标人：A市××机场有限责任公司（盖章）

法定代表人或其委托代理人：（签字或盖章）

202×年11月13日

提出问题

1. 公开招标发布招标公告，而邀请招标应用怎样的方式告知潜在投标人？

2. 根据本案例可以看出，招标公告的主要内容包括哪些？

3. 某具备房屋建筑工程施工总承包二级资质的投标人F企业，看到“投标人资格要求”中的“接受联合体投标”，故准备联合某房屋建筑工程施工总承包特级资质的W企业，以一个投标人的身份进行联合体投标，请问资格后审是否能够通过？说明理由。

分析问题

1. 当采用邀请招标，招标人采用投标邀请书的方式邀请潜在的投标人参与投标，投标邀请书一般包括在招标文件中。投标邀请书可代替资格预审通过通知书，以明确投标人已具备了在某具体项目具体标段的投标资格。

2. 招标公告的内容包括招标条件、项目概况与招标范围、投标人资格条件、招标文件的获取、投标文件的递交、发布公告的媒介（适用公开招标）、确认是否参加投标（适用邀请招标）、联系方式等。

3. 资格后审不予通过。同一专业的单位组成的联合体，应当按照资质等级较低的单位确定联合体的资质等级，故F企业和W企业组成的联合体资质以建筑工程施工总承包二级资质为准，不符合投标人资格要求。

项目导学

微课：“建设工程施工招标”导学

1. 学习内容

建设工程招标的基本概念及文件编制、工程施工招标文件的内容、招标文件的编制、校对与审核及风险与防范，招标工程量清单的编制，建设工程标底编制，招标控制价的编制。

2. 知识目标

掌握建设工程招标的基本概念，理解并掌握工程施工招标文件的主要内容，熟悉并掌握工程量清单编制、建设工程标底编制、招标控制价的编制的具体步骤与方法。

3. 能力目标

根据规范准确进行工程量清单的编制，能够依据要求编制建设工程项目标底，可以较为准确地编制工程项目招标控制价。

4. 素养目标

引导学生树立正确的人生观、价值观，树立工程师的理想信念，恪守职业道德；培养学生规则意识以及追求卓越严谨认真的工作态度。

3.1 建设工程施工招标概述

建筑工程招标是指建设单位对拟建的工程发布公告，通过法定的程序和方式吸引建设项目的承包单位竞争并从中选择条件优越者来完成工程建设任务的法律行为。

我国法学界一般认为，建设工程招标是要约邀请，而投标是要约，中标通知书是承诺。《中华人民共和国民法典》也明确规定，招标公告是要约邀请。也就是说，招标实际上是邀请投标人对其提出要约（即报价），属于要约邀请。投标则是一种要约，它符合要约的所有条件，如具有缔结合同的主观目的；一旦中标，投标人将受投标书的约束；投标书的内容具有足以使合同成立的主要条件等。招标人向中标的投标人发出的中标通知书，则是招标人同意接受中标的投标人的投标条件，即同意接受该投标人的要约的意思表示，应属于承诺。

工程招标制度也称为工程招标承包制，它是指在市场经济的条件下，采用招投标方式以实现工程承包的一种工程管理制度。工程招投标制的建立与实行是对计划经济条件下单纯运用行政办法分配建设任务的一项重大改革措施，是保护市场竞争、反对市场垄断和发展市场经济的一个重要标志。

3.1.1 工程项目招标分类

工程项目招标多种多样，按照不同的标准可以进行不同的分类。

3.1.1.1 按照工程建设程序分

按照工程建设程序，可以将建设工程招标分为建设项目前期咨询招标、工程勘察设计招标、材料设备采购招标、工程施工招标。

（1）建设项目前期咨询招标是指对建设项目的可行性研究任务进行的招标。投标方一般为工程咨询企业。中标的承包方要根据招标文件的要求，向发包方提供拟建工程的可行性研究报告，并对其结论的准确性负责。承包方提供的可行性研究报告，应获得发包方的认可。认可的方式通常为专家组评估鉴定。

有的项目投资者缺乏建设管理经验，通过招标选择项目咨询者及建设管理者，即工程投资方在缺乏工程实施管理经验时，通过招标方式选择具有专业的管理经验工程咨询单位，为其制定科学、合理的投资开发建设方案，并组织控制方案的实施。这种集项目咨询与管理于一体的招标类型的投标人一般也是工程咨询单位。

（2）勘察设计招标指根据批准的可行性研究报告，择优选择勘察设计单位的招标。勘察和设计是两种不同性质的工作，可由勘察单位和设计单位分别完成。勘察单位最终提出施工现场的地理位置、地形、地貌、地质、水文等在内的勘察报告。设计单位最终提供设计图纸和成本预算结果。设计招标还可以进一步分为建筑方案设计招标、施工图设计招标。当施工图设计不是由专业的设计单位承担，而是由施工单位承担，一般不进行单独招标。

（3）材料设备采购招标是指在工程项目初步设计完成后，对建设项目所需的建筑材料和设备（如电梯、供配电系统、空调系统等）采购任务进行的招标。投标方通常为材料供应商、成套设备供应商。

（4）工程施工招标是在工程项目的初步设计或施工图设计完成后，用招标的方式选择施工单位的招标。施工单位最终向业主交付按招标设计文件规定的建筑产品。国内外招投标现行做法中经常采用将工程建设程序中各个阶段合为一体进行全过程招标，通常又称其为工程总包。

3.1.1.2 按工程承包的范围分

按工程承包的范围可将工程招标划分为项目总承包招标、项目阶段性招标、设计施工招标、工程分承包招标及专项工程承包招标。

（1）项目全过程总承包招标，即选择项目全过程总承包人招标，这种又可分为两种类型，其一是指工程项目实施阶段的全过程招标；其二是指工程项目建设全过程的招标。前者是在设计任务书完成后，从项目勘察、设计到施工交付使用进行一次性招标；后者则是从项目的可行性研究到交付使用进行一次性招标，业主只需提供项目投资和使用要求及竣工、交付使用期限，其可行性研究、勘察设计、材料和设备采购、土建施工设备安装及调试、生产准备和试运行、交付使用，均由一个总承包商负责承包，即所谓“交钥匙工程”。承揽“交钥匙工程”的承包商被称为总承包商，绝大多数情况下，总承包商要将工程部分阶段的实施任务分包出去。

无论是项目实施的全过程还是某一阶段或程序，按照工程建设项目的构成，可以将建设工程招标投标分为全部工程招标投标、单项工程招标投标、单位工程招标投标、分部工程招标投标、分项工程招标投标。全部工程招标投标，是指对一个建设项目（如一所学校）的全部工程进行的招标。单项工程招标，是指对一个工程建设项目中所包含的单项工程（如一所学校的教学楼、图书馆、食堂等）进行的招标。单位工程招标是指对一个单项工程所包含的若干单位工程（如实验楼的土建工程）进行招标。分部工程招标是指对一项单位工包含的分部工程（如土石方工程、深基坑工程、楼地面工程、装饰工程）进行招标。

应当强调指出的是，为了防止对将工程肢解后进行发包，我国一般不允许对分部工程招标，允许特殊专业工程招标，如深基础施工、大型土石方工程施工等。但是，国内工程招标中的所谓项目总承包招标往往是指对一个项目施工过程全部单项工程或单位工程进行的总招标，与国际惯例所指的总承包尚有相当大的差距。为与国际接轨，提高我国建筑企业在国际建筑市场的竞争能力，深化施工管理体制的改革，造就一批具有真正总包能力的智力密集型的龙头企业，是我国建筑业发展的重要战略目标。

（2）工程分承包招标，是指中标的工程总承包人作为其中标范围内的工程任务的招标人，将其中标范围内的工程任务，通过招标投标的方式，分包给具有相应资质的分承包人，中标的分承包人只对招标的总承包人负责。

（3）专项工程承包招标，指在工程承包招标中，对其中某项比较复杂、或专业性强、施工和制作要求特殊的单项工程进行单独招标。

3.1.1.3 按与工程建设相关的业务性质及专业类别分

按与工程建设相关的业务性质及专业类别划分，可将工程招标分为土木工程招标、勘察设计招标、材料设备采购招标、安装工程招标、建筑装饰装修招标生产工艺技术转让招标、咨询服务（工程咨询）及建设监理招标等。

（1）土木工程招标，是指对建设工程中木工程施工任务进行的招标。

（2）勘察设计招标投标，是指对建设项目的勘察设计任务进行的招标投标。

（3）货物采购招标投标，是指对建设项目所需的建筑材料和设备采购任务进行的招标。

（4）安装工程招标投标，是指对建设项目的设备安装任务进行的招标。

（5）建筑装饰装修招标投标，是指对建设项目的建筑装饰装修的施工任务进行的招标。

（6）生产工艺技术转让招标投标，是指对建设工程生产工艺技术转让进行的招标。

（7）咨询和建设监理招标投标，是指对工程咨询和建设监理任务进行的招标。

3.1.1.4 按工程承发包模式分

随着建筑市场运作模式与国际接轨进程的深入，我国承发包模式也逐渐呈多样化，主要包括工程咨询承包、交钥匙工程承包模式、设计施工承包模式、设计管理承包模式、BOT 工程模式、CM 模式。按承发包模式分类可将工程招标划分为工程咨询招标、交钥匙工程招标、设计施工招标、设计管理招标、BOT 工程招标。

1. 工程咨询招标

工程咨询招标是指以工程咨询服务为对象的招标行为。工程咨询服务的内容主要包括工程立项决策阶段的规划研究、项目选定与决策；建设准备阶段的工程设计、工程招标；施工阶段的监理、竣工验收等工作。

2. 交钥匙工程招标

“交钥匙”模式即承包商向业主提供包括融资、设计、施工、设备采购、安装和调试直至竣工移交的全套服务。交钥匙工程招标是指发包商将上述全部工作作为一个标的招标，承包商通常将部分阶段的工程分包，亦即全过程招标。

3. 工程设计施工招标

设计施工招标是指将设计及施工作为一个整体标的以招标的方式进行发包，投标人必须为同时具有设计能力和施工能力的承包商。我国由于长期采取设计与施工分开的管理体制，具备设计、施工双重能力的施工企业为数较少。

设计-建造模式是一种项目组管理方式：业主和设计、建造承包商密切合作，完成项目的规划、设计、成本控制、进度安排等工作，甚至负责项目融资；使用一个承包商对整个项目负责，避免了设计和施工的矛盾，可显著减少项目的成本和工期。同时，在选定承包商时，把设计方案的优劣作为主要的评标因素，可保证业主得到高质量的工程项目。

4. 工程设计-管理招标

设计-管理模式是指由同一实体向业主提供设计和施工管理服务的工程管理模式。采用这种模式时，业主只签订一份既包括设计也包括工程管理服务的合同，即设计机构与管理机构是同一实体。这一实体常常是设计机构施工管理企业的联合体。设计-管理招标即为以设计管理为标的进行的工程招标。

5. BOT 工程招标

BOT（Build-Operate-Transfer）即建造-运营-移交模式。这是指东道国政府开放本国基础设施建设和运营市场，吸收国外资金，授给项目公司以特许权并由该公司负责融资和组织建设，建成后负责运营及偿还贷款。在特许期满时将工程移交给东道国政府。BOT 工程招标即是对这些工程环节的招标。

3.1.1.5 按工程是否具有涉外因素分

按照工程是否具有涉外因素，可以将建设工程招标分为国内工程招标投标和国际工程招标投标。

（1）国内工程招标投标，是指对本国没有涉外因素的建设工程进行的招标投标。

（2）国际工程招标，是指对有不同国家或国际组织参与的建设工程进行的招标。国际工程招标投标，包括本国的国际工程（习惯上称涉外工程）招标投标和国外的国际工程招标投标两个部分。国内工程招标和国际工程招标的基本原则是一致的，但在具体做法上有差异。随着社会经济的发展和与国际接轨的深化，国内工程招标和国际工程招标在做法上的区别已越来越小。

3.1.2 施工招标文件的组成

招标文件是指导整个招标投标工作全过程的纲领性文件，是招标人向投标单位提供参加投标所需信息和要求的完整汇编。招标文件由招标人（或者其委托的咨询机构）根据招标项目的特点和需要编制，由招标人发布，它既是投标单位编制投标文件的依据，也是招标人组织评标的依据，也是招标人与将来中标人签订合同的基础。

根据《招标投标法》的规定，招标文件应当包括招标项目的技术要求，对招标人资格审查的标准、投标报价要求和评标标准等所有实质性要求和条件以及拟签订合同的主要条款。就建设项目相关招标而言，招标文件的繁简程度，要视招标工程项目的性质和规模而定。建设项目复杂、规模庞大的，招标文件要力求精练、准确、清楚；建设项目简单、规模小的，文件可以从简，但也要把主要问题交代清楚。

招标文件的编制质量和深度关系着整个招标工作的成败。鉴于此，为了规范招标人的行为，提高招标文件的编制质量和编制效率，《招标投标法》《招标投标法实施条例》等法规对招标文件的编制和管理提出了诸多要求，国家发展和改革委员会会同其他相关部门也发布了诸多标准招标文件范本，如《标准施工招标资格预审文件》（2007 年版）、《标准施工招标文件》（2007 年版）、《简明标准施工招标文件》（2012 年版）、《标准设计施工总承包招标文件》（2012 年版）、《标准设备采购招标文件》（2017 年版）、《标准材料采购招标文件》（2017 年版）、《标准勘察招标文件》（2017 年版）、《标准设计招标文件》（2017 年版）、《标准监理招标文件》（2017 年版）等。

我国《招标投标法》和《招标投标法实施条例》对招标文件的编制还有以下主要规定：

（1）招标文件不得要求或者标明特定的生产供应者以及含有倾向或者排斥潜在投标人的其他内容。

（2）招标人可以对已发出的资格预审文件或者招标文件进行必要的澄清或者修改，该澄清或者修改的内容为招标文件的组成部分。澄清或者修改的内容可能影响资格预审申请文件或者投标文件编制的，招标人应当在提交资格预审申请文件截止时间至少三日前，或者投标截止时间至少十五日前，以书面形式通知所有获取资格预审文件或者招标文件的潜在投标人；不足三日或者十五日的，招标人应当顺延提交资格预审申请文件或者投标文件的截止时间。

（3）潜在投标人或者其他利害关系人对资格预审文件有异议的，应当在提交资格预审申请文件截止时间二日前提出；对招标文件有异议的，应当在投标截止时间十日前提出。招标人应当自收到异议之日起三日内作出答复；作出答复前，应当暂停招标投标活动。

（4）招标人编制的资格预审文件、招标文件的内容违反法律、行政法规的强制性规定，违反公开、公平、公正和诚实信用原则，影响资格预审结果或者潜在投标人投标的，依法必须进行招标的项目的招标人应当在修改资格预审文件或者招标文件后重新招标。

3.1.3 标准施工招标文件的内容

总体而言，施工招标文件的内容主要包括三类：一是告知投标人相关时间规定、资格条件、投标要求、投标注意事项、如何评标等信息的投标须知类内容，如投标人须知、评标办法、投标文件格式等，二是合同条款和格式；三是投标所需要的技术文件，如图纸、工程量清单、技术标准和要求等。

根据《标准施工招标文件》的内容，对施工招标文件的主要内容介绍如下：

1. 招标公告（或投标邀请书）

当未进行资格预审时，招标文件中应包括招标公告。当采用邀请招标，或者采用进行资格预审的公开招标时，招标文件中应包括投标邀请书。投标邀请书可代替资格预审通过通知书，以明确投标人已具备了在某具体项目具体标段的投标资格，其他内容包括招标文件的获取、投标文件的递交等。

2. 投标人须知

主要包括对于项目概况的介绍和招标过程的各种具体要求，在正文中的未尽事宜可以通过“投标人须知前附表”进行进一步明确，由招标人根据招标项目具体特点和实际需要编制和填写，但务必与招标文件的其他章节相衔接，并不得与投标人须知正文的内容相抵触，否则抵触内容无效。投标人须知包括以下 10 个方面的内容：

（1）总则。主要包括项目概况（项目名称、建设地点以及招标人和招标代理机构的情况等）、资金来源和落实情况、招标范围、计划工期和质量要求的描述，对投标人资格要求的规定，对费用承担、保密、语言文字、计量单位等内容的约定，对踏勘现场、投标预备会的要求，对分包的规定，对投标文件偏离招标文件的范围和幅度的规定等。

（2）招标文件。主要包括招标文件的构成以及澄清和修改的规定。

（3）投标文件。主要包括投标文件的组成，投标报价编制的要求，投标有效期和投标保证金的规定，需要提交的资格预审资料，是否允许提交备选投标方案，以及投标文件编制所应遵循的标准格式要求等。

招标文件应当规定一个适当的投标有效期，以保证招标人有足够的时间完成评标和与中标人签订合同。投标有效期从投标人提交投标文件截止之日起计算。在投标有效期内，投标人不得要求撤销或修改其投标文件。出现特殊情况需要延长投标有效期的，招标人以书面形式通知所有投标人延长投标有效期。投标人同意延长的，应相应延长其投标保证金的有效期，但不得要求或被允许修改或撤销其投标文件；投标人拒绝延长的，其投标失效，但投标人有权收回其投标保证金。

招标人要求递交投标保证金的，应在招标文件中明确。投标保证金不得超过招标项目估算价的百分之二且最高不得超过八十万元人民币。投标保证金有效期应当与投标有效期一致。依法必须进行招标的项目的境内投标单位，以现金或者支票形式提交的投标保证金应当从其基本账户转出。招标人不得挪用投标保证金。投标人不按要求提交投标保证金的，其投标文件作废标处理。

（4）投标。主要规定投标文件的密封与标识、递交、修改及撤回的各项要求。在此部分中应当确定投标人编制投标文件所需要的合理时间。依法必须进行招标的项目，自招标文件开始发出之日起至投标人提交投标文件截止之日止，最短不得少于二十日。投标人在招标文件要求提交投标文件的截止时间前，可以补充、修改、替代或者撤回已提交的投标文件，并书面通知招标人。补充、修改的内容为投标文件的组成部分。

（5）开标。规定开标的时间、地点和程序。

（6）评标。说明评标委员会的组建方法，评标原则和采取的评标办法。

（7）合同授予。说明拟采用的定标方式，中标通知书的发出时间，要求承包人提交的履约担保和合同的签订时限。

（8）重新招标和不再招标。规定重新招标和不再招标的条件。

（9）纪律和监督。主要包括对招标过程各参与方的纪律要求。

（10）需要补充的其他内容。

3. 评标办法

评标办法可选择经评审的最低投标价法和综合评估法。评标办法需要对评价指标、所占分值（权重）、评价标准、评价方法等进行明确的规定。评标委员会必须按照招标文件中的“评标办法”规定的方法、评审因素、标准和程序对投标文件进行评审。招标文件中没有规定的方法、评审因素和标准，不作为评标依据。

4. 合同条款及格式

合同条款及格式包括本工程拟采用的通用合同条款、专用合同条款以及各种合同附件的格式。施工合同明确了承发包双方在履约过程中的权利和义务，对承包商的投入和面临的风险有显著的影响，是投标人投标报价时必须要有的依据。因此招标文件应该包括中标人需要和招标人签订的本工程拟采用的完整施工合同，包括通用合同条款、专用合同条款以及各种合同附件的格式。

5. 工程量清单

采用工程量清单招标的，招标文件应当提供工程量清单。工程量清单是表现拟建工程分部分项工程、措施项目和其他项目名称与相应数量的明细清单，以满足工程项目具体量化和计量支付的需要；是招标人编制最高投标限价（招标控制价）和投标人编制投标报价的重要依据。如按照规定应编制最高投标限价的项目，其最高投标限价也应在招标时一并公布。

6. 图　纸

图纸是指应由招标人提供的用于计算最高投标限价和投标人计算投标报价所必需的各种详细程度的图纸。

7. 技术标准与要求

招标文件规定的各项技术标准应符合国家强制性规定。招标文件中规定的各项技术标准均不得要求或标明某一特定的专利、商标、名称、设计、原产地或生产供应者，不得含有倾向或者排斥潜在投标人的其他内容。如果必须引用某一生产供应商的技术标准才能准确或清楚地说明拟招标项目的技术标准时，则应当在参照后面加上“或相当于”的字样。

8. 投标文件格式

提供各种投标文件编制所应依据的参考格式。

9. 规定的其他材料

如需要其他材料，应在“投标人须知前附表”中予以规定。

3.2 建设工程招标文件的编制

作为建设工程招投标活动中招标人向投标人提供的具有告知性和要求性的书面材料，可以说招标文件的质量直接决定了招标投标活动的质量，招标投标活动的质量直接决定了工程建设项目的质量。为确保招标活动能够满足工程建设项目的进度、质量、投资、安全等目标，招标人务必要重视招标文件的编制。

3.2.1 施工招标文件的编制步骤

编制一份质量较高的招标文件需要较为严密的步骤，现把招标文件编制过程大致分为三步，即招标文件编制准备、招标文件编制、招标文件的校对与审核，同时还要注意避免存在违反《招标投标法》及其配套规范的相关规定情形，招标文件的编制步骤如下：

3.2.1.1 招标文件编制准备

招标文件编制的准备工作包括招标策划和选用适当的招标文件模板。

1. 招标策划

招标策划就是采用实地调研、网络搜索、档案资料研究、分析对比等方法，落实招标条件、调研潜在投标人、研究同类项目招标经验、分析标包划分及采购要求、拟定评标办法、编制招标进度计划并形成策划报告的过程。招标策划是开展招标活动的事先计划和准备，是确保招标投标活动质量的基础和保障。因此，招标文件编制前应先进行策划工作。

（1）落实招标条件

落实开展招标采购活动的条件主要包括:招标项目是否按规定履行相关审批或核准手续，资金或资金来源是否落实，审批或核准确定的招标方式、组织方式具体如何等。

（2）调研潜在投标人

调研潜在投标人是为了了解掌握拟参与招标竞争的潜在投标人的数量、规模实力、人员资质、技术装备、供货业绩等。通过调研潜在投标人，为招标项目标段划分、明确招标要求、拟定评标办法等提供可靠充分的依据。

（3）研究同类项目招标经验

研究分析已完成的同类招标项目情况，包括投标人竞争情况、投标报价及投标方案、否决投标、异议甚至招标失败、合同签订后执行情况等。通过经验反馈，为本次招标活动提供参考，避免相同或类似问题重复发生。

（4）分析标包划分及采购要求

招标项目标包划分是指将若干同类或类似项目合并成一个项目或将一个项目拆分成不同项目实施招标采购。标包划分对潜在投标人参与投标竞争的意愿、投标报价、招标成本等有重要影响。招标项目的采购要求包括供货范围及边界、合格投标人的资格条件、响应要求等内容。采购要求清晰明确、适宜合理，不会造成潜在投标人的误解误读，有利于其对招标文件作出恰当的响应。

（5）拟定评标办法

评标办法是评价投标文件的规则、方法和程序，也是招标人采购目标的直接体现。因此，在符合《招标投标法》及其规范的前提下，招标人应根据招标项目的特点编制有针对性的评标方法。

（6）编制招标进度计划

招标进度计划是工程建设项目进度计划的一部分。招标进度计划应以招标策划作为起始时间，以合同签订作为终止时间，以满足项目进度为目标。考虑招标活动可能出现的不可预见性风险，编制招标进度计划时应预留出一定的富余。

2. 招标文件模板选用

对于依法必须进行招标的工程建设项目，应选用国家发展和改革委员会发布的《标准施工招标文件》《简明标准施工招标文件》《标准设计施工总承包招标文件》《标准设备采购招标文件》《标准材料采购招标文件》《标准勘察招标文件》《标准设计招标文件》《标准监理招标文件》等标准招标文件。

对于非依法必须进行招标的项目，可以使用上述文本，也可以使用招标人自己制订的招标文件。

3.2.1.2 招标文件编制

招标文件一般由招标公告或投标邀请书、投标人须知、评标办法、合同条款及格式、技术要求、供货要求或发包人要求、投标文件格式等组成。招标文件的编制应符合《招标投标法》及其配套规范的要求，不得存在招标文件发售、澄清和修改，投标文件递交等的时限少于法定时限的情形，不得存在以不合理的条件限制、排斥潜在投标人的情形。另外，招标文件内容应完整，文字意思表述应严谨，避免出现文件前后不一致、条款存在歧义或重大漏洞等现象。

1. 招标公告或投标邀请书

招标公告的内容包括招标条件、项目概况与招标范围、投标人资格条件、招标文件的获取、投标文件的递交、发布公告的媒介（适用公开招标）、确认是否参加投标（适用邀请招标）、联系方式等。

招标人应重点关注投标人资格条件的设定，具体如下：

（1）资质条件

工程项目应根据《建筑业企业资质标准》及相关文件规定，合理设定投标人应具备的企业资质序列、类别和等级；同时，相关专业的投标人还应具有安全生产许可证；服务项目应按照国家对工程勘察、建筑工程设计、工程监理等相关资质的规定确定资质资格，货物项目应按照国家关于重要工业产品生产许可证、强制性认证等规定确定资质资格。

（2）类似项目业绩和能力

依法必须进行招标的项目不能以特定行政区域或者特定行业的业绩、奖项作为加分条件或中标条件。如果招标项目需要以投标人的类似项目业绩、奖项作为评标标准的，应考虑具有类似项目业绩条件的潜在投标人数量能够保证竞争，并从项目本身具有的技术管理特点需要和所处自然环境条件的角度对投标人完成类似项目的规模、质量和数量等作出规定，要求投标人在投标文件中提供类似项目的中标（成交）通知书、合同协议书或工程竣工验收文件等证明材料。类似项目是指与招标项目在结构形式、使用功能、建设规模相同或相近的项目。

（3）财务状况

财务状况能够反映投标人的资金筹集与资金运用能力。可对投标人的负债经营能力、短期偿债能力以及盈利能力状况等财务指标作出规定，如总资产、净资产、资产负债率、速动比率、净利润率等，保证投标人处于正常生产经营状态且能够为招标项目提供足够的生产流动资金。

（4）拟投入的主要技术和管理人员

投标人拟投入招标项目的主要技术和管理人员包括项目经理、技术负责人以及负责计划、合同、安全、环保、材料、设备等管理的分项负责人。可对主要技术和管理人员的专业技术职业资格、技术职务以及已经完成的类似项目业绩条件等作出规定。

（5）拟投入的设备

指投标人拥有或租赁，保证能够投入招标项目的设备。可对能够投入招标项目的设备规格（型号、容量）、数量等作出规定，并要求投标人提供拟投入设备的来源、规格（型号、容量）、数量、制造年份、功率、工况、所在地、可到达项目现场时间等资料，以评定投标人是否具有完成招标项目的设备能力。

（6）信　誉

一般包括投标人履行合同的市场信誉情况和银行资信状况。可要求投标人在投标文件中提供指定年份经营活动中发生的重大安全和质量事故、违法犯罪行为记录及有关行政处罚等相关情况的声明和证明材料，银行在规定期限内出具的资信状况证明等。

（7）业绩要求

依法必须进行招标的项目不能以特定行政区域或者特定行业的业绩、奖项作为加分条件或中标条件。如果招标项目需要以投标人的类似项目业绩、奖项作为评标标准的，可以从项目本身具有的技术管理特点需要和所处自然环境条件的角度对潜在投标人提出类似项目业绩要求或评标标准，同时应考虑具有类似项目业绩条件的潜在投标人数量能够保证竞争。

2. 投标人须知

投标人须知主要是阐明招标投标活动应遵循的程序规则以及对编制、递交投标文件等投标活动的要求，由正文及其前附表两部分组成，一般包括以下内容：总则、招标文件、投标文件、投标、开标、评标、合同授予、纪律和监督、是否采用电子招标投标、需要补充的其他内容等。

前附表是对正文内容的进一步细化和补充。招标人可以在前附表中进一步明确正文中的未尽事宜。招标人应结合招标项目具体特点和实际需要编制和填写前附表的内容，但不得与正文内容相抵触。

3. 评标办法

评标办法一般由前附表、评标方法、评审标准、评标程序组成。前附表用于明确评标的方法、因素、标准和程序。招标人应根据招标项目具体特点和实际需要，详细列明全部审查或评审因素、标准，没有列明的因素和标准不得作为评标的依据。

招标人应重点关注评审标准的编制。评审标准分为初步评审标准、详细评审标准。初步评审标准包括形式评审标准、资格评审标准和响应性评审标准，详细评审标准包括商务评分标准、技术评分标准、投标报价评分标准及其他因素评分标准。

（1）初步评审标准

形式评审标准包括投标人名称与营业执照、资质证书的一致性；投标函签字盖章、投标文件格式是否符合招标文件关于“投标文件格式”的要求；允许联合体投标的，其是否提交联合体投标协议；不允许提交备选方案的，其报价是否唯一等。

资格评审标准包括投标人提供的营业执照等是否有效；资质、财务、业绩、信誉等情况是否满足招标文件的要求；允许联合体投标的，其是否满足招标文件对联合体投标的要求；是否存在禁止投标的情形；投标设备制造商的资质、业绩等是否满足招标文件的要求等。

响应性评审标准包括投标报价、投标范围、交货期、交货地点、技术性能指标、投标有效期、投标保证金、权利义务、投标设备及技术服务和质保期服务、技术支持材料等是否符合招标文件的要求。

（2）详细评审标准

商务评分标准一般包括对投标人履约能力的评价、对招标文件商务条款的响应程度评价、投标设备的业绩评价等。技术评分标准一般包括对投标设备整体评价、投标设备技术性能指标的响应程度评价、对投标人技术服务和质保期服务能力的评价等。投标报价评分标准一般包括评标基准价的计算方法、投标报价评分的计算方法等。

4. 合同条款及格式

合同条款及格式主要由通用合同条款、专用合同条款和合同附件格式三部分组成。招标人可根据招标项目的具体内容，提供不同类别的合同文本，如建设工程合同、设备供货合同、勘察设计合同、运输服务合同、仓储服务合同等。

5. 技术要求、供货要求或发包人要求

工程招标项目的技术要求一般都包括工程量清单、图纸、技术标准和要求等内容；设备招标项目的供货要求一般都包括总体要求、设备需求一览表、技术性能指标、检验考核要求、技术服务和质保期服务要求等，勘察、设计、监理等服务项目的发包人要求一般都包括勘察、设计或监理要求、适用规范标准、成果文件要求、发包人财产清单、发包人提供的便利条件、承包人需要自备的工作条件、发包人的其他要求等。

6. 投标文件格式

投标文件格式一般包括投标函（或含投标函附录）、法定代表人（单位负责人）身份证明、授权委托书、联合体协议、投标保证金、投标报价清单、资格审查资料、技术方案说明、技术支持资料等。

3.2.1.3 招标文件的校对与审核

为确保招标文件的质量，招标人应当建立"编制—校对—审核"的三级质量管控体系，上文已详细介绍招标文件的编制，以下内容着重介绍校对与审核的重点内容。

1. 招标文件校对

招标文件按照上述要求编制完成后，应提交校对人校对，校对的重点内容包括：

（1）招标文件中涉及的招标项目概况、项目名称、招标范围、时间期限、资格条件、评标办法、合同条款及格式、技术要求、投标文件格式等内容与招标人提交的相关资料和信息是否相符合。

（2）是否存在文字、格式等方面的错误。

2. 招标文件审核

招标文件的编制人员对校对过程中发现的错误或缺漏进行修改后，应提交审核人审核，审核的重点内容包括：

（1）招标文件中涉及的时间期限、资格条件、评标办法等内容是否满足现行法律法规的要求、是否与招标项目具体特点和实际需要相适应、是否完整齐全且满足投标人编制投标文件的需要。

（2）校对过程中提出的问题是否按要求认真处理。

3.2.2 施工招标文件编制中的工程计价要素

一般来说，建设工程（房建和市政）施工招标的《招标文件》均需按照《标准施工招标文件》的规定模式予以编制。但在工程量清单计价模式下，招标文件的编制还必须遵循工程量清单计价的原则和规律，以保证招标人和投标人的权利和义务。因此，编制招标文件时，必须同时考虑工程的计价要素，作为招标文件尤其是工程量清单编制的依据。现将建设工程招标时应考虑工程的计价要素简要说明如下：

1. 招标范围

明确招标范围是招投标工程内容、统一招投标计价范围的必要条件，描述招标范围时，需重点关注可能由招标人另行发包的并且有专业承包资质要求的分部分项工程及甲供材、设备，如土方开挖（包括土方的外运外购）、桩基工程、电梯、铝合金（塑钢）门窗、幕墙、二次装修、弱电及建筑智能化、消防、人防设备安装、高压变配电、中央空调、热交换器等。甲供材如：钢筋、预拌砂浆、商品混凝土、木方、供水设备等大宗物资设备。

2. 专业分包工程及其计价方式

招标文件中需要明确招标范围中是否存在招标人指定分包（也称另行发包或单独发包）的专业工程，如有，需明确其在本次招标中的计价方式。一般情况下，另行发包的专业工程计价方式有两种，一是按统一的专业工程暂估价计入报价，二是暂不计入报价。两种方式均须说明专业工程的总承包服务费的处理方式。需要注意的是，当招标人明确了要对已经计入投标报价的专业工程在工程实施中另行发包给专业承包人，同时规定投标人在报价中计取了总承包服务费时，在招标文件中必须阐明承包人提供总包服务的范围和深度。并合理规避备案时甲分包的专业工程。

3. 材料、设备供应方式及相应计价方式

招标文件中需明确招标范围中材料设备的采供方式。采供方式一般可简单地分为两类，一类是全部由投标人（承包人）采购供应，称作乙供，另一类是部分由招标人（发包人）采购供应，称作甲供。除明确材料设备采购供应方式外，招标文件中还需明确招标范围内材料设备的计价方式。计价方式一般有三种：一是统一暂定材料设备价，适用于甲供以及乙供但须认质认价的材料设备；二是完全自主报价，适用于乙供材料设备，包括指定品牌及其他材料设备；三是暂不计入，适用于甲供材料设备。鉴于在工程施工过程中，便于招标人管理同步，一般建议采取第二种方式，给予综合市场投标人自主报价。

4. 水电费的计价方式

定额计价中，水电费结算须计算水电费的现行市场价同定额中预算价的价差，清单计价模式下是投标人结合市场行情自主报价并据此进行结算，由于两种计价模式的区别，为避免争议，招标文件中需明确水电费由承包方按实际发生费用向提供方缴纳。并注明结算时依实际发生的费用计算，其价差的计取须给予明确。

5. 工程进度款的结算方式

工程进度款的结算方式分两种，第一种是按时间（月，两月，季等）结算进度款，第二种是按阶段形象进度结算进度款，第二种方式需明确形象进度节点。工程进度款的支付额应符合财建〔2004〕369号《建设工程价款结算暂行办法》(2016年修订)第十三条规定，即“…不低于工程价款的60%，不高于工程价款的90%向承包人支付工程进度款。具体拨付额度由招标人确定。

6. 工程变更签证的结算方式

工程变更签证的结算方式将对工程结算造价产生重要影响，容易产生争议，招标文件中需予以明确。按照《建设工程价款结算暂行办法》(2016年修订)第十条规定：“变更合同价款按下列方法进行：(1)合同中已有适用于变更工程的价格，按合同已有的价格变更合同价款；(2)合同中只有类似于变更工程的价格，可以参照类似价格变更合同价款；(3)合同中没有适用或类似于变更工程的价格，由承包人或发包人提出适当的变更价格，经对方确认后执行。如双方不能达成一致的，双方可提请工程所在地工程造价管理机构进行咨询或按合同约定的争议或纠纷解决程序办理。”其中第(3)种方法应尽可能进一步明确计价原则。另外，营改增以后，变更索赔补差中除造价外还要计算销项税。须在文件中给予明确。

7. 甲供材量差的结算方式

实际工程建设过程中，甲供材会出现超供或少供的情况，其单价结算按实际采购价执行，量差的基准则需要特别明确，一般应以投标人投标标书所报的甲供材量为基准，若投标含量有明显错误时可参照建设主管部门发布的消耗量定额含量为基准，但需修正原中标价，修正的差额由承包人承担。

需要注意甲供材的计算含量要求，有的采用图纸含量，有的依消耗量定额含量，但都须在招标文件中给予明确，并对风险承担的责任进行规避。

8. 甲供材保管费的计价方式

定额明确了甲供材保管费的费率，工程量清单计价模式下招标文件对甲供材保管费的处理方式有两种：甲供材保管费不单独结算，投标报价时综合考虑；甲供材保管费在其他项目清单中单列项，在限定上限费率情况下，投标单位竞争费率及报价。需要注意的是招标文件需明确计取保管费的甲供材范围和价款，其范围一般不包括大型设备。

9. 总承包服务费的计价方式

定额明确了分包工程配合费(也就是总承包服务费)按分包工程直接费的5%计取，工程量清单计价模式下招标文件对总承包服务费的处理方式有两种：总承包服务费暂不计入，签订施工合同另行约定；暂定专业分包工程暂估价总额，在限定上限费率情况下，投标单位竞争费率及报价。

另外当发包人对专业工程进行分包、自行采购供应部分材料设备(计入建筑安装工程费的设备)时，应在招标文件中明确总承包人服务的范围及深度，总承包人应在报价中计取总承包服务费。同时规定编制最高限价时应根据招标文件明确的总承包服务费范围及深度，计列总承包服务费，专业工程的总承包服务费可按分包工程造价的费率来计取；发包人只采购供应材料、设备的可按其总价值费率来计取。并且明确了投标人自主确定总承包服务费的报价，当然，其比率不能超过国家及地方有关规定的上限。

10. **保险费的计价方式**

招标文件中需明确保险费在投标报价时的计价方式及在竣工结算时的结算方式，一般情况下，投标报价时按不可竞争费以完整险项的参考费率计入，结算时据实结算。

11. **工程竣工结算的有关约定**

针对工程量清单计价模式下固定单价合同类型，招标文件需明确的内容：

工程量按实计算，清单综合单价不变（因工程量差异较大而特殊约定调整综合单价的除外）；变更签证工程按其约定原则确定的综合单价；措施项目费的调整可分为四种方式：第一种方式是费用包干不做调整；第二种方式是按结算分部分项合价同投标分部分项合价的比例调整；第三种方式是按投标措施项目费组价的各工程量变化比例调整措施项目费，按“项”以一笔费用报价的费用项目不调整；第四种方式是按投标措施项目费组价原则据实调整工程量。需要注意的是第四种方式容易产生不平衡报价，建议采用第二、三种方式。

12. **风险范围**

固定总价、固定单价合同均需明确合同价格的风险范围，风险范围主要涉及人工、机械、材料市场价格波动等几个方面。一般情况下，市场价格的波动不作为调整合同固定总价、单价的依据，但对价格波动较大的主要材料如钢材、水泥（商品混凝土）、沥青、有色金属材料等，可以设定一定的涨跌幅度作为承包方完全承担价格波动风险的限度，限度之外的价格波动风险应明确双方承担方式。

不可抗力因素以外因承包方原因引起的造价变化风险由承包方全部承担。

政府主管部门的政策性调价文件，招标文件应明确是否按调价文件调整结算价；汇率变动，招标文件应明确因汇率变动是否调整结算价。

13. **质量保证金的比例和返还方式**

质量保证金一般按工程价款结算总额 5%左右的比例预留，缺陷责任期一般为六个月、十二个月或二十四个月。返还方式一般是在质量缺陷期内一次或分次返还扣除维修费用后的余额，返还余额是否计算利息需在招标文件中予以明确。营改增后，质保金是否在结算时由承包人一次性开具发票均需注明。

3.2.3 施工招标文件编制中的注意事项与风险防控

3.2.3.1 评标办法的选择和应用

1. **评标办法的相关规定**

示范文本中没有评标办法的具体细化内容，实践中，评标办法可以作为投标须知的组成部分，也可以作为招标文件的一个独立章节。

评标办法必须明确地阐明评标的标准和方法，同时，一份具体的评标办法还要界定评审内容、评审程序、评审条件等诸多内容。

所有的评标标准和方法必须在招标文件中详细载明，招标文件未载明评标的具体标准和方法的，或者评标委员会使用与招标文件规定不一致的评标标准和方法的，评标结果无效，应当依法重新评标或者重新招标。

2. 评标办法的种类

目前较常用的评标办法有综合评分法、性价比法、最低评标价法、价分比法、合理低价法、最低价法等，工程项目评标多使用综合评分法、合理低价法、最低价法三种方法，编制招标文件时可以直接选用。

3. 评标办法的选用及要求

综合评分法：适用于建设规模较大，履约工期较长，技术复杂，质量、工期和成本受不同施工方案影响较大，工程管理要求较高的施工招标评标项目。不仅强调价格优势，也强调技术因素和综合实力。但不能任意提高技术部分的评分比重，一般技术部分的分值权重不得高于 40%，商务部分的分值权重不得少于 60%。

合理低价法：适用于具有通用技术，性能标准或者招标人对其技术、标准没有特殊要求，工期较短，质量、工期、成本受不同施工方案影响较小，工程管理要求一般的施工招标评标项目。其强调的是优惠而合理的价格。当采用经评审的不低于成本的最低投标价法时，提倡对技术部分采用合格制评审方法。但技术标的合格性评审，并不是不评审，而是要对工程内容是否完整，施工方法是否正确，施工组织和技术措施是否合理、可行，单价和费用的组成、工料机消耗及费用、利润的确定是否合理，主要材料的规格、型号、价格是否合理，有无具有说服力的证明材料等方面进行重点评审。

最低价法：适用于技术含量低的简单工程和工序较少的专业工程施工招标评标项目。

4. 应注意的几个问题

（1）合理确定量化打分分值。

确定量化打分分值时应考虑：

① 招标人对各评分项目的重视程度。如招标人注重新材料的应用，则可以加大“新技术、新产品、新工艺、新材料应用”，评分分值。

② 招标项目的自身特点。如室内装修工程，措施项目费占总价的比例不大，商务标中应尽量减少措施费的分值，甚至不评，而应将对造价影响大的主要材料的分值加大，以体现评标的主要目的。

（2）应控制技术标的分差。

也就是控制各投标人在技术标上的得分差距。如果技术标的分差悬殊，而商务标的最大优势又难以弥补这一悬殊时，技术标单方面决定了评标结果。

（3）正确理解投标竞价下浮率。

综合评估法中，其评标基准价是以各有效报价的算术平均值下浮 K%确定的，这里的 K 值就是所谓的“投标竞价下浮率”。设置的目的是鼓励投标人对可竞争的项目进行充分竞争。工程量清单实质是引入市场竞争机制。竞争必然使得价格降低，这是市场经济的普遍规律。但是 K 值的设定一定要合理，价格竞争性强、技术通用性项目 K 值可以适当大一些，反之亦然。同时要对投标人的行为进行合法引导，如果片面强调低价，则可能导致低于成本的恶性竞争，不利于市场的健康发展。

（4）审慎设立下拦标价。

一般认为，设立下限背离了《评标委员会和评标办法暂行规定》第十七条的规定，就有限制投标人合理竞争的嫌疑。同时，设立下限也会面临一个无法解释的现象：一是投标人投标价格低于个别成本但高于下限，依法应当构成法定废标，但却人为地被认定为有限标；二是虽然投标价格低于下限，但并不低于其个别成本，却被人为认定为废标，明显偏离了招标投标活动追求合理低价的目的。因此，我国规定，设立上限控制价的开标，可以不公布，既有上限又有下限的开标，前三天必须公布。

（5）在新的计价体系下，施工组织设计其实是一个技术经济文件，是投标报价的基础性文件，决定着投标报价的竞争力。因此评标时不宜将二者割裂对待。

（6）采用资格预审方法的，企业信誉、业绩、实力等综合素质方面的内容，不宜设立评分项，各种奖项也不得进行评分。因为，这些内容已经在资格预审阶段考核过了，所有投标人应在同一基准线上竞争。

（7）纳入竞争范围的、对投标价格比较敏感的材料、设备，应在招标文件的技术要求中。详细规定有关的技术标准，以便减小因投标人选用不同材料而导致的投标差异。

（8）废标条件或资格预审时的必要条件不应作为评分项。如投标保证金、质量、工期、资质等级、安全生产许可证等。

（9）不宜设置额外加分的评分因子。

（10）评审内容要与工程项目的特征相一致。如室内装修工程，施工时不会用到大型机械，技术标中也就不宜有大型机械、临时用地、施工总平面布置图等评审内容，因为这些与项目的特征相去甚远。

3.2.3.2 评标委员会的组建

评标委员会成员人数为五人以上的单数，例如 7 人、9 人、11 人，从评标专家库中随机抽取人数的 2/3 含技术、经济等方面的专家。

评标委员会组成成员中，经济类专家不得少于 2 人。经济类专家负责商务标的评审并在商务标评分表上签字，技术类专家负责技术标的评审并在技术标评分表上签字，评分汇总表，排名表、评标报告由评标委员会组成成员共同签字、确认。

对评标结论持有异议的评标委员可以书面方式阐述其不同意见和理由。评标委员会应当对此做出书面说明并记录在案。

向招标人提交书面评标报告后，评标委员会随即解散。

3.2.3.3 评标报告

根据《评标委员会和评标方法暂行规定》第四十二、四十三条规定：评标委员会完成评标后，应当向招标人提出书面评标报告，并抄送有关行政监督部门。评标报告应当如实记载以下内容：

（1）基本情况和数据表。

（2）评标委员会成员名单，包括计算机打印的专家抽取名单和评标委员会成员签名表。

（3）开标记录，包括投标文件接收时间确认表、密封情况确认表、唱标记录表、电子标书导入确认表。

（4）符合要求的投标一览表。

（5）废标情况说明。

（6）评标标准、评标方法或者评标因素一览表（抽项表）。

（7）经评审的价格或者评分比较一览表（技术标、商务标得分分表、汇总表。

（8）经评审的投标人排序。

（9）推荐的中标候选人名单与签订合同前要处理的事宜。

（10）澄清、说明、补正事项纪要。

评标报告由评标委员会全体成员签字。对评标结论持有异议的评标委员会成员可以以书面方式阐述其不同意见和理由。评标委员会成员拒绝在评标报告上签字且不陈述其不同意见和理由的，视为同意评标结论。评标委员会应当对此作出书面说明并记录在案。

3.2.3.4　招标文件编制的风险

施工招标文件编制的风险较多，常见的风险大致包括：设计技术风险、施工技术风险、工程量的风险、自然及环境风险、政治社会风险、合同风险等几个类型。现将一些常见风险的情况与防范总结如下：

1. 关于工程量的风险问题

工程量清单招标实行的是风险分担的原则，量的风险由发包人承担，价的风险由承包人承担。

目前一些招标人将量的风险以不同的形式转嫁给投标人，有的在招标文件中规定工程量的计算误差在一定范围内不予调整，有的让投标人在投标前对工程量清单自行复核，复核以后量不再调整，但这些都不符合工程量清单计价规则的要求。

招标人要想把投标人的不平衡报价给自己带来的风险降到最低，必须做好招标前的准备工作，完善施工图纸，明确设计细节，精心挑选代理机构，认真做好工程量清单，并在招标文件中详细明确特殊的技术要求，如对主要材料的品牌、规格要求等。

2. 招标文件中宜约定材料价格的风险范围

因部分建材价格涨幅较大，一些招标项目由于施工方在投标时难以预测市场风险，致使合同不能正常履行，给甲乙双方都带来不可估量的损失。现阶段我国市场机制尚不健全，价格的决定因素并不局限于竞争格局和供求关系本身，市场参与的主体各方还难以对价格的涨跌局势做出准确的判断，因此要投标人全部承担不可预测的整个施工期间的价格风险是不公平的，招标文件中应对材料价格的风险范围做出约定，风险范围以内的价格变化由投标人承担，风险范围以外的价格变化由招标人在招标文件中约定分担比例，以化解风险，维护当事人双方的利益。约定的方式有两种，一种是约定价格涨跌的比例，比例以内的价格涨跌不再调整；另一种是约定时间区间，时间区间内的价格涨跌不再调整。

风险范围的约定并不只对投标人有利，价格上涨时对投标人有利，价格下跌时对招标人有利，应本着公平、客观的原则，不能以损害对方的利益为前提。

3.2.3.5 风险的防范

1. **选择合适的合同计价形式**

根据不同工程项目内容选择不同合同计价类型。根据工程项目的特点和实际，适当选择计价形式，降低工程的合同风险。例如对于施工条件较好，工程量变化不大、施工工艺成熟的项目，风险量较小，可以采用固定价合同方式，以求得承包商在竞争中具有较低的报价；对于工程量变化较大的项目，采取可调价合同，在工程量可能变化的幅度范围内采取不同的结算单价；对于招标阶段建材市场价较高的项目，一定要在合同中增加材料调价条款，因为招标阶段与实施阶段有一个时间差，在这一个时间段攀升较高的材料降价的可能性较大，而继续涨价的空间较小。

2. **严密的语言表达**

语言是合同的载体，合同是索赔的依据。完善的合同可以防止或减少争议，从而减少费用，如果在合同中没有严密的表达，很可能给工程索赔留下隐患。

3. **合理的风险分配**

根据风险管理的基本理论，建设工程风险应由有关各方分担，而风险分担的原则是：任何一种风险都应由最适宜承担该风险或最有能力进行止损的一方承担，符合这一原则的风险转移是合理的，可以取得双赢或多赢的效果。

（1）从工程整体效益的角度出发，最大限度地发挥各方的积极性。

因为项目参加者如果都不承担任何风险，则他也就没有任何责任，当然也就没有控制的积极性，就不可能搞好工作。因此只有让各方承担相应的风险责任，通过风险的分配以加强责任心和积极性，达到能更好地计划与控制的目的。

（2）公平合理，责、权、利平衡。

一是风险的责任和权利应是平衡的。有承担风险的责任，也要给承担者以控制和处理的权利，但如果已有某些权利，则同样也要承担相应的风险责任；二是风险与机会尽可能对等，对于风险的承担者应该同时享受风险控制获得的收益和机会收益，也只有这样才能使参与者勇于去承担风险；三是承担的可能性和合理性，承担者应该拥有预测、计划、控制的条件和可能性，有迅速采取控制风险措施的时间、信息等条件，只有这样，参与者才能理性地承担风险。

（3）符合工程项目的惯例，符合通常的处理方法。

如采用国际惯例 FIDIC 合同条款，就明确地规定了承包商和业主之间的风险分配，比较公平合理。

3.2.4 招标工程量清单的编制

工程量清单是载明建设工程分部分项工程项目、措施项目、其他项目的名称和相应数量以及规费、增值税项目等内容的明细清单。其中，由招标人根据国家标准、招标文件设计文件以及施工现场实际情况编制的，随招标文件发布供投标人投标报价的工程量清单称为招标工程量清单。而构成合同文件组成部分的投标文件中已标明价格，并经承包人确认的工程量清单称为已标价工程量清单。

招标工程量清单是编制工程最高投标限价、投标报价、计算或调整工程量、索赔等的依据。投标人根据招标工程量清单进行报价，形成的已标价工程量清单是支付工程款、调整合同价款、办理竣工结算等的关键依据。

3.2.4.1 工程量清单的构成

工程量清单作为招标文件的组成部分，主要由分部分项工程量清单、措施项目清单、其他项目清单、规费和增值税项目清单组成。工程量清单编制的成果文件应包括工程量清单封面、总说明、工程项目汇总表、单项工程汇总表、单位工程汇总表、分部分项工程汇总表、措施项目清单表、其他项目清单表、规费和增值税项目清单表等。

3.2.4.2 工程量清单计价的适用范围

工程量清单计价规范适用于建设工程发承包及其实施阶段的计价活动。根据《建设工程工程量清单计价规范》（GB 50500—2013），使用国有资金投资的建设工程发承包，必须采用工程量清单计价。国有资金投资的项目包括全部使用国有资金（含国家融资资金）投资或国有资金投资为主的工程建设项目。

（1）国有资金投资的工程建设项目包括：

① 使用各级财政预算资金的项目；

② 使用纳入财政管理的各种政府性专项建设基金的项目；

③ 使用国有企事业单位自有资金，并且国有资产投资者实际拥有控制权的项目。

（2）国家融资资金投资的工程建设项目包括：

① 使用国家发行债券所筹资金的项目；

② 使用国家对外借款或者担保所筹资金的项目；

③ 使用国家政策性贷款的项目；

④ 国家授权投资主体融资的项目；

⑤ 国家特许的融资项目。

（3）国有资金（含国家融资资金）为主的工程建设项目是指国有资金占投资总额 50%以上，或虽不足 50%但国有投资者实质上拥有控股权的工程建设项目。

非国有资金投资的建设工程，宜采用工程量清单计价；不采用工程量清单计价的建设工程，应执行《建设工程工程量清单计价规范》（GB 50500—2013）中除工程量清单等专门性规定外的其他规定。目前，工程量清单计价模式已广泛应用于各类工程建设项目的计价与管理活动，其投资效益和社会效益日益明显。

3.2.4.3 工程量清单的编制依据

编制招标工程量清单应依据：

（1）《建设工程工程量清单计价规范》（GB 50500—2013）以及各专业工程工程量计算规范；

（2）国家或省级、行业建设主管部门颁发的计价依据和办法；
（3）建设工程设计文件及相关资料；
（4）与建设工程有关的标准、规范、技术资料；
（5）拟定的招标文件；
（6）施工现场情况、地勘水文资料、工程特点及常规施工方案；
（7）其他相关资料。

2013年版清单计价规范与各专业工程工程量计算规范于2013年7月1日正式实施，规范包括《建设工程工程量清单计价规范》（GB 50500—2013）、《房屋建筑与装饰工程工程量计算规范》（GB50854—2013）、《仿古建筑工程工程量计算规范》（GB 50855—2013）、《通用安装工程工程量计算规范》（GB 50856—2013）、《市政工程工程量计算规范》（GB 50857—2013）、《园林绿化工程工程量计算规范》（GB 50858—2013）、《矿山工程工程量计算规范》（GB 50859—2013）、《构筑物工程工程量计算规范》（GB 50860—2013）、《城市轨道交通工程工程量计算规范》（GB50861—2013）、《爆破工程工程量计算规范》（GB 50862—2013）等。

3.2.4.4 工程量清单的编制要求

根据《建设工程工程量清单计价规范》（GB 50500—2013），工程量清单的编制应符合以下要求：

（1）招标人应负责编制招标工程量清单，若招标人不具有编制招标工程量清单的能力，可委托具有工程造价咨询资质的工程造价咨询企业编制。

（2）招标工程量清单是招标文件的重要组成部分，招标人对编制的招标工程量清单的准确性和完整性负责，投标人依据招标工程量清单进行投标报价。

（3）招标工程量清单是招标文件的组成部分，招标人在编制工程量清单时必须做到五个统一，即统一项目编码、统一项目名称、统一计量单位、统一工程量计算规则以及统一的基本格式。

（4）招标工程量清单与计价表中列明的所有需要填写单价和合价的项目，投标人均应填写且只允许有一个报价。未填写单价和合价的项目，视为此项费用已包含在已标价工程量清单中其他项目的单价和合价之中。当竣工结算时，此项目不得重新组价予以调整。

3.2.4.5 招标工程量清单的表式组成

1. 招标工程量清单的组成

（1）招标工程量清单封面。
（2）招标工程量清单扉页。
（3）工程量清单总说明。
（4）分部分项工程量清单与计价表。
（5）单价措施项目清单与计价表。
（6）总价措施项目清单与计价表。
（7）其他项目清单与计价汇总表。

① 暂列金额明细表；

② 材料（工程设备）暂估单价及调整表；

③ 专业工程暂估价及结算价表；

④ 计日工表；

⑤ 总承包服务费计价表。

（8）规费、税金项目计价表。

（9）发包人提供材料和工程设备一览表。

（10）承包人提供主要材料和工程设备一览表。

2. 招标工程量清单编制的主要内容

1）招标工程量清单封面

招标工程量清单封面应填写招标工程立项时批准的具体工程名称，招标人应加盖单位公章。如果招标工程量清单是招标人委托工程造价咨询人编制的，工程造价咨询人也应加盖单位公章。

2）招标工程量清单扉页

招标人自行编制招标工程量清单时，招标人加盖单位公章，其法定代表人或其授权人签字或盖章，参与编制的招标人的造价人员签字并盖专用章。注意复核人应是招标人注册的造价工程师。

招标人委托工程造价咨询人编制工程量清单时，除招标人加盖单位公章及其法定代表人或其授权人签字或盖章外，工程造价咨询人应盖单位资质专用章，其法定代表人或其授权人应签字或盖章，由工程造价咨询人注册的造价工程师签字盖专用章。按照相关规定，凡工程造价咨询人出具的工程造价成果文件，必须由其注册的造价工程师签字盖章。

3）工程量清单总说明

总说明的内容应包括工程概况，如建设地址、建设规模、工程特征、交通状况等；工程发包、分包范围；工程量清单编制依据；工程质量、材料、施工等的特殊要求以及其他需要说明的问题。

作为招标工程量清单，主要作用是用于招标投标，所以在“其他需要说明的问题”中，应重点对投标人提出或明示投标报价的规定和要求。如综合单价的组成及填报、合价与总价的规定、措施项目报价要求、人工费的调整要求、材料价格的调整要求、报价风险的考虑等。

4）分部分项工程量清单与计价表

分部分项工程量清单必须按照“五个要件”进行编制，即必须根据工程量计算规范规定的项目编码、项目名称，项目特征、计量单位和工程量计算规则进行编制。表中的综合单价与合价在编制工程量清单时不得填列。

5）单价措施项目清单与计价表

单价措施项目是可以计算工程量的项目，如脚手架工程、混凝土模板及支架等。这类措施项目按照分部分项工程量清单相同的方式进行编制。

6）总价措施项目清单与计价表

总价措施项目是不能计算工程量的项目，如安全文明施工费、夜间施工增加费、二次搬运费等。此类措施项目以“项”为计量单位进行编制，其对应的费率在编制招标控制价时再计取。

7）其他项目清单与计价汇总表

其他项目清单是指分部分项工程项目清单、措施项目清单所包含的内容以外，因招标人的要求而发生的与拟建工程有关的其他费用项目和相应数量的清单。其他项目清单包括暂列金额、暂估价（包括材料暂估单价、工程设备暂估单价、专业工程暂估价）、计日工、总承包服务费。编制招标工程量清单时，暂列金额、暂估价属招标人费用，其金额大小及内容在招标工程量清单由招标人确定和计算，提供给投标人。而计日工、总承包服务费属投标人费用，由投标人在投标时报价。

（1）暂列金额明细表。暂列金额在规范中已经明确做出定义。在实际履约过程中可能发生，也可能不发生。本表要求招标人能将暂列金额与拟用项目列出明细。但在实际编制中，招标人往往只是列出暂定金额总额即可。投标时投标人应将上述暂列金额计入投标总价中，不能在所列的暂列金额以外再增加任何其他费用。

（2）材料（工程设备）暂估单价及调整表。在工程施工中肯定发生，但在招标阶段不能确定的某些材料或设备的单价，为保证招投标活动顺利进行，可以先以暂估价形式出现。暂估价由招标人按照材料或设备的名称、型号和单价，在本表中逐项给出。投标人只需将材料或设备暂估价用于自己的投标报价即可，投标人不得自己提出暂估价。

（3）专业工程暂估价及结算价表。专业工程暂估价项目及其表中列明的专业工程暂估价款，是指分包人实施专业工程含税的完整价，也是由招标人暂估。投标人在投标时将该暂估价计入投标总价即可。总承包施工招标完成后，专业工程暂估价达到必须招标的限额规定的，必须进行二次招标。

（4）计日工表。计日工是在施工中，承包人完成施工合同范围以外的零星项目或工作，按合同约定的单价计价的一种方式。计日工是为了解决现场发生的零星工作的计价而设立的。计日工对完成零星工作所消耗的人工工日、材料数量、施工机具台班进行计量，投标人需要对这些计日工进行报价，施工中按照计日工表填报的适用项目的单价进行计价支付。招标人编制计日工表格时，一定要给出暂定数量，并且需要根据经验，尽可能估算出一个比较贴近实际的数量，且尽可能把项目列全，以消除因此而产生的争议。

（5）总承包服务费计价表。总承包服务费是总承包人为配合协调发包人进行的专业工程分包，对发包人自行采购的材料、设备等进行保管以及施工现场管理、竣工资料汇总整理等服务所发生的费用。投标人应预计这笔费用并填入总承包服务费计价表中。

8）规费、税金项目计价表

规费按照规范或定额规定的项目在表中列项。有些规费项目，如工程排污费，一般按实际发生后再按实结算，很多工程现在都没有征收，可不编入本表。税金应按国家建筑业增值税的有关规定执行。

9）发包人提供材料和工程设备一览表

发包人提供的材料和工程设备（简称甲供材料）应在本表中填写。招标人应写明甲供材料的名称、规格、数量、单位和单价等。投标人投标时、甲供材料单价应计入投标人自己的综合单价中。

10）承包人提供主要材料和工程设备一览表

此表在编制招标工程量清单时，由招标人填入材料的“基准单价”，提交给投标人。投标人在投标报价时，填写“投标单价”。在工程施工中，当材料和设备价格发生较大变化达到合同约定的价格调整条件时，可以使用此表方便地进行材料和设备价格调整。

3. 招标工程量清单编制的有关问题说明

（1）暂列金额由招标人暂定，一般按照分部分项工程费的 10%～15%暂定。

（2）专业工程暂估价是综合暂估价，包括除规费和税金以外的管理费、利润等。

（3）当计量单位有两个或两个以上时，应根据所编工程量清单项目的特征要求，选择最适合表现该项目特征并方便计量的单位。例如门窗工程的计量单位已有“樘或 m^2”两个计量单位，实际工作中，就应选择最适合、最方便计量的单位来表示。

（4）分部分项工程量清单的项目名称应按相关工程工程量计算规范附录的项目名称结合拟建工程的实际确定。例如“现浇构件钢筋”分项工程在形成工程量清单项目名称时可细化为“现浇 HPB300 钢筋”“现浇 HRB400 钢筋”等。随着新材料、新技术、新的施工工艺的不断出现和应用，如果遇到相关工程工程量计算规范附录没有的项目，编制人可作相应补充，并报工程造价管理机构备案。

（5）工程量清单补充项目。

在现代施工中，不断出现和应用新材料、新技术、新工艺，工程量计算规范已不能完全反映和包括这些内容。凡工程量计算规范附录中缺项的工程项目，招标人在编制清单时应做补充，并报省级或行业工程造价管理机构备案，省级或行业工程造价管理机构应汇总报住房和城乡建设部标准定额研究所。补充项目的编码由专业工程代码与 B 和二位阿拉伯数字组成，并应从××B001 起顺序编制，如 01B001，02B001，03B001 等，与已招标工程的项目不得重码。

补充的工程量清单项目需附有补充项目的名称、项目特征、计量单位、工程量计算规则、工作内容。不能计量的措施项目，需附有补充项目的名称、工作内容及包含范围。

例如钢管桩的补充项目见表 3-1。

表 3-1　桩基础（编码：010201）

项目编码	项目名称	项目特征	计量单位	工程量计算规则	工程内容
01B001	钢管桩	地层描述； 送桩长度/单桩长度； 钢管材质、管径、壁厚； 管桩填充材料种类； 桩倾斜度； 防护材料种类	m/根	按设计图示尺寸以桩长（包括桩尖）或根数计算	桩制作、运输； 打桩、试验桩、斜桩； 送桩； 管桩填充材料、刷防护材料

3.3 建设工程施工招标标底与招标控制价的编制

标底是招标工程的预期价格，是衡量投标人标价合理性的尺度，是发包工程财务准备的依据。虽然工程招标以后确定的发包价格（合同价）不一定是标底，但它却是约束合同价和衡量招标优劣的重要依据。标底是评标的参考之一。

最高投标限价，又称招标控制价，是招标人根据国家或省级、行业建设主管部门颁发的有关计价依据和办法，依据拟订的招标文件和招标工程量清单，结合工程具体情况发布的对投标人的投标报价进行控制的最高价格。

最高投标限价和标底是两个不同的概念。标底是招标人的预期价格，最高投标限价是招标人可接受的上限价格。招标人不得以投标报价超过标底上下浮动范围作为否决投标的条件，但是投标人报价超过最高投标限价时将被否决。标底需要保密，最高投标限价则需要在发布招标文件时公布。

3.3.1 标底编制

工程施工招标的标底由招标人负责编制。可自行编制，也可以委托造价师事务所编制。一个招标项目只允许有一个标底。接受委托编制标底的中介机构不得参加受托编制标底项目的投标，也不得为该项目的投标人编制投标文件或提供咨询等相关服务。标底应该控制在批准的设计概算或修正概算之内。标底在开标之前应严加保密，不得泄露。

根据我国确定的工程造价方式，编制标底的方法有两种：一种是以施工图预算作为确定标底的依据，即根据施工图及国家和地区有关定额（包括取费标准）、材料预算或市场价格和施工方案来编制标底。也可以以确定的工程量清单为基础，按水运工程相关计价规范和价格依据编写。这种方法是确定标底的主要方法，适用于施工图基础上的施工招标；另一种是适应于初步设计阶段进行招标的工程，可以在其批准的初步概算内依据初步设计文件和概算定额或指标确定标底。

需要说明的是，《招标投标法》和交通运输部发布的有关管理办法中并未要求必须编制标底，标底只能作为评标的参考，并明确不得以投标报价是否接近标底作为中标条件，也不得以投标报价超过标底上下浮动范围作为否决投标的条件。当然，也可以进行无标底招标。

工程招标项目，对于招标方来说，在招标前除了需要处理好招标公告与招标文件的发布和发售之外，有的项目还需要提前编制标底。作为工程造价的重要组成部分，标底编制工作不仅重要，而且繁琐难度高。当前，我国建筑工程招标的标底，主要采用以施工图预算、设计概算、扩大综合定额、平方米造价包干为基础的四种方法来编制。

3.3.1.1 以施工图预算为基础的标底

以施工图预算为基础编制标底的具体做法是根据施工图纸及技术说明，按照预算定额规定的分布分项工程子目，逐项计算出工程量后，再套用定额单价或单位估价表确定直接费用，然后按规定的取费标准确定施工管理费、其他间接费、计划利润和税金，还要加上材料调价系数和适当的不可预见费用，汇总后形成的总金额即为工程标底。

1. 单价法编制标底

单价法是用事先编制好的分项工程的单位估价表来编制施工图预算的方法。按施工图计算的各分项工程的工程量，并乘以相应单价，汇总相加，得到单位工程的人工费、材料费、机械使用费之和；再加上按规定程序计算出来的其他直接费、现场经费、间接费、计划利润和税金，便可得出单位工程的施工图预算价。

具体编制步骤如下：

（1）搜集各种编制依据资料。如施工图纸、现行建筑安装工程预算定额、取费标准等。

（2）熟悉施工图纸和定额。

（3）计算工程量。工程量的计算在整个预算过程是最重要、最繁重的一个环节，不仅影响预算的及时性，更重要的是影响预算造价的准确性。因此，必须在工程量计算上狠下功夫，确保预算质量。

单价法是目前国内编制施工图的主要方法，具有计算简单、工作量较小和编制速度较快，便于工程造价管理部门集中统一管理的优点。但由于是采用事先编制好的统一的单位估价表，其价格水平只能反映定额编制预期的价格水平。在市场经济价格波动较大的情况下，单价法的计算结果会偏离实际价格水平，虽然可采用调价来弥补，但调价系数和指数从测定到颁布又要滞后且计算繁琐。

2. 实物法编制标底

实物法是首先根据施工图纸分别计算出分项工程量，然后套用相应的预算人工、材料、机械台班的定额用量再分别乘以工程所在地当时的人工、材料、机械台班的实际单价，求出单位工程的人工费、材料费和施工机械使用费，并汇总求和，进而求得直接工程费，并按规定计取其他各项费用，最后汇总就可得出单位工程施工图预算造价。

在市场经济条件下，人工、材料和机械台班单位是随市场而变化的，而且它们是影响工程造价最活跃、最主要的因素。用实物法编制施工图预算，是采用工程所在地的当时人工、材料、机械台班价格，能较好地反映实际价格水平，工程造价的准确性高。虽然计算过程较单价法繁琐，但用计算机也就快捷了。因此，定额实物法是与市场经济体制更为适应的预算编制方法。

3.3.1.2 以设计概算为基础的标底

以工程概算为基础的标底编制，其编制程序和以施工图预算为基础的标底编制大体相同，主要的区别是采用了工程概算定额，对分布分项工程子目做了适当的归并，使得计算工作有所简化。采用这种方法编制的标底，通常适用于在初步设计或技术设计阶段即进行招标的工程。在施工图阶段招标，也可按照施工图计算工程量，按概算定额和单价计算直接费，既可提高计算结果的准确性，又能减少计算工作量，节省时间和人力。

3.3.1.3 扩大综合定额为基础的标底

以扩大综合定额为基础的标底编制是在设计概算基础上发展起来的，其特点是施工管理费、各项独立费、计划利润和税金都纳入扩大的分布分项单位内，形成扩大综合单价。计算出工程量后，乘以扩大综合单价，再汇总即为标底，从而能够进一步简化确定标底的工作。

3.3.1.4 以平方米造价包干为基础的标底

以平米造价包干为基础的标底，主要适用于采用标准图的住宅工程，一般做法是由地方主管对不同结构体系的住宅造价进行测算分析，制订每平方米造价包干标准，然后再根据装修、设备情况进行适当调整，确定标底单价。

当住宅工程采用标准图、批量建设时，可用以平方米包干为基础的标底，这种平方米包干为基础的标底，其价格由编制单位根据标准图测算工程量、依据有关计价办法编制出标准住宅工程每平方米造价，在具体工程招标时，结合实际装修，室内设备的配备情况，调整平方米造价。另外，它因为地基的情况不同，非基础部分一般采用平方米造价包干，而基础部分按施工图纸单独计算，然后合在一起构成完整的标底。

这种以平方米造价包干为基础的标底编制方法，工程量计算比较简单，但是被限定在必须采用标准图进行施工，而且在制定平方米包干时，事先也必须做详细的工程量计算工作，因而一般不是普遍使用。

3.3.2 招标控制价编制

3.3.2.1 最高投标限价的作用

最高投标限价的编制可有效控制投资，防止通过围标、串标方式恶性哄抬报价，给招标人带来投资失控的风险。最高投标限价或其计算方法需要在招标文件中明确，因此最高投标限价的编制提高了透明度，避免了暗箱操作等违法活动的产生。在最高投标限价的约束下，各投标人自主报价、公开公平竞争，有利于引导投标人进行理性竞争，符合市场规律。

3.3.2.2 采用最高投标限价招标应该注意的问题

（1）若“最高限价”大幅高于市场平均价时，就预示中标后利润很丰厚，只要投标不超过公布的限额都是有效投标，从而可能诱导投标人串标、围标。

（2）若招标文件公布的最高限价远远低于市场平均价，就会影响招标效率。即投标人按此限额投标将无利可图，超出此限额投标又成为无效投标，结果可能出现只有 1～2 人投标或出现无人投标情况，使招标人不得不修改最高投标限价进行二次招标。

（3）最高投标限价编制工作本身是一项较为系统的工程活动，编制人员除具备相关造价知识之外，还需对工程的实际作业有全面的了解。若将其编制的重点仅仅集中在计量与计价上，忽视了对工程本身系统的了解，则很容易造成最高限价与事实不符的情况发生，使得招标与投标单位都面临较大的风险。

3.3.2.3 最高投标限价的编制规定与依据

1. 编制最高投标限价的规定

（1）根据住房和城乡建设部颁布的《建筑工程施工发包与承包计价管理办法》（原住建部令第 16 号）的规定。国有资金投资的建筑工程招标的。应当设有最高投标限价：非国有资金投资的建筑工程招标的，可以设有最高投标限价或者招标标底。《建设工程工程量清单计价规范》（GB50500—2013）规定，国有资金投资的工程建设项目应实行工程量清单招标，招标人应编制最高投标限价，并应当拒绝高于最高投标限价的投标报价。

（2）最高投标限价应当依据工程量清单、工程计价有关规定和市场价格信息等编制。《建设工程工程量清单计价规范》（GB 50500—2013）中将招标工程量清单表与工程量清单计价表两表合一，编制最高投标限价时，其项目编码、项目名称、项目特征计量单位、工程量各栏与招标工程量清单一致，对“综合单价”“合价”以及其中“暂估价”按计价规范规定填写。

（3）最高投标限价应由具有编制能力的招标人或受其委托，具有相应资质的工程造价咨询人编制。工程造价咨询人不得同时接受招标人和投标人对同一工程的最高投标限价和投标报价的编制。

（4）为防止招标人有意压低投标人的报价，最高投标限价应在招标文件中公布，对所编制的最高投标限价不得按照招标人的主观意志人为地进行上浮或下调。在公布最高投标限价时，除公布最高投标限价的总价外，还应公布各单位工程的分部分项工程费、措施项目费、其他项目费、规费和增值税。

（5）招标人应将最高投标限价及有关资料报送工程所在地工程造价管理机构备查。最高投标限价超过批准的概算时，招标人应将其报原概算审批部门审核。由于我国对国有资金投资项目的投资控制实行的是设计概算审批制度。国有资金投资的工程设计概算相当于工程招标的最高限额，原则上不能超过批准的设计概算。经过分析审查后确认必须超过已审批的设计概算的由建设单位上报原设计概算批准机构重新核定。

（6）投标人经复核认为招标人公布的最高投标限价未按照《建设工程工程量清单计价规范》（GB 50500—2013）的规定进行编制的，应在最高投标限价公布后五日内向招标投标监督机构和工程造价管理机构投诉。工程造价管理机构受理投诉后，应立即对最高投标限价进行复查，组织投诉人、被投诉人或其委托的最高投标限价编制人等单位人员对投诉问题逐一核对，有关当事人应当予以配合，并保证所提供资料的真实性。当最高投标限价复查结论与原公布的最高投标限价误差大于 ± 3%，应责成招标人改正。当重新公布最高投标限价时，若从重新公布之日起至原投标截止时间不足十五日的，应延长投标截止期。

2. 最高投标限价的编制依据

最高投标限价的编制依据是指在编制最高投标限价时需要进行工程量计量、价格确认、工程计价的有关参数、率值的确定等工作时所需的基础性资料，主要包括；

（1）现行国家标准《建设工程工程量清单计价规范》（GB 50500—2013）与各专业工程工程量计算规范。

（2）国家或省级、行业建设主管部门颁发的计价办法。

（3）建设工程设计文件及相关资料。

（4）拟定的招标文件及招标工程量清单。

（5）与建设项目相关的标准、规范、技术资料。

（6）施工现场情况、工程特点及常规施工方案。

（7）工程造价管理机构发布的人工、材料、设备及机械单价等工程造价信息；工程造价信息没有发布的，参照市场价。

（8）其他相关资料。

3.3.2.4 招标控制价（最高投标限价）编制的主要内容

1. 招标控制价的表式组成

（1）招标控制价封面。

（2）招标控制价扉页。

（3）编制总说明。

（4）建设项目招标控制价汇总表。

（5）单项工程招标控制价汇总表。

（6）单位工程招标控制价汇总表。

（7）分部分项工程量清单与计价表。

（8）单价措施项目清单与计价表。

（9）总价措施项目清单与计价表。

（10）其他项目清单与计价汇总表：

① 暂列金额明细表；

② 材料（工程设备）暂估单价及调整表；

③ 专业工程暂估价及结算价表；

④ 计日工表；

⑤ 总承包服务费计价表。

（11）规费、税金项目计价表。

（12）综合单价分析表（分部分项工程）。

（13）综合单价分析表（单价措施项目工程）。

（14）承包人提供主要材料和工程设备一览表。

2. 招标控制价各表主要内容

1）招标控制价封面和招标控制价扉页

招标控制价封面和招标控制价扉页填写工程名称、盖单位公章、盖专用章和签字的要求与招标工程量清单一样。在使用计算机软件进行工程计价和组价的情况下，招标控制价的大小写数据由计算机自动生成。

2）编制总说明

招标控制价是在招标工程量清单的基础上编制的，必须完全按照招标工程量清单总说明的要求进行。所以招标控制价的编制总说明必须遵从招标工程量清单总说明的要求编写。

3）建设项目招标控制价汇总表、单项工程招标控制价汇总表、单位工程招标控制价汇总表

三个汇总表都是由计算机自动汇总和分类的。首先按照分部分项工程费、措施项目费、其他项目费、规费、税金项目费用的计算结果，自动形成单位工程招标控制价汇总表；若干个单位工程招标控制价，自动形成单项工程招标控制价汇总表；所有的单项工程招标控制价一起，自动形成建设项目招标控制价汇总表。编制中对最后的结果一定要认真比较和核对，通过各个数据之间的逻辑关系，对其正确性做出判断。

4）分部分项工程量清单与计价表

编制分部分项目工程量清单与计价表是招标控制价编制中最重要的环节。

分部分项工程费用是指完成工程量清单列出的各分部分项工程量所需的费用，包括人工费、材料费、机械使用费、企业管理费、利润以及一定范围内的风险费用。

《建设工程工程量清单计价规范》（GB 50500—2013）规定，分部分项工程费应根据招标文件中的分部分项工程量清单项目的特征描述及有关要求，按综合单价计算。

采用综合单价计价，是工程量清单计价方法的一个重要特征。按照《建设工程工程量清单计价规范》（GB 50500—2013）的规定，综合单价是完成一个规定清单项目所需的人工费、材料和工程设备费、施工机具使用费和企业管理费、利润以及一定范围内的风险费用。现阶段的综合单价也是不完全单价，没有包括总价措施项目费、规费和税金等费用。综合单价中的风险费用的考虑和计算也是目前工程造价管理中的重要问题。

分部分项工程费计算，其实质就是综合单价的组价问题。一般情况下，综合单价的组价方法有以下两种：

（1）套用计价定额计算综合单价

针对工程量清单中的一个项目描述的特征，按照与工程量清单计价配套的有关计价定额的项目划分和工程量计算规则，套用定额单价、计算综合单价。套用计价定额时，必须仔细核对工程内容、项目特征、材料规格，并根据施工图及说明的做法选择正确的定额项目，尽量避免漏项、重项、错项、高项、低项及定额档次划分混淆不清等情况发生。

由于工程量清单项目编制的综合性，每个清单项目可能包括一个或几个定额子目，在套用计价定额时，就必须将几个定额子目的单价查出，乘以各自的定额工程量得到各自的合价；几个定额子目的合价叠加，再除以工程量清单的工程量，就得到一个清单项目的综合单价。这就是工程量清单计价通过计价定额的组价过程。

工程量清单项目套用计价定额组价的结果是计算该清单项目的综合单价。在套用定额时，还需要考虑对需要调整或换算的项目进行调整或换算。一是根据各地规定对人工费、材料单价、机械费等进行调整。二是当分部分项工程的内容、材料规格、施工方法、强等级及配合比等条件与定额项目不相符合时，应根据定额的说明要求，在规定的允许范围内作出配合比换算、混凝土强度等级换算、厚度换算、其他有关的材料代换等，最后才能得出该项目的正确的综合单价。

综合单价乘以对应的清单工程量，就得到一个分部分项工程的合价，所有合价相加，就完成了分部分项工程量清单的计价过程。

（2）根据实际费用估算综合单价

针对工程量清单中的一个项目描述的特征，按照实际可能发生的费用项目进行有关费用估算并考虑风险费用，然后再除以清单工程量得出该项目的综合单价。比如，某基础土方工程，工程量清单中项目描述的特征为土方开挖、土方运输，工程量 1 000 m^3。在清单组价时，首先根据工程实际情况和施工组织设计确定采用单斗液压挖掘机对基坑开挖，同时配有自卸汽车运土，基底加宽施工工作面每边 300 mm，确定堆弃土地点及运距 15 km；然后计算出实际的挖土方量为 1 200 m^3；根据市场上的单斗液压挖掘机挖土和自卸汽车运土 15 km 以及包括人工修边检底及一定风险的每立方米单价（假如为 20 元/m^3），计算出机械土方施工的费用（24 000 元）；汇总 1 200 m^3 土方工程施工所需的各项估算费用及管理费、预期利润（假如为 2 400 元）；最后，将总费用除以 1 000 m^3，得出每立方米的综合单价（36.4 元/m^3）。这种方法由于需要丰富的造价经验和大量的基础数据，所以目前应用较少。

在编制招标控制价时，分部分项工程费应根据拟定的招标文件中的分部分项工程量清单项目的特征描述及有关要求计价，综合单价中应包括招标文件中划分的应由投标人承担的风险范围及其费用，招标文件中没有明确的，应提请招标人明确。招标工程量清单提供了暂估单价的材料和工程设备，按暂估的单价计入综合单价。

5）单价措施项目清单与计价表和总价措施项目清单与计价表

措施项目清单计价应根据拟建工程的具体施工方案或者施工组织设计进行计价，根据措施项目构成内容的不同，可分为单价措施项目计价和总价措施项目计价。

（1）单价措施项目清单计价

对于可以计算工程量的措施项目，如钢筋混凝土模板及支架、脚手架等，应按照单价措施项目清单计价，即完全按照分部分项工程量清单的方式，套用计价定额，按规定进行人工、材料的调整，按规则进行定额换算，最后得出清单综合单价，再乘以对应的单价措施项目工程量，即可完成单价措施项目清单计价。

（2）总价措施项目清单计价

对于措施费用的发生和金额与实际完成的实体工程量的大小关系不大的措施项目，如安全文明施工费、夜间施工增加费、二次搬运费等，应按总价措施项目清单计价，以“项”为单位，查用准确的费率，采用正确的计算基数，完成总价措施项目清单计价。

在编制招标工程量清单时，招标人提出的措施项目清单是根据一般情况确定的，没有考虑不同投标人的“特点”，由于各投标人拥有的施工装备、技术水平和采用的施工方法有所差异。因此在编制招标控制价时，措施项目费应根据拟定的招标文件中的措施项目清单，依据国家或省级、行业建设主管部门颁发的计价定额和计价办法规定的标准计算。

措施项目清单中的安全文明施工费应按照国家或省级、行业建设主管部门的规定的标准计取，不得作为竞争性费用。

6）其他项目清单与计价汇总表

其他项目是指暂列金额、暂估价（包括材料暂估单价、工程设备暂估单价、专业工程暂估价）、计日工、总承包服务费。前两个费用是招标人费用，后两个费用是投标人报价的费用。其他项目的具体内容应根据拟建工程的具体情况确定。

（1）暂列金额明细表

暂列金额是招标人在编制招标工程量清单中已经确定的，编制招标控制价时只需直接引用并填入暂列金额明细表即可，并按规定计入招标控制价的总价中。

（2）材料（工程设备）暂估单价及调整表

材料和设备的暂估单价也是招标人在编制招标工程量清单中已经确定的，只需直接填入表内即可。暂估价中的材料单价或工程设备单价在编制招标控制价时应根据招标工程量清单中提供的单价计入综合单价。

（3）专业工程暂估价及结算价表

专业工程暂估价也是招标人在编制招标工程量清单中已经确定的，编制招标控制价时只需直接引用并填入该表即可，并按规定计入招标控制价的总价中。

（4）计日工表

在编制招标工程量清单时，计日工项目和数量已在计日工表中列出了项目和数量，其目的是要求投标人报价。在编制招标控制价时，招标人不需要填报价格。

（5）总承包服务费计价表

总承包服务费通常要求投标人自主按照费率报价。在编制招标控制价时，招标人不需要填报费率。

7）规费、税金项目计价表

规费和税金应按国家或省级、行业建设主管部门的规定计算，不得作为竞争性费用。编制招标控制价时，规费标准有幅度的，按上限计列。税金应按国家规定的建筑业增值税计取。

8）综合单价分析表（分部分项工程、单价措施项目工程）

综合单价分析表就是将构成招标控制价综合单价中所含人工费、材料费、机械使用费、企业管理费和利润各项费用进行分析和分拆的表格。它以构成分部分项工程和单价措施项目工程的每一项综合单价为基础，重点对综合单价中工料机费用构成进行分析。

对人工费，综合单价分析表可以反映综合单价中人工工日消耗量的多少以及人工工日的单价。如果人工费进行了调整，分析表也能看出调整的幅度大小。

对材料费，综合单价分析表可以分析出构成综合单价的材料种类和数量，以及每一种材料的消耗量及损耗率，同时能提供每一种材料的单价。如果材料价格进行了调整，分析表也能反映材料调价的情况。

对机械费，综合单价分析表可以反映构成综合单价的机械消耗量以及机械费的价格。机械费基本不涉及调整的情况。

对企业管理费和利润，按各省、直辖市、自治区的相关规定和定额编制的方式计取，例如：四川省 2015 年《四川省建设工程工程量清单计价定额》将企业管理费和利润合并为综合费，而四川省 2020 年《四川省建设工程工程量清单计价定额》将企业管理费和利润分开计取，取消综合费。综合单价分析表也可以反映出构成综合单价的综合费价格的高低。

9）承包人提供主要材料和工程设备一览表

承包人提供主要材料和工程设备一览表主要包括：材料的名称、规格、型号，单位，数量，风险系数，基准单价，投标单价等相关内容，一般来说，此表由招标人填写除“投标单价”栏的内容，投标人在投标时自主确定投标单价，招标人应该优先采用工程造价管理机构发布的单价作为基准单价，未发布的，通过市场调查确定其基准单价。

3.3.2.5 编制招标控制价应注意的问题

采用的材料价格应该是政府工程造价管理机构每月通过工程造价信息发布的材料价格，一般称为材料信息价。工程造价信息中未发布价格的材料，应通过市场询价确定，称为材料市场价。如果在编制招标控制价时未采用工程造价管理部门发布的材料信息价，而是采用的材料市场价，需要在招标文件中予以说明。

编制招标控制价时，采用规费费率有浮动的，应按上限计取。

复习思考题

一、选择题

1. 根据《标准施工招标文件》进行了资格预审的施工招标文件应包括（　　）。

A. 招标公告　　B. 投标资格条件

C. 投标邀请书　　D. 评标委员会名单

2. 编制工程量清单出现计算规范附录中未包括的清单项目时，编制人应做补充。下列有关编制补充项目的说法正确的是（　　）。

A. 补充项目编码应由专业工程代码、B和三位阿拉伯数字组成

B. 补充项目应报县级工程造价管理机构备案

C. 补充项目的工作内容应予以明确

D. 补充项目编码应顺序编制，起始序号由编制人根据需要自主确定

3. 工程量清单是招标文件的组成部分，工程量清单的组成不包括（　　）。

A. 分部分项工程工程量清单

B. 措施项目清单

C. 其他项目清单

D. 直接工程费用清单

4. 关于招标控制价及其编制，下列说法中正确的是（　　）。

A. 招标人不得拒绝高于招标控制价的投标报价

B. 当重新公布招标控制价时，原投标截止期不变

C. 经复核认为招标控制价误差大于±3%时，投标人应责成招标人改正

D. 投标人经复核认为招标控制价未按规定编制的，应在招标控制价公布后五日内提出投诉

5. 关于招标控制价的编制，论述正确的是（　　）。

A. 招标控制价是招标人在工程招标时能接受的最高限价

B. 招标人在公布招标控制价时，不得公布招标控制价各组成部分的详细内容

C. 招标控制价不能上浮，但可以下调一定比例

D. 当招标控制价的误差>±2%时，应责成招标人改正

二、简答题

1. 简述施工招标文件的主要组成内容。

2. 简述招标文件的编制步骤。

3. 简述工程量清单的组成部分。

4. 简述标底和招标控制价的概念与区别。

5. 简述招标控制价的编制依据。

三、实　训

1. 实训目的：熟悉施工招标文件的基本组成及工程量清单、招标控制价的编制要点。

2. 实训步骤：

（1）团队训练，完成团队组建。

（2）每一团队成员均出题，包括施工招标文件的组成、工程量清单及招标控制价等相关题目，由测评学员抽题并回答，并实施学生互评。

（3）提交给授课教师审核点评。

项目4 建设工程施工投标

案例导入

某大型电厂一期主厂房桩基工程，此项目由A、B、C、D、E五家公司共同出资建设，资金到位情况良好，属国家重点工程。竞争对手主要为当地和外省的管桩施工队伍，这些队伍管桩施工经验丰富，投标报价水平偏低。当地的F公司在前期投标决策中决定参与该项目的投标，经过对项目状况、竞争对手的情况分析，从企业自身需求出发，为了能够在管桩施工领域占领阵地、开创局面、打开市场、建立信誉，决定采用竞争型策略，以成本加微利报价。低价的投标策略确定后，在具体报价中采用了不平衡报价法。桩基施工的工程项目相对较少，只有打桩和送桩两项，招标文件要求两种桩径的送桩长度分别为3 m和5 m，补充通知将两种桩径的送桩深度均按5 m报价，通过对招标文件技术条款和图纸分析，送桩深度可能不足5 m，送桩的结算工程量很可能小于招标工程量。因此，报价中适当调低了送桩单价，也就是在总价不变的情况下调高打桩单价，以期在合同执行中为企业带来较好的经济效益。此后的实践证明：此次采取的投标策略是正确的。

提出问题

1. 投标决策按照时间顺序可以分为哪两个阶段？
2. 他们的工作内容分别是什么？
3. 在什么情况下，投标人可以选择报低价标？
4. 本项目选择正确的投标策略的关键点在哪里？

分析问题

1. 投标决策按照时间顺序可以分为前期决策的和后期决策。

2. 建设工程投标决策，前期决策是为是否参加投标而决策，后期决策是为如何进行投标而决策。

3. 下列情况，投标人可以选择报低价标：

（1）施工条件好的工程，工作简单、工程量大而一般公司都可以做的工程。如大量的土方工程，一般房建工程等；

（2）本公司目前急于打入某一市场、某一地区，以及虽已在某地区经营多年，但即将面临没有工程的情况（某些国家规定，在该国注册公司一年内没有经营项目时，就撤销营业执照），机械设备等无工地转移时；

（3）附近有工程而本项目可以利用该项工程的设备、劳务或有条件短期内突击完成的；

（4）投标对手多，竞争力激烈时；

（5）非急需工程；

（6）支付条件好，如现汇支付。

4. 本项目报价的关键点在于“不平衡报价”，如果承包商在报价过程中判断出标书工程数量明显不合理，这就是盈利的机会。如果认为标书的工程数量比实际的工程数量要多，实际施工时绝对做不到这个数量，那么就可以把单价报得低一些。这样投标时好像是有损失，但由于实际上并没完成那么多工作量，承包商会赔很少的一部分。在投标中，这种方法可以降低工程的总的报价，从而提高竞争力。

项目导学

微课：“建设工程施工投标”导学

1. 学习内容

建设施工投标的基本概念、投标工作内容、投标报价编制和报价技巧。

2. 知识目标

掌握建设施工投标基本概念，了解投标的工作内容和投标文件的内容。

3. 能力目标

能够运用决策树法进行投标前期决策，能够填报投标文件的相关表格，掌握投标报价编制的步骤与方法。

4. 素养目标

引导学生体验专业技能和工作细节的重要性，培养学生实事求是的职业素养以及精益求精的工匠精神。

4.1 建设工程施工投标概述

建设工程投标行为实质上是参与建筑市场竞争的行为，是众多投标单位综合实力的较量，投标单位通过竞争获得建设项目相关业务的承包权。建设工程投标包括勘察、设计、监理、施工及与建设工程有关的重要设备和材料的采购等方面，建设工程招标和投标是承发包双方合同管理的第一环节，也是非常重要的环节，本项目以建设工程的施工招标为例进行讲述。

4.1.1 建设工程施工投标与投标人

1. 建设工程施工投标

建设工程施工投标，是指具有合法资格和能力的投标人根据施工招标文件的规定和要求在指定期限内编制标书，提出由报价（商务标）、施工组织设计（技术标）等组成的投标文件送达投标人或者招标代理机构等候开标、评标，决定是否中标的一种市场经济活动。招标和投标是完整连续的过程，没有招标就没有投标，没有投标的招标毫无意义。

与招标人存在利害关系可能影响招标公正性的法人、其他组织或者个人，不得参加投标。单位负责人为同一人或者存在控股、管理关系的不同单位，不得参加同一标段投标或者未划分标段的同一招标项目投标。违反上述规定的，投标无效。

2. 投标人应具备的条件

按照《招投标法》的规定，投标人是响应招标、参加投标竞争的法人或者其他组织。投标人应当按照招标文件的要求编制投标文件，投标文件应当对招标文件提出的实质性要求和条件作出响应。

招标人的任何不具独立法人资格的附属机构（单位），或者为招标项目的前期准备或者监理工作提供设计、咨询服务的任何法人及其任何附属机构（单位），都无资格参加该招标项目的投标。投标人通常应具备下列条件：

（1）投标人应具备承担招标项目的能力。投标人应当具备与招标文件要求相适应的技术力量、机械设备、人员、资金等各方面的能力，以及招标文件要求的资质等级证书和相应的工作经验与业绩证明。未取得相应的资质条件，不得承揽工程，也不能越级施工或者挂靠承包工程。

（2）投标人应当按照招标文件的要求编制投标文件。投标文件应当对招标文件提出的要求和条件作出实质性响应。其中包括投标文件的格式正确、按要求签章等。

（3）投标文件的内容应当包括拟派出的项目负责人与主要技术人员的简历、业绩和拟用于完成招标项目的机械设备等。

（4）投标人应当在招标文件所要求提交投标文件的截止时间前，将投标文件送达投标地点。投标人在招标文件要求提交投标文件的截止时间前，可以补充、修改或者撤回已提交的投标文件，并书面通知招标人。

（5）投标人根据招标文件载明的项目实际情况，拟在中标后将中标项目的部分非主体、非关键性工作由他人完成的，应当在投标文件中载明。

（6）两个以上法人或者其他组织可以组成一个联合体，以一个投标人的身份共同投标。联合体各方应当签订共同投标协议。

（7）投标人不得弄虚作假、损害他人利益。投标人不得相互串通投标报价，不得排挤其他投标人的公平竞争，损害招标人或者他人的合法权益。投标人亦不得与招标人串通投标，损害国家利益、社会公共利益或者他人的合法权益。严禁投保人以向招标人或者评标委员会成员行贿的手段谋取中标。

（8）投标人不得以低于合理预算成本的报价竞标，也不得以他人名义投标或者以其他方式弄虚作假，骗取中标。

（9）招标人存在利害关系可能影响招标公正性的法人、其他组织或者个人，不得参加投标。单位负责人为同一人或者存在控股、管理关系的不同单位，不得参加同一标段投标或者未划分标段的同一招标项目投标。违反前两款规定的，相关投标均无效。

3. 投标人的权利与义务

1）投标人享有的权利

（1）具有平等地获取招标信息的权利；

（2）具有要求招标人或招标代理机构对招标文件中的有关问题进行答疑的权利；

（3）具有控告、检举招标过程中的违法行为的权利。

2）投标人应该履行的义务

（1）保证所提供的投标文件的真实性；

（2）按招标人或招标代理机构的要求对投标文件的有关问题进行答疑；

（3）提供投标保证金或其他形式的担保；

（4）中标后与招标人签订并履行合同，非经招标人同意不得转让或分包合同。

4.1.2 联合体投标

1. 联合体投标的概念

联合体投标，是指两个以上法人或者其他组织组成一个联合体，以一个投标人的身份共同投标的行为。联合体投标应具备下列条件：

（1）联合体承包的联合各方为法人或者法人之外的其他组织。

（2）联合体是一个临时性的组织，不具有法人资格。

（3）联合体的组成是可以组成，也可以不组成，是否组成联合体由联合体各方自己决定。

（4）联合体对外“以一个投标人的身份共同投标”。

（5）联合体各方均应具有承担招标项目必备的条件，如：相应的人力、物力、资金等。国家或招标文件对招标人资格条件有特殊要求的，联合体各个成员都应当具备规定的相应资格条件。

（6）联合体共同投标一般适用于大型建设项目和结构复杂的建设项目。

（7）同一专业的单位组成的联合体，应当按照资质等级较低的单位确定联合体的资质等级。

联合体各方应当签订共同投标协议，明确约定各方拟承担的工作和责任，并将共同投标协议连同投标文件一并提交招标人。联合体中标的，就中标项目向招标人承担连带责任，招标人不得强制组成联合体共同投标，不得限制投标人之间的竞争。《招标投标法实施条例》进一步规定，招标人应当在资格预审公告、招标公告或者投标邀请书中载明是否接受联合体投标。招标人接受联合体投标并进行资格预审的，联合体应当在提交资格预审申请文件前组成。资格预审后联合体增减、更换成员的，其投标无效。联合体方在同一招标项目中以自己名义单独投标或者参加其他联合体投标的，相关投标均无效。招标人接受联合体投标并进行资格预审的，联合体应当在提交资格预审申请文件前组成。资格预审后联合体增减、更换成员的，其投标无效。

2. 联合体形式的投标人与单一投标人的区别

（1）联合体形式的投标人须在投标文件中附上联合体协议，否则招标人将不予受理。为规范投标联合体各方的权利和义务，联合体各方应当签订书面的共同投标协议，明确各方拟承担的工作。如果中标的联合体内部发生纠纷，可以依据共同签订的协议加以解决。

（2）联合体形式的投标人，其投标保证金可以由联合体共同提交，也可以由联合体的牵头人提交，投标保证金对联合体所有成员均具有法律约束力。

（3）在对联合体各方承担项目能力评审以及资质认定时，要求联合体所有成员均应按照招标文件的相应要求提交各自的资格审查资料。在投标人资格审查中，联合体投标的，以联合体中的最低资质为准。

3. 联合体的连带责任

联合体各方应当签订共同投标协议，明确约定各方拟承担的工作和责任，并将共同投标协议连同投标文件一并提交招标人。联合体中标的，联合体各方应当共同与招标人签订合同，就中标项目向招标人承担连带责任。一般来说，联合体共同投标协议及其连带责任主要包含以下几方面：

（1）履行共同投标协议中约定的责任。共同投标协议中约定了联合体各方应该承担的责任，各成员单位必须要按照该协议的约定认真履行义务，否则将承担违约责任。

（2）就中标项目承担连带责任。如果联合体中的一个成员单位没能按照合同约定履行义务，招标人可以要求联合体中任何一个成员单位承担不超过总债务任何比例的债务，该单位不得拒绝。成员单位承担了被要求的责任后，有权向其他成员单位追偿其按照共同投标协议不应当承担的债务。

（3）不得重复投标。联合体各方签订共同投标协议后，不得再以个人名义单独投标，也不得组成新的联合体或参加其他联合体在同一项目中投标。

（4）不得随意改变联合体的构成。联合体参加资格预审并获通过的，其组成的任何变化都必须在提交投标文件截止之日前征得招标人同意。

（5）必须有代表联合体的牵头人。联合体各方须指定牵头人，授权其代表所有联合体成员负责投标和合同实施阶段的主办、协调工作，并应当向招标人提交由所有联合体成员法定代表人签署的授权书。

4. 联合体投标的优势与劣势

修订后的《政府采购货物和服务招标投标管理办法》（财政部第 87 号令）关于联合体投标作了进一步规定。其第十九条明确，“采购人或者采购代理机构应当根据采购项目的实施要求，在招标公告、资格预审公告或者投标邀请书中载明是否接受联合体投标。如未载明，不得拒绝联合体投标。”这一规定把是否接受联合体投标作为一项权利赋予了采购人和代理机构，即只要在招标文件中注明，采购人或代理机构就有权拒绝联合体投标。但招标文件中未载明的，则默认为允许联合体投标。

联合体投标的优势在于，目前市场经济全球化程度越来越高，政府采购规模越来越大，对专业技术水平的要求也越来越高，多家企业组成联合体参与投标活动，可以提高企业竞争力以及分散建设项目实施过程中的风险，因此联合体投标是适应当前市场环境的一种良好方式。联合体中标，按照联合体的内部分工，各自按资质类别等级的许可范围承担工作，能够提高中标人的履约能力，防止中标人因履约能力差而转包工程项目，损害发包人的利益。

然而，联合体投标也存在一定的劣势。联合体的法律性质、牵头单位的选择与权利义务、联合体内部对中标项目如何有效地管理和运作、联合体各方的权利和义务、联合体各方对内对外的违约或侵权责任及其分担等等问题，我国法律并未明确规定。联合体成员相对复杂，且责任划分界定较难。一个联合体涉及多家企业，企业之间不配合的现象时有发生。同时，由于对风险和利益的分配可能产生分歧，联合体内部易产生矛盾，而当真正出现问题的时候更容易相互推脱。虽然《政府采购法》第二十四条第二款规定，“以联合体形式进行政府采购的，参加联合体的供应商均应当具备本法第二十二条规定的条件，并应当向采购人提交联合协议，载明联合体各方承担的工作和义务。联合体各方应当共同与采购人签订采购合同，就采购合同约定的事项对采购人承担连带责任。”但在实际的投标环节，联合体之间的协议往往因不够严谨，出了问题难以追责。

4.1.3 投标中的禁止行为

在建设工程项目招投标活动中，弄虚作假，串通投标是一种损害公共利益，违背公平公正原则、损害他人利益的违法行为。在投标过程中有串通投标行为的，招标人或有关管理机构可以认定该投标行为无效。

1. 投标人之间串通投标

（1）有下列情形之一的，属于投标人相互串通投标：

① 投标人之间协商投标报价等投标文件的实质性内容；

② 投标人之间约定中标人；

③ 投标人之间约定部分投标人放弃投标或者中标；

④ 属于同一集团、协会、商会等组织成员的投标人按照该组织要求协同投标；

⑤ 投标人之间为谋取中标或者排斥特定投标人而采取的其他联合行动。

（2）有下列情形之一的，视为投标人相互串通投标：

① 不同投标人的投标文件由同一单位或者个人编制；

② 不同投标人委托同一单位或者个人办理投标事宜；

③ 不同投标人的投标文件载明的项目管理成员为同一人；

④ 不同投标人的投标文件异常一致或者投标报价呈规律性差异；

⑤ 不同投标人的投标文件相互混装；

⑥ 不同投标人的投标保证金从同一单位或者个人的账户转出。

2. 招标人与投标人串通投标

有下列情形之一的，属于招标人与投标人串通投标：

（1）招标人在开标前开启投标文件并将有关信息泄露给其他投标人；

（2）招标人直接或者间接向投标人泄露标底、评标委员会成员等信息；

（3）招标人明示或者暗示投标人压低或者抬高投标报价；

（4）招标人授意投标人撤换、修改投标文件；

（5）招标人明示或者暗示投标人为特定投标人中标提供方便；

（6）招标人与投标人为谋求特定投标人中标而采取的其他串通行为。

3. 弄虚作假

投标人有下列情形之一的，属于《招标投标法》第三十三条规定的以其他方式弄虚作假的行为：

（1）使用伪造、变造的许可证件；
（2）提供虚假的财务状况或者业绩；
（3）提供虚假的项目负责人或者主要技术人员简历、劳动关系证明；
（4）提供虚假的信用状况；
（5）其他弄虚作假的行为。

4.1.4 投标有效期

我国《工程建设项目货物招标投标办法》第二十八条规定："招标文件应当规定一个适当的投标有效期，以保证招标人有足够的时间完成评标和与中标人签订合同。"这是我国法规对"投标有效期"作用的阐释。

投标有效期是指招标人对投标人发出的要约作出承诺的期限。投标有效期从提交投标文件截止日起计算，评标和定标应当在投标有效期截止前三十日完成。在投标有效期截止前，投标人必须对自己提交的投标文件承担相应的法律责任。在投标有效期内，投标人不得要求撤销或修改其投标文件。

《工程建设项目施工招标投标办法》第二十九条、《工程建设项目货物招标投标办法》第二十八条、《工程建设项目勘察设计招标投标办法》第四十六条均规定，在原投标有效期结束之前，招标人可以通知所有投标人延长投标有效期。拒绝延长投标有效期的投标人有权收回投标保证金，同意延长投标有效期的投标人应当响应延长其投标担保的有效期，但不得修改投标文件的实质性内容。出现特殊情况需要延长投标有效期的，招标人应以书面形式通知所有投标人延长投标有效期。投标人同意延长的，应相应延长其投标保证金的有效期，但不得要求或被允许修改或撤销其投标文件；投标人拒绝延长的，其投标失效，但投标人有权收回其投标保证金。

一旦发生特殊情况，导致评标工作无法在事先约定的"投标有效期"内完成，应按《工程建设项目货物招标投标办法》规定："在原投标有效期结束前，出现特殊情况的，招标人可以书面形式要求所有投标人延长投标有效期。投标人同意延长的，不得要求或被允许修改其投标文件的实质性内容，但应当相应延长其投标保证金的有效期；投标人拒绝延长的，其投标失效，但投标人有权收回其投标保证金。同意延长投标有效期的投标人少于三个的，招标人应当重新招标。"

4.1.5 投标保证金

1. 投标保证金的概念

投标保证金是指投标人对招标人的投标责任担保，是为防止投标人不慎重考虑而进行投标活动所设定的一种担保形式，是投标人向招标人缴纳一定数额的资金。投标保证金用来避免投标人在投标有效期内随意撤销或者中标后不能提交履约保证金和签署合同等行为而给招标人造成损失。投标人在递交投标文件时，应按规定递交投标保证金，并作为其投标文件的组成部分。投标保证金可采用现金、支票、银行汇票，也可以采用银行出具的银行保函。招标人在招标文件中要求投标人提交投标保证金的，投标保证金不得超过招标项目估算价的2%，且最高不得超过 80 万元。投标保证金有效期应当与投标有效期一致。依法必须招标项目的境内的投标单位，以现金或者支票形式提交的投标保证金，应当从基本账户转出。招标人不得挪用投标保证金。招标人最迟应当在书面合同签订后 5 日内向中标人和未中标的投标人退还投标保证金及银行同期存款利息。投标人不按要求提交投标保证金的，其投标文件作废标处理。

2. 投标保证金的退还

招标人与中标人签订合同后 5 日内，向未中标的投标人和中标人退还投标保证金。有下列情形之一的，投标保证金将不予退还：

（1）投标人在规定的投标有效期内撤销或修改投标文件的；

（2）中标人在收到中标通知书后，无正当理由拒签合同协议书或未按招标文件规定提交履约担保的。

投标人撤回已提交的投标文件，应当在投标截止时间前书面通知招标人。招标人已收取投标保证金的，应当自收到投标人书面撤回通知之日起 5 日内退还。

3. 投标保证金银行保函示例

投标保函是指在招标投标中，招标人为保证投标人不得撤销投标文件、中标后不得无正当理由不与招标人订立合同等，要求投标人在提交投标文件时一并提交的，一般由银行出具的书面担保。

银行保函格式如图 4-1 所示。

投标保证金（银行）保函　　保函编号：

致：

本保函作为（投标人名称）（以下简称“投标人”）对（招标机构）（招标编号）的招标公告提交（招标项目名称）的投标保函。（出具保函银行名称）无条件地、不可撤销地保证本行、继承人和受让人，一旦收到贵方提出的就下述任何一种事实的书面通知，立即在 7 日内无条件地向贵方支付金额为（金额数和币种）保证金：

1. 在开标之日后到投标有效期满前，投标人撤回投标；
2. 在收到中标通知后 30 日内，投标人未能与买方签订合同；
3. 在合同签订后 20 日内，投标人未能按招标文件规定提交履约保函。

本保函自开标之日起（保函有效期日数）日历日内有效，并在贵方和投标人同意延长的有期内保持有效。延长的有效期只需通知本行即可。贵方有权提前终止或解除本保函。本保函项下所有权利和义务均受中华人民共和国法律管辖和制约。

（注：非法定授权人签章，必须加盖银行公章或附授权委托书）

出具保函银行名称（盖章）：

银行行长姓名：

行长权限说明：法定授权 / 委托授权

行长（或授权人）签章　　　　　　　　开具日期：　　　年　　月　　日

图 4-1　投标保证金（银行）保函示例

4.2 建设工程投标程序

4.2.1 建设工程施工投标一般程序

建设工程施工招投标活动中，若投标人在取得投标资格并愿意参加投标时，为获得投标的成功，投标必须按照一定的程序进行。以公开招标和资格预审为例，实施流程如图 4-2 所示。

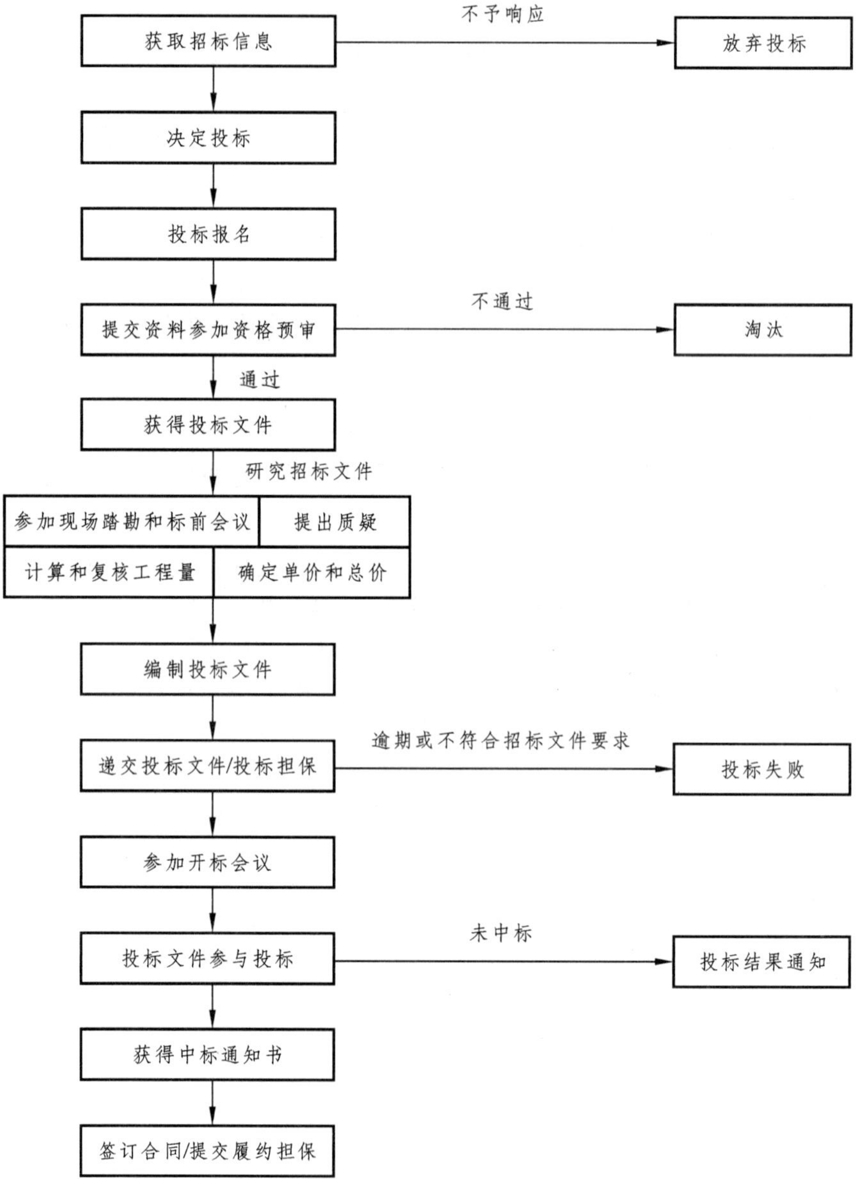

图 4-2　投标一般程序

（1）获取招标信息，组建投标工作小组；

（2）投标报名，递交资格预审材料，参加资格预审；
（3）购买或领取招标文件及相关技术资料；
（4）研究招标文件，参加现场踏勘和标前会议，对有关疑问提出质疑；
（5）确定投标报价策略，准备编制投标文件；
（6）根据图纸，计算工程量，确定项目单价及总价；
（7）确定报价技巧，编制投标文件、封标、递交投标文件，同时提交投标担保；
（8）参加开标会议，书面澄清对投标文件提出的问题；
（9）中标人接收中标通知书后提交履约保证，与招标人签署合同协议书。

4.2.2 建设工程施工投标工作内容

4.2.2.1 获取并分析招标信息

1. 获取招标信息

目前投标人获取招标信息的渠道很多，最普遍的是通过大众媒体（网络、电视、报纸、招标市场电子信息屏）所发布的招标公告获取招标信息，也可通过招标邀请函的方式获取招标信息。具体如下：

（1）通过招标广告或公告来发现投标目标，这是获得公开招标信息的方式；
（2）搞好公共关系，经常派业务人员深入各个建设单位和部门，广泛联系，收集信息；
（3）通过政府有关部门，如发展和改革委员会、建设委员会、行业协会等单位获得信息；
（4）通过咨询公司、监理公司、科研设计单位等机构获得信息；
（5）取得老客户的信任，从而承接后续工程或接受邀请而获得信息；
（6）与总承办商建立广泛的联系；
（7）利用有形的建筑交易市场及各种报刊，网站的信息；
（8）通过业务往来的单位和人员以及社会知名人士的介绍得到信息。

2. 分析招标信息

在得到有关招标信息后，必须经过仔细的分析与筛选，验证所获信息的真实可靠性，力争提高所选投标项目的中标概率并降低中标后利润下滑的风险。投标人应从以下几方面进行查证和分析：

（1）招标项目和业主情况的查证。包括：需查证项目投资资金是否已经落实和到位，以避免承担过多的资金风险；查证工程项目是否已经批准，提防虚假招标。同时，还需查证如下问题：招标人或委托的代理人是否有明显的授标倾向；是否对某些公司有特殊的优惠或特殊的限制；招标人有无相应的工程管理能力；合同管理经验和股约的状况如何。

（2）投标项目的技术特点分析。包括：分析项目规模、类型是否适合投标人；气候条件、水文地质和自然资源等是否为投标人技术专长的项目；是否存在明显的技术难度；工期是否紧迫；预计应采取何种重大技术措施。

（3）投标项目的经济特点分析。包括：分析项目款支付方式、外资项目外汇比例；预付款的比例；允许调价的因素、规费及税金信息；金融和保险的有关情况。

（4）投标竞争形势分析。包括：根据投标项目的性质，预测投标竞争形势；预计参与投标的竞争对手的优势分析和其投标的动向；预测竞争对手的投标积极性。

（5）投标条件及迫切性分析。包括：分析可利用的资源和其他有利条件；投标人当前的经营状况、财务状况和投标的积极性。

（6）本企业对投标项目的优势分析。包括：分析是否需要较少的前期费用；是否具有技术专长及价格优势；类似项目承包的经验及信誉；资金、劳务、物资供应、设备、管理等方面的优势；项目的社会效益；与招标人的关系是否良好；投标资源是否充足；是否有理想的合作伙伴联合投标；是否有良好的分包人。

（7）投标项目风险分析。包括：分析民情风俗、社会秩序、地方法规、政治局势；社会经济发展形势及稳定性，物价形势；与项目实施有关的自然风险；招标人的履约风险以及误期损害赔偿费额度大小；投标项目本身可能造成的风险。

4.2.2.2　组建投标工作小组

组织一个专业水平高、经验丰富、精力充沛的投标报价小组是投标获得成功的基本保证。为了确保在投标中获胜，企业平时就应该设置投标工作机构，掌握市场动态和积累有关资料。取得招标文件后，应立即组织投标工作人员研究招标文件，决定投标策略，编制项目实施方案、编制标书、计算报价、投送投标文件等。投标小组中一般应包括下列三类人员。

（1）经营管理类人员。一般是从事工程承包经营管理的能手，熟悉工程投标活动的流程及策划，具有较高的决策管理能力。

（2）专业技术人员。他们是从事各类专业工程技术的人员，包括建造师，造价工程师，结构工程师，监理工程师等。

（3）金融人员。他们是从事有关金融、贸易、税务、保险、会计、合同、索赔等工作的人员。

以上人员应业务精干、经验丰富，受过相关培训，有熟练的投标技巧，工作态度认真，并具有较强的职业道德。各类专业人员之间应分工明确、通力合作配合，协调发挥各自的主动性、积极性和专长，完成既定投标报价工作。另外，还要注意保持投标小组成员的相对稳定，以便积累经验，不断提高其素质和水平，提高投标报价的工作效率。

4.2.2.3　研究招标文件

投标人取得招标文件后，为保证工程量清单报价的合理性，应对投标人须知、合同条件、技术规范、图纸和工程量清单等重点内容进行分析，深刻而准确地理解招标文件和业主的意图。

1. **投标人须知**

投标人须知反映了招标人对投标的要求，特别要注意项目的资金来源、投标书的编制和递交、投标保证金、更改或备选方案、评标方法等，重点在于防止废标。

2. 合同分析

（1）合同背景分析。投标人有必要了解与自己承包的工程内容有关的合同背景，了解监理方式，了解合同的法律依据，为报价和合同实施及索赔提供依据。

（2）合同形式分析。主要分析承包方式（如分项承包、施工承包、设计与施工总承包和管理承包等），以及计价方式（如固定合同价格、可调合同价格和成本加酬金确定的合同价格等）。

（3）合同条款分析。主要包括：

① 承包商的任务、工作范围和责任。

② 工程变更及相应的合同价款调整。

③ 付款方式、时间。应注意合同条款中关于工程预付款、材料预付款的规定。根据这些规定和预计的施工进度计划，计算出占用资金的数额和时间，从而计算出需要支付的利息数额并计入投标报价。

④ 施工工期。合同条款中关于合同工期、竣工日期、部分工程分期交付工期等规定，是投标人制订施工进度计划的依据，也是报价的重要依据。要注意合同条款中有无工期奖罚的规定，尽可能做到在工期符合要求的前提下报价有竞争力，或在报价合理的前提下工期有竞争力。

⑤ 业主责任。投标人所制订的施工进度计划和做出的报价，都是以业主履行责任为前提的。所以应注意合同条款中关于业主责任措辞的严密性，以及关于索赔的有关规定。

（4）技术标准和要求分析。工程技术标准是按工程类型来描述工程技术和工艺内容特点的，有的是对设备、材料、施工和安装方法等所规定的技术要求，有的是对工程质量进行检验、试验和验收所规定的方法和要求。它们与工程量清单中各子项工作密不可分，报价人员应在准确理解招标人要求的基础上对有关工程内容进行报价。任何忽视技术标准的报价都是不完整、不可靠的，有时可能导致工程承包重大失误和亏损。

（5）图纸分析。图纸是确定工程范围、内容和技术要求的重要文件，也是投标者确定施工方法等施工计划的主要依据。图纸的详细程度取决于招标人提供的施工图设计所达到的深度和所采用的合同形式。详细的设计图纸可使投标人比较准确地估价，而不够详细的图纸则需要估价人员采用综合估价方法，其结果一般不是很精确。

4.2.2.4 参加资格预审

资格预审是投标人在投标过程中要通过的第一关，资格预审一般按招标人所编制的资格预审文件内容进行审查。招标人根据投标人所提供的资料，对投标人进行资格审查，在这个过程中，投标人应根据资格预审文件，积极准备和提供有关资料，争取通过资格预审。只有经审查合格的投标人，才具备参加投标的资格。

4.2.2.5 工程现场踏勘

施工现场踏勘是投标人必经的投标程序。按照国际惯例，投标人提出的报价单一般被认为是在现场勘察的基础上编制的。一旦在报送投标文件规定的截止时间后发现问题，投标人就无权因为现场勘察不周、情况了解不细或因素考虑不全而提出修改投标报价或提出补偿等要求。因此，投标人在报价以前必须认真进行施工现场勘察，全面、仔细地调查了解工地现场及周围的政治、经济、地理等情况。现场勘察应重点做好以下三个方面的工作：

（1）了解施工现场条件，可通过踏勘现场和研究招标单位提供的地基勘探报告资料来了解。其主要项目包括：场地的地理位置，地上、地下有无障碍物，地基土质及其承载力，地下水位，进入现场的通道（铁路、公路、水路），给水排水、供电和通信设施，材料堆放场地的最大可能容量，是否需要二次搬运，现场混凝土搅拌站及构件预制场场地，临时设施（木工、钢筋加工、管道工的工作棚、机修车间、办公室和生活设施等）设置场地，土方临时堆放场地及弃土运距等。

（2）了解施工现场自然条件，主要是影响施工的风、雨、气温等因素。例如，台风季节或雨季的起止期，风速，降雨量，洪水期最高水位，常年最高、最低和平均气温以及地震烈度等。这些资料应请招标单位提供，或从当地气象、防汛、地震等部门取得。

（3）其他条件调查。主要包括各种构件、半成品及商品混凝土的供应能力和价格，以及现场附近的生活设施、治安情况等。

除了现场踏勘，在投标之前还需要了解工程的性质以及该工程与其他工程之间的关系，了解投标人投标的那一部分工程与其他承包商或分包商之间的关系，以及专业分包的能力和分包条件。

4.2.2.6 参加标前会议

对研究招标文件后存在的疑问，以及踏勘现场发现的问题，投标人代表应以书面形式在标前会议上向招标人提出，招标人将以书面形式答复，包括对招标文件的澄清、修改和补充，该书面答复文件应一并发送给所有合格的投标人，作为招标文件的补充内容，与招标文件具有同等的法律效益，并为编制投标文件提供依据。

4.2.2.7 计算和复核工程量

招标工程量清单是招标文件的重要组成部分，是招标人提供用以投标人报价的依据，同时也是工程结算的依据。投标人根据招标文件中提供的招标工程量清单和施工设计图纸，进行工程量的复核工作。

复核工程量，要与招标文件中所给的工程量进行对比，复核过程应注意以下几方面：

（1）投标人应认真根据招标说明、图纸、地质资料等招标文件资料，计算主要清单工程量，复核工程量清单。其中特别注意，计算主要清单工程量应按一定顺序进行，避免漏算或重算；正确划分分部分项工程项目，与建设工程工程量清单计价规范保持一致。

（2）复核工程量的目的不是修改工程量清单。即使有误，投标人也不能修改工程量清单中的工程量，因为修改工程量清单就等于擅自修改了合同。对于工程量清单存在的错误，可以向招标人提出，由招标人统一修改并把修改情况以书面形式通知所有投标人。

（3）针对工程量清单中工程量的遗漏或错误，是否向招标人提出修改意见取决于投标策略。投标人可以运用一些报价的技巧提高报价的质量，争取在中标后能获得更大的收益。

（4）通过工程量计算复核还能准确地确定订货及采购物资的数量，防止由于超量或少购等带来的浪费、积压或停工待料。在核算完全部工程量清单中的细目后，投标人应按大项分类汇总主要工程总量，以便获得对整个工程施工规模的整体概念，并据此研究采用合适的施工方法，选择适用的施工设备等。

4.2.2.8 编制施工规划

投标过程中必须编制全面的施工规划。施工规划的内容包括施工方案，施工进度计划，施工机械、材料、设备、劳动力计划。制定施工规划的主要依据为施工图纸，编制的原则是在保证工程质量和工期的前提下，使成本最低、利润最大。

1. 编制施工规划的目的

（1）招标单位可以通过施工规划具体了解投标人的施工技术、管理水平以及机械设备、材料、人力的情况，使其对所投的标有信心。

（2）投标人可以通过施工规划改进施工方案、施工方法与施工机械的选用，降低报价、缩短工期，从而中标。

2. 编制施工规划的内容

（1）选择和确定施工方法。根据工程类型可以采用的施工方法，对于一般的土方工程、混凝土工程、房建工程、灌溉工程等比较简单的工程，可结合已有施工机械及工人技术水平来选定施工方法，努力做到节约开支、加快进度。

（2）对于复杂的大型工程，则要考虑几种施工方案，进行综合比较。

（3）选择施工设备和施工设施。一般与研究施工方法同时进行。在工程估价的过程中，还要不断比较施工设备和施工设施，确定利用旧设备还是采购新设备，在国内采购还是在国外采购。需对设备的型号、配套、数量（包括使用数量和备用数量）进行比较，还应研究哪些类型的机械可以租赁使用。对于特殊的、专用的设备折旧率需单独考虑。订货设备清单中还应考虑辅助和修配机械、备用零件，尤其是订购外国机械时，应特别注意这一点。

（4）编制施工进度计划。编制施工进度计划应紧密结合施工方法和施工设备，需提出各时段应完成的工程量及限定日期。施工进度计划采用网络进度计划还是线条进度计划，应根据招标文件的要求确定。目前国内大型工程招标多要求用电算方法绘制网络计划，这也体现了新时期对建筑施工管理的新要求。

4.2.2.9 确定投标报价

投标报价是投标文件编制过程中的核心内容之一。投标报价前，投标人应该根据有关法规、取费标准、市场价格、施工方案等，并考虑到上级企业管理费、风险费用、预计利润和税金等来确定承揽该工程的价格。投标报价的编制和确定是市场竞争的体现。投标报价的主要依据如下：

（1）《建设工程工程量清单计价规范》（GB 50500—2013）；

（2）招标文件、工程量清单及其补充通知，答疑纪要；

（3）建设工程设计文件及相关资料；

（4）施工现场情况、工程特点及拟定的投标施工组织设计或方案；

（5）与建设项目相关的标准、规范等技术资料；

（6）市场价格信息或工程造价管理机构发布的工程造价信息；
（7）竞争态势的预测和盈利期望，投标企业的成功经验；
（8）其他相关资料。

4.2.2.10 编制和递交投标文件

经过前期的投标准备工作，制定项目管理规划、报价决策后，投标人开始进入投标文件的编制工作。投标文件的编制应按照招标文件的内容、格式和顺序进行。编制完成后，投标人应将全部投标文件按招标文件的要求加盖投标人公章并经法定代表人或委托代理人签字，密封后按招标文件规定的时间提交到指定地点，逾期作废。

4.2.2.11 招投标活动流程中的时间安排

准确把握招投标活动中的日程安排可以帮助投标人合理安排投标工作，将招标活动和投标活动完整联系起来的日程安排及注意事项如表 4-1 所示。

表 4-1 工程招投标流程（以公开招标、资格预审为例）

工程招投标流程（以公开招标、资格预审为例）		
序号	流程	注意事项
1	发布招标公告/资格预审公告	有效期至少 5 个工作日
2	投标报名	
3	售卖/领取资格预审文件	发售时间至少 5 个工作日
4	投标申请人对资格预审文件质疑	提交资格预审申请文件截止时间前 2 日
5	招标人对资格预审文件澄清/修改	公开给所有投标申请人，提交资格预审申请文件截止时间至少 3 日，不足 3 日，顺延
6	预约资格预审室	
7	资格预审专家抽取	由招标人向专家库提交申请，工作日，资格预审前 24 小时
8	提交资格预审申请文件	自资格预审文件停止发售之日不得少于 5 日，提交的这一天是工作日
9	召开资格审查会	
10	发布资格审查结果	公开发布——明确是否是合格的投标人
11	发售招标文件	发售日期至少 5 个工作日
12	现场踏勘	同时组织所有投标人参加，现场可以提问
13	投标人对招标文件提出质疑	在投标截止时间（提交投标文件截止时间）10 日前，例外顺延
14	投标预备会	提出质疑

续表

工程招投标流程（以公开招标、资格预审为例）		
序号	流程	注意事项
15	招标人对招标文件澄清、修改、补充	书面形式给所有投标人。在投标截止时间前至少15日发布，不足15日，应当顺延
16	预约开标室、评标室	一般是在发售招标文件截止之后一天
17	评标专家的抽取	向专家库申请，开标前24小时
18	投标保证金/保函	报价的2%，且最高不超过80万元，提交到指定账户
19	提交投标文件（检查密封）	投标文件提交截止时间：发售招标文件开始至少20日
20	主持开标	开标时间＝投标截止时间，有效标不足3家，重新招标，投标人在场，可知竞争者情况
21	组织评标	有效标不足3家，重新招标；一般与开标安排在同一天，评标完成后出具评标报告 评标委员会：5人以上的单数，其中技术、经济方面的专家不得少于2/3
22	中标结果公示	自收到评标报告之日起3日内公示中标侯选人，公示期不得少于3日
23	发出中标通知书和中标结果通知	中标结果公示结束之后，投标有效期内
24	签订合同	发出中标通知书之日起30日
25	招标结果备案	整个招标过程中的资料、整理归档，招标人应当自确定中标人之日起15日内，提交书面报告
26	退还投标保证金、保函	招标人最迟在合同签订后5日内向中标人和未中标人退还投标保证金＋同期利息，退还保函

4.3 建设工程施工投标文件的编制

投标文件是投标人在通过了招标资格预审成为了合格的投标人以后，对自己在本项目中准备投入的人力、物力、财力等方面的情况进行描述，以及对本项目的施工、工程量清单、工程造价、工程的保证条例等进行说明的文件。投标文件是招标人判断投标人是否诚心愿意参加投标并尽力争取中标的依据，也是评标委员会进行评审的对象，中标的投标文件将和招标文件一起成为招标人和中标人订立合同的法定依据，因此，投标人对投标文件的编制应倍加重视，投标文件的内容必须全面、充分地反映招标文件中关于法律、商务、技术的条件、条款。

4.3.1 投标文件及其内容

1. 投标文件组成

（1）投标函及投标函附录（见图4-3）；

投标函

________________（招标人全称）

1. 经现场踏勘和研究________________（项目名称）招标文件的全部内容（含第________号至第________号补遗书）后，我方就上述试验检测任务及相关服务进行投标，其中投标价详见报价函。

2. 一旦我方中标，我方保证在收到中标通知书规定的期限内与你方签订合同协议书，并在试验检测合同协议书所规定的期限内完成通知要求的试验检测任务。

3. 项目负责人姓名：______，性别：______，年龄：______，现任职务：______，职称：______。

4. 如果我方中标，我方将按照规定提交履约担保，共同地和分别地承担责任。

5. 我方承诺在本投标文件有效期内，本投标函对我方具有约束力，并随时接受中标。

6. 在合同协议书正式签署生效之前，本投标函连同你方的中标通知书将构成我们双方之间共同遵守的文件，对双方具有约束力。

7. 我方以金额为人民币________万元投标担保与本投标函同时递交。

投标人：________________________（单位盖章）

法定代表人或其委托代理人：____________（签字）

地址：________________________

电话：________________________

传真：________________________

邮政编码：________________________

________年________月________日

图 4-3　投标函示例

（2）法定代表人身份证明或附有法定代表人身份证明的授权委托书；

（3）联合体协议书（如工程允许采用联合体投标）；

（4）投标保证金/保函；

（5）已标价的工程量清单；

（6）施工组织设计；

（7）项目管理机构；
（8）拟分包的项目情况表；
（9）资格审查资料；
（10）按招标文件规定提交的其他资料。

建设工程投标文件由投标函、商务标、技术标以及资格审查须知四部分组成。

2. 投标函及其附录的主要内容

投标函主要包括以下内容：

（1）法定代表人身份证明书；
（2）投标文件签署授权委托书；
（3）投标保证金缴纳成功回执单；
（4）项目管理机构配备情况表；
（5）项目负责人简历表；
（6）项目技术负责人简历表；
（7）项目管理机构配备情况辅助说明资料；
（8）招标文件要求投标人提交的其他投标资料。

3. 资信资料

（1）投标人基本情况表；
（2）营业执照、资质证书复印件；
（3）近 5 年内完成的类似工程汇总表和其他类似情况表；
（4）近 5 年内完成的其他工程汇总和其他工程情况表；
（5）正在施工的和准备承接的类似工程汇总表和类似工程情况表；
（6）近 5 年内省部级以上奖励汇总表及证明材料；
（7）银行资信等级、重合同守信用企业等信誉证明书复印件；
（8）近 5 年诉讼情况汇总表；
（9）财务状况。

4. 商务标的主要内容

商务标主要包括下列内容：

（1）投标总价；
（2）总说明；
（3）工程项目投标报价汇总表；
（4）单项工程投标报价汇总表；
（5）单位工程投标报价汇总表；
（6）分部分项工程和单价措施项目清单与计价表；
（7）综合单价分析表；

（8）总价措施项目清单与计价表；

（9）其他项目清单与计价汇总表；

（10）暂列金额明细表；

（11）专业工程暂估价及结算价表；

（12）计日工表；

（13）总承包服务费计价表。

中标人提交的投标辅助资料经发包人确认后将列入合同文件。

5. 技术标的主要内容

技术标主要包括下列内容：

（1）确保基础工程的技术、质量、安全及工期的技术组织措施；

（2）各分部分项工程的主要施工方法及施工工艺；

（3）拟投入本工程的主要施工机械设备情况及进场计划；

（4）劳动力安排计划；

（5）主要材料投入安排计划；

（6）确保工程工期、质量及安全施工的技术组织措施；

（7）确保文明施工及环境保护的技术组织措施；

（8）质量通病的防治措施；

（9）季节性施工措施；

（10）计划开、竣工日期和施工平面图、施工进度计划横道图及网络图。

6. 资格审查须知

资格审查须知的主要内容如下：

（1）资质条件。投标人的资质应符合招标文件中的要求，并要提供相应的资质证明材料。

（2）强制性资格条件。在列举的资格条件若干项中，根据工程项目的具体情况，招标人规定其中某些为强制性资格条件，若强制性资格条件有一项不符合要求的，资格审查不通过。只有完全符合强制性资格条件的投标人，才能进入评标程序。

7. 联合体协议书的内容

（1）联合体成员的数量。联合体协议书中首先必须明确联合体成员的数量，且数量必须符合招标文件的规定，否则将作为废标。

（2）牵头人和成员单位名称。联合体协议书中应明确联合体牵头人，并规定牵头人的职责、权利及义务。

（3）联合体内部分工。联合体协议书应明确联合体各成员的职责分工和专业工程范围，以便招标人对联合体各成员专业资质进行审查，并防止中标后联合体成员产生纠纷。

（4）签署。联合体协议书应按招标文件规定进行签署和盖章，示例如图 4-4 所示。

联合体投标协议书

（甲公司名称）________________________ （乙公司名称）________________________

自愿组成联合体，参加________________________工程投标。

现就有关事宜订立协议如下：

1. ______________________________为联合体主办人，__________________________为联合体成员；

2. 联合体内部有关事项规定如下：

（1）联合体由主办人负责与业主联系。

（2）投标工作由联合体主办人负责，由双方组成的投标小组具体实施；联合体主办人代表联合体办理投标事宜，联合体主办人在投标文件中的所有承诺均代表了联合体各成员。

（3）联合体将严格按照招标文件的各项要求，递交投标文件，切实执行一切合同文件，共同承担合同规定的一切义务和责任，同时按照内部职责的划分，承担自身所负的责任和风险，在法律在承担连带责任。

（4）如中标，联合体内部将遵守以下规定：

a. 联合体主办人和成员共同与业主签订合同书，并就中标项目向业主负责有连带的和各自的法律责任；

b. 联合体主办人代表联合体成员承担责任和接受业主的指令、指示和通知，并且在整个合同实施过程中的全部事宜（包括工程价款支付）均由联合体主办人负责。

（5）投标工作和联合体在中标后工程实施过程中的有关费用按各自承担的工作量分摊。

3. 本协议书自签署之日起生效，在上述（4）a 所述的合同书规定的期限之后自行失效；如中标后，联合体内部另有协议的，联合体主办人应将该协议书送交业主。

4. 本协议书正本一式六份，随投标文件装订三份，送业主一份，联合体成员各一份；副本一式六份，联合体成员各执三份。

甲公司名称：__________（盖章） 乙公司名称：__________（盖章）

法定代表人：__________（签字或签章） 法定代表人：__________（签字或签章）

年　月　日　　　　年　月　日

图 4-4　联合体协议书示例

4.3.2 投标文件的编制依据和要求

1. 编制依据

（1）清单计价规范。

（2）统一颁发的计价办法。

（3）企业定额，统一颁发的计价定额。

（4）招标文件、工程量清单及其补充通知、答疑纪要。

（5）建设工程设计文件及相关资料。

（6）施工现场情况、工程特点及拟定的投标施工组织设计或施工方案。

（7）与建设项目相关的标准、规范等技术资料。

（8）市场价格信息或工程造价管理机构发布的工程造价信息。

（9）其他的相关资料。

2. 编制要求

（1）严格保证所有定额、费率、单价和工程量的准确性。

（2）不同的承包方式采用相应的单位计算标价，如按建筑工程的单位面积单价承包、按工程图纸及说明资料总价承包等。

（3）规范与标准统一，文字与图纸统一。

（4）投标书中各条款具有法律效力，是合同的依据，一经报出即不能撤回，故文字表述要力求准确、完整。

4.3.3 编制投标文件的注意事项

1. 注意事项

投标人在编制投标文件前应认真研究、正确理解招标文件的全部内容，并按招标文件的要求编制投标文件，在编制投标文件中需要注意以下事项：

（1）投标人购买招标文件后，应该仔细阅读招标文件中对投标项目的要求及投标人须知。在获得招标信息，同意并遵循招标文件的各项规定和要求的前提下编制投标文件，且投标文件应体现投标人的对招标的实质性响应，无重大偏差与保留。特别注意在现场踏勘和标前会议上得到的质疑回复文件和招标文件具有同等法律效力，应该作为编制投标文件的依据。

（2）投标人编制建设工程投标文件时必须使用招标文件提供的投标文件表格格式。按招标文件有关条款的规定选择投标担保和履约担保的方式。投标人根据招标文件的要求和条件填写投标文件的空格时，凡要求填写的空格都必须填写，不得留空不填，否则被视为放弃意见。实质性的项目或数字如工期、质量等级、价格等未填写的，将被作为无效或作废的投标文件处理。投标人将投标文件按规定的日期送交招标人，等待开标、决标。投标人的各种商务文件、技术文件等应依据招标文件要求备全，缺少任何必需文件的投标将被排除中标人之外。

（3）应当编制的投标文件“正本”仅一份，“副本”则按招标文件前附表所述的份数提供，同时要明确标明“投标文件正本”和“投标文件副本”字样。投标文件正本和副本如有不一致之处，以正本为准。

（4）投标文件正本与副本均应使用不能擦去的墨水打印或书写，各种投标文件的填写都要字迹清晰、端正，补充设计图纸要整洁、美观。

（5）投标文件中的单位名称必须与营业执照一致。所有投标文件均由投标人的法定代表人签署、加盖印鉴，并加盖法人单位公章。

（6）填报投标文件应反复校核，保证分项和汇总计算均无错误。全套投标文件均应无涂改和行间插字，除非这些删改是根据招标人的要求进行的，或者是投标人造成的必须修改的错误。修改处应由投标文件签字人签字证明并加盖印鉴。

（7）如招标文件规定投标保证金为合同总价的某百分比时，开投标保函不要太早，以防泄漏己方报价。但有的投标商提前开出并故意加大保函金额，以麻痹竞争对手的情况也是存在的。

（8）投标人应将投标文件的正本和每份副本分别密封在内层包封中，再密封在一个外层包封中，并在内包封上正确标明“投标文件正本”和“投标文件副本”。内层和外层包封都应写明招标人名称、地址、合同名称、工程名称、招标编号，并标明开标时间以前不得开封。在内层包封上还应写明投标人的名称与地址、邮政编码，以便投标出现逾期送达时能原封退回。如果内外层包封没有按上述规定密封并加写标志，招标人将不承担投标文件错放或提前开封的责任，由此造成的提前开封的投标文件将被拒绝，并退还给投标人。投标文件递交至招标文件前附表所述的单位和地址。

2. 废标的情况

在招标实践中，投标文件有下述情形之一的，属于重大偏差，未能对招标文件作出实质性响应，会被作为废标处理：

（1）没有按照招标文件要求提供投标担保或所提供的投标担保存在瑕疵；

（2）投标文件没有投标人授权代表签字和加盖公章；

（3）投标文件载明的招标项目完成期限超过招标文件规定的期限；

（4）明显不符合技术规格、技术标准的要求；

（5）投标文件载明的货物包装方式、检验标准和方法等不符合招标文件的要求；

（6）投标文件附有招标人不能接受的条件；

（7）不符合招标文件中规定的其他实质性要求。

3. 否决投标的情况

有下列情形之一的，评标委员会应当否决其投标：

（1）投标文件未经投标单位盖章和单位负责人签字；

（2）投标联合体没有提交共同投标协议；

（3）投标人不符合国家或者招标文件规定的资格条件；

（4）同一投标人提交两个以上不同的投标文件或者投标报价，但招标文件要求提交备选投标的除外；

（5）投标报价低于成本或者高于招标文件设定的最高投标限价；

（6）投标文件没有对招标文件的实质性要求和条件作出响应；

（7）投标人有串通投标、弄虚作假、行贿等违法行为。

否决投标是评标委员会经评审，认为所有投标都不符合招标文件要求的，可以否决所有投标。依法必须进行招标的项目的所有投标被否决的，招标人应当依照本法重新招标。

4.3.4 投标文件的复核

1. 格式的复核

（1）格式是否与招标文件要求格式一致，文字打印是否有错。

（2）工程名称与标段是否与招标项目一致。

（3）法人或委托代理人是否按照规定签字或盖章，是否按规定加盖单位公章，投标单位名称是否与资格审查时的单位名称相符。

（4）日期是否正确。

（5）目录内容从顺序到文字表述是否与招标文件要求一致。

（6）目录编号、页码、标题是否与内容编号、页码（内容首页）、标题一致。

（7）投标书格式、标段、里程是否与招标文件规定相符，建设单位名称与招标单位名称是否正确。

（8）报价金额是否与“投标报价汇总表合计”“投标报价汇总表”和“综合报价表”一致，大小写是否一致，国际标中英文标书报价金额是否一致。

（9）投标书所示工期是否满足招标文件要求。

2. 报价的复核

（1）报价编制说明要符合招标文件要求，繁简得当。

（2）报价表格式是否按照招标文件要求格式，子目排序是否正确。

（3）“投标报价汇总表合计”“投标报价汇总表”“综合报价表”及其他报价表是否按照招标文件规定填写，编制人、审核人、投标人是否按规定签字盖章。

（4）“投标报价汇总表合计”与“投标报价汇总表”的数字是否吻合，是否有算术错误。

（5）“投标报价汇总表”与“综合报价表”的数字是否吻合，是否有算术错误。

（6）“综合报价表"的单价与“单项概预算表”的指标是否吻合，是否有算术错误。“综合报价表”费用是否齐全，尤其是来回多次改动时要特别注意。

（7）“单项概预算表”与“补充单价分析表”“运杂费单价分析表”的数字是否吻合，工程数量与招标工程量清单是否一致，是否有算术错误。

（8）“补充单价分析表”“运杂费单价分析表”是否有偏高、偏低现象，分析原因，所用人工、材料、施工机械单价是否合理、准确，以免产生不平衡报价。

4.3.5 投标文件的递送与撤回

递送投标文件也称为递标，是指投标人在投标文件要求提交投标文件的截止时间前，将所有准备好的投标文件密封送达投标地点。招标人收到投标文件后，应当签收保存，不开启。

投标人在递交投标文件以后，投标截止时间之前，可以对所递交的投标文件进行补充、修改或撤回，并书面通知招标人，但所递交的补充、修改或撤回通知必须按招标文件的规定编制、密封和标志。补充、修改的内容为投标文件的组成部分。

投标文件的撤回是指投标人收回全部投标文件，或放弃投标，或以新的投标文件重新投标，投标文件的修改或撤回必须在投标文件递交截止时间之前进行。投标人在招标文件要求提交投标文件的截止时间之前，可以补充、修改或者撤回已提交的投标文件，并书面通知招标人。投标截止时间之后至投标有效期满之前，投标人对投标文件的任何补充、修改，招标人不予接受，撤回投标文件的还将被没收投标保证金。

4.4 建设工程施工投标策略和技巧

4.4.1 投标决策

建设工程投标决策一方面为是否参加投标而决策（前期决策），另一方面是为如何进行投标而决策（后期决策）。建设工程投标决策的首要任务是在获取招标信息后，结合投标项目和自身情况，对是否参加投标竞争进行分析论证，进而作出选择。

1. 投标决策的意义

建设工程施工投标人通过投标竞争获得工程项目的施工承包权，但对于承包人而言，并不是所有的标都要投，应该根据实际情况和自身实力进行投标决策。建设工程施工投标是一项复杂且具有风险的经济行为，因此投标决策对于项目是否承揽成功和盈亏与否起到至关重要的作用，投标决策的正确与否关系到能否中标和中标后的效益，关系到施工企业的发展前景和职工的经济利益。因此，投标人必须充分认识到投标决策的重要意义，选择合适的决策方法多方面分析和论证，得出决策结论，为后续的投标工作提供优质的数据支持。

2. 放弃投标的情况

投标人在投标前期决策中有下列情况的，应放弃投标：

（1）投标人主营或兼营能力之外的工程项目。

（2）工程项目规模、技术要求超过投标人技术水平的工程项目。

（3）投标人该阶段生产饱满，而招标工程的盈利水平较低或风险较大的项目。

（4）投标人技术等级、信誉、施工技术、管理水平明显不如竞争对手的工程项目。

3. 投标前期决策的方法

投标项目选择决策的方法主要有定性决策的方法和定量决策的方法。

1）定性决策的方法

定性决策的方法，主要依靠企业投标决策人员，也可以聘请有关专家，按之前确定的投标标准，根据个人的经验和科学的分析研究方法选择投标项目。这种方法虽有一定的局限性，但简单且应用较为广泛。

2）定量决策的方法

定量决策的方法包括评分法、决策树法、线性规划法和概率分析法等。

（1）评分法

首先确定影响决策的因素为评价指标；再根据各指标对企业完成投标项目的相对重要性确定各指标权重，用这些指标对投标项目进行衡量，对每个指标量化打分；然后将每项指标权数与等级分值相乘，求出指标得分；最后将总得分与过去其他投标情况进行比较或和企业事先确定的准备接受的最低分数比较，决定是否参加投标。

（2）决策树法

决策树是以方框和圆点为节点，并由直线连接而成的一种像树枝形状的结构，其中方框代表决策点，圆圈代表机会点；从决策点画出的每条直线代表一个方案，叫作方案枝，从机会点画出的每条直线代表一种自然状态，叫作概率枝。决策树是常用的决策方法，通过计算各机会点的期望值，进而作出决策。画法如下：

① 先画一个方框作为出发点，又称决策结点。

② 从决策结点向右引出若干条直（折）线，每条线代表一个方案，称为方案枝。

③ 每个方案枝末端画一个圆圈，称为概率分叉点（又称自然状态点）。

④ 从自然状态点引出代表各自然状态的直线，称为概率分枝，直线上用括号注明各自然状态发生的概率。

⑤ 如果问题只需要一级决策，则概率分枝末端表示终点。终点右侧标上各自然状态的期望值。如需做第二阶段决策，则用“决策节点口”代替终点，再重复上述步骤画出决策树。

【例 4-1】 某承包商面临 A、B 两项工程投标，因受本单位资源条件限制，只能选择其中一项工程投标，或者两项工程均不投标。根据过去类似工程投标的经验数据，A 工程投高价标的中标概率为 0.2，投低价标的中标概率为 0.6，编制投标文件费用为 5 万元；B 工程投高价标的中标概率为 0.3，投低价标的中标概率为 0.8，编制投标文件的费用为 3 万元。各方案承包效果、概率及损益值情况如表 4-2 所示。试运用决策树法进行投标决策。

【要点分析】 本案例考核决策树方法的运用，决策树的绘制和计算。要求能够根据给定条件正确画出决策树，并正确计算各机会点的数值，进而作出投标决策。

表 4-2 方案评价参数表

方案	效果	概率	损益值（万元）
A 报高价	好 中 差	0.2 0.5 0.3	160 100 60
A 报低价	好 中 差	0.3 0.6 0.1	100 50 0
B 报高价	好 中 差	0.4 0.5 0.1	110 70 30
B 报低价	好 中 差	0.3 0.5 0.2	60 30 −10
不投标			0

【案例解析】

（1）画出决策树，标明各方案的概率和损益值，如图 4-5 所示。

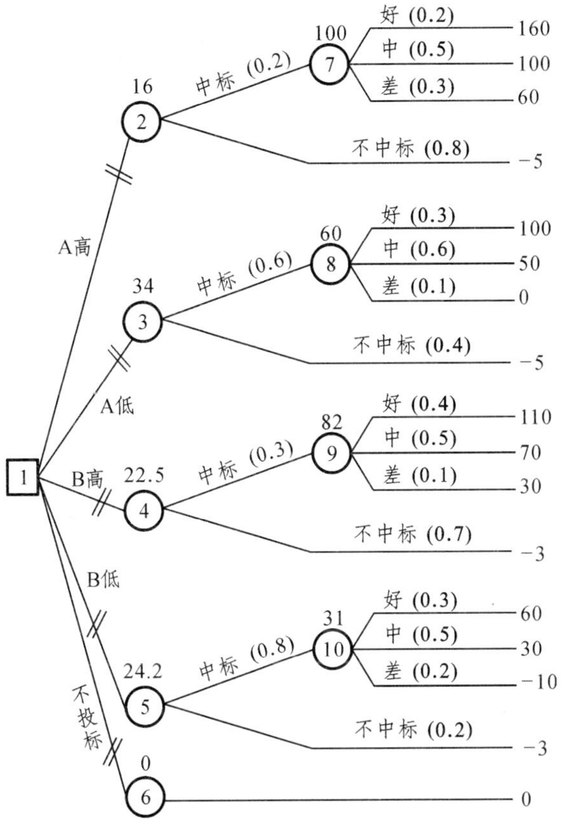

图 4-5　决策树

（2）计算图 4-5 中各机会点的期望值（将计算结果标在各机会点上方）。

点⑦：$160\times0.2+100\times0.5+60\times0.3=100$（万元）

点②：$100\times0.2-5\times0.8=16$（万元）

点⑧：$100\times0.3+50\times0.6+0\times0.3=100$（万元）

点③：$60\times0.6-5\times0.4=34$（万元）

点⑨：$110\times0.4+70\times0.5+30\times0.1=82$（万元）

点④：$82\times0.3-3\times0.7=22.5$（万元）

点⑩：$60\times0.3+30\times0.5-10\times0.2=31$（万元）

点⑤：$31\times0.8-3\times0.2=24.2$（万元）

点⑥：0

（3）选择最优方案，即期望值最高的节点对应的方案。因为点③期望值最大，故应投 A 工程的低价标。

4. 投标的后期决策

如果决定投标，即进入投标的后期决策阶段，它是指从申报投标资格预审资料至投标报价（封送投标书）期间完成的决策研究阶段。这个阶段主要研究如果去投标，是投什么性质的标，以及在投标中采取的策略问题。关于投标的后期决策，一般有以下分类：

1）按性质分为投风险标和投保险标

（1）投风险标

投标人通过前期阶段的调查研究，明知工程承包难度大、风险大且技术、设备、资金上都有未解决的问题，但由于本企业任务不足、处于窝工状态，或因为工程盈利丰厚，或为了开拓市场而决定参加投标，同时设法解决存在的问题，即是风险标。投标后，如问题解决得好，可取得较好的收益，也可锻炼出一支好的施工队伍，使企业更上一层楼；解决得不好，企业的信誉就会受到损害，严重者可能导致企业亏损甚至破产。因此，投风险标必须审慎决策。

（2）投保险标

投标人针对可以预见的情况，对技术、设备、资金等重大问题都有了解决的对策之后再投标，称为投保险标。企业经济实力较弱，经不起失误的打击，则往往投保险标。当前，我国施工企业多数都愿意投保险标，特别是在国际工程承包市场。

2）按效益分为投盈利标和投保本标

（1）投盈利标

投标人如果认为招标工程既是本企业的强项，又是竞争对手的弱项，或建设单位意向明确，或本企业虽任务饱满但利润丰富才考虑让企业超负荷运转，此种情况下的投标，称为投盈利标。

（2）投保本标

当企业无后继工程或已经出现部分窝工时，必须争取中标，但招标的工程项目对本企业无优势可言，竞争对手又多，此时就属于投保本标，至多投薄利标。

4.4.2 投标策略与技巧

1. 投标策略

投标的策略有很多，总结起来主要有下列几种情况：

（1）以信誉、品牌取胜；

（2）靠经营管理水平高取胜；

（3）低利政策；

（4）靠改进设计取胜；

（5）靠缩短工期取胜；

（6）采用长远发展策略。

低价政策，有以下两种情况：

① 利用设计图纸和说明书不够明确的漏洞，有意提出较低的报价，中标后再利用合同中的索赔条款索取补偿。

② 低价劣质，也就是拿定偷工减料的主意，报价虽低却同样盈利，这种做法是国家法律所禁止的，往往害人害己，是明智的企业经营者所不采取的策略。

2. 投高价的情况

（1）施工条件差（如场地狭窄、地处闹市）的工程；

（2）专业要求高的技术密集型工程，而本公司这方面有专长，也具有较高声望；

（3）总价低的小工程，以及自己不愿做而被邀请投标时，不便于不投标的工程；

（4）特殊的工程，如港口码头工程、地下开挖工程等；

（5）业主对工期要求急的工程；

（6）投标对手少的工程；

（7）支付条件不理想的工程。

3. 投低价的情况

（1）施工条件好的工程，工作简单、工程量大而一般公司都可以做的工程。如大量的土方工程，一般房建工程等；

（2）公司目前急于打入某一市场、某一地区，以及虽已在某地区经营多年，但即将面临没有工程的情况（某些国家规定，在该国注册公司一年内没有经营项目时，就撤销营业执照），机械设备等无工地转移时；

（3）附近有工程而本项目可以利用该项工程的设备、劳务或有条件短期内突击完成的；

（4）投标对手多，竞争力激烈时；

（5）非急需工程；

（6）支付条件好，如现汇支付。

4. 无利润的情况

无利润的策略是投标报价时以克服企业生存危机为目标，为争取中标可以不考虑各种利益的策略。社会、政治、经济环境的变化和公司自身经营不善，都可能造成承包人的生存危机。这种危机首先表现在由于经济原因，投标项目减少，所有的承包人都将面临生存危机；其次，政府调整基础建设投资方向，使公司擅长的项目减少；最后，如果承包人经营管理不善，便有投标邀请越来越少的危机。缺乏竞争优势的承包商，在不得已的情况下，只好不考虑利润去投标。这种危机一般在以下情况中发生：

（1）可能在得标后，将大部分工程分包给索价较低的一些分包商。

（2）对于分期建设的项目，先以低价获得首期工程，而后赢得机会创造第二期工程中的竞争优势，并在以后的实施中赚得利润。

（3）长时期内，承包商没有在建的工程项目，如果再不得标，就难以维持生存。因此，虽然本工程无利可图，但只要能有一定的管理费维持公司的日常运转，就可借机度过暂时的困难，以图东山再起。

5. 灵活报价法

灵活报价法是指根据招标工程的不同特点采用不同的报价。投标时既要考虑自身的优势和劣势，也要分析项目的特点，按照不同的特点，类别、施工条件等来选择报价策略。例如，遇到工程施工条件差的工程；专业要求高而本单位有专长的技术密集型工程；总价低的小工程；自己不愿意做又不方便不投标的工程；特殊工程；工期要求急的工程；投标对手少的工程；支付条件不理想的工程，等等，工程造价可以相对报高些。反之，施工条件好的工程；工作简单、工程量大、一般单位都能施工的工程；本企业在新地区开发市场或该地区其他工程面临结束、机械设备无工地转移时，本企业在该地区有在建工程，该招标项目能利用其他工程现有的设备、劳力资源，或短期内能突击完成的工程；投标对手多，竞争激烈的工程；非急需工程；支付条件好的工程，等等，则可灵活地将报价按稍微低些处理。

6. 不平衡报价

不平衡报价是指在总价基本确定的前提下，如何调整内部各个子项的报价，以期既不影响总报价，又在中标后，投标人可尽早收回垫支于工程中的资金和获取较好的经济效益。但要注意避免畸高畸低现象，避免失去中标机会。通常采用不平衡报价有下列几种情况：

（1）对能早期结账收回工程款的项目（如土方、基础等）的单价可报以较高价，以利于资金周转；对后期项目（如装饰、电气设备安装等）单价可适当降低。

（2）估计今后工程量可能增加的项目，其单价可提高；而工程量可能减少的项目，其单价可降低。

（3）图纸内容不明确或有错误，估计修改后工程量要增加的，其单价可提高；而工程内容不明确的，其单价可降低。

（4）没有工程量，只填报单价的项目（如疏浚工程中的开挖淤泥工作等），其单价宜高，这样，既不影响总的投标报价又可多获利。

（5）对于暂定项目，其实施的可能性大的项目，可定高价；估计该工程不一定实施的，可定低价。

（6）计日工一般可稍高于工程单价表中的工程单价。

不平衡报价法总结起来，策略要点可以归纳如下，见表 4-3。

7. 突然降价法

突然降价法是指在报价时先采取迷惑竞争对手的方法，即先按一般情况报价或表现出自己对该工程兴趣不大，到快投标截止时，再突然降价。例如，鲁布革水电站引水系统工程招标时，日本大成公司知道它的主要竞争对手是前田公司，因而在临近开标前把总报价突然降低 8.04%，取得最低标，为以后中标打下基础。其采取的方法正是突然降价法。应用突然降价法，一般是采取降价函格式装订在标书中。降价函通常是一个简短的价格调整声明，叫作“修正报价的声明书”或“投标报价调整函”。在降价函中，投标人根据招标人要求或出于对降价合理性的解释，来决定在声明中是否叙述及如何叙述降价理由。

表 4-3　不平衡报价法策略要点

不平衡报价的类型	变动趋势	不平衡结果	实施不平衡报价的手段	实施不平衡报价的风险	注意事项
资金收入的时间	早	单价高	提高早期施工项目单价和降低后期施工项目单价。承包商在报价时，将本来应按比例直接摊入各分项单价的管理费等有关费用采取不同比例摊销，即多摊一些到早期施工项目的单价中	（1）投标风险。若前期报价高于常规报价，则会降低中标率。 （2）进度计划变更	（1）单价的不平衡要有适当的尺度。 （2）对工程量表中工程量仔细核对分析。审核时要注意分布分项工程量的构成以及工程量发生增加或减少的可能性。特别是对于单价报得太低的子目，如这类子目实施过程中工程量大幅增加，将造成承包商的重大损失。 对于工程量有错误的早期子目，如果经过核对分析不可能完成工程量清单中的数量，则不能盲目抬高单价，要具体分析比较后再定
	晚	单价低		在评标中某清单分项工程报价采用严重不平衡报价，有可能被为废标	
清单工程量不准确	增加	单价高	认真审核图纸、核对图纸与清单上的主要工程数量；其次是考察现场，做好标前调查，同时要到设计院了解设计深度及将来可能调整变更的项目数量。发现工程量清单与设计图纸不一致的可考虑采取不平衡报价策略	（1）投标者对工程量变化估计不足或有严重错误时，将会出现与预定目标有偏差甚至相反的结果。 （2）业主可能在招标文件/合同中规定，对工程量的准确性不负责任	
	减少	单价低			
设计图纸不明确	增加工程量	单价高	利用施工中的不确定因素如施工配合比，施工条件，施工方法、施工材料、施工措施等变化而导致分项工程的变化，想方设法提出变更要求或创造条件争取变更，利用变更抬高低价项目的价格，增多高价的项目工程量	业主可能对报价低的项目通过设计变更增加工程量，而对报价高的项目压缩工程量，从而使承包商利益受损	找准平衡点，把握一个合理的单价不平衡幅度。一般来说，国内控制在±10%以内、国外控制在±30%以内，业主都是可以接受的，否则引起业主反对，挑选出过高的项目，要求投标人进行单价分析，并围绕单价分析中过高的内容压价，或判为废标
	减少工程量	单价低			
暂定项目	自己承包的可能性高	单价高	预留必要的风险费	（1）预期状况与实际状况可能正好相反，对收益产生巨大影响。 （2）实际施工的工程量一般比暂定量要大。有的超过很多，主要是图纸修改量较大，这些实际增加的工程量需要工期，如果按总价包干合同，这些设计变更完全可以延长工期，但由于暂定工程量的规定无法延长。另一方面对于工期拖延，合同中又规定很严厉的惩罚，所以一般承包商只好投入大量的周转材料、人工来保工期，这些投入又无法得到回报。 （3）材料供应潜在风险。由于图纸不全，加上时间紧，一般的承包商常常采用此暂定量来进行订货，结果由于工程量暂定与实际相差较大，导致材料供应中断，影响工期	
	自己承包的可能性低	单价低			

续表

不平衡报价的类型	变动趋势	不平衡结果	实施不平衡报价的手段	实施不平衡报价的风险	注意事项
报“单价分析表”投标	人工费和机械费	单价高	（1）利用工程造价信息的低价部分既降低了报价，又为将来索赔提供理论依据。 （2）编制好施工组织设计。根据市场调研进行材料选择和定价，对单位工程成本利润进行分析，制定施工方案，合理安排人工、机械，优化组合因素。 （3）注重提高施工组织管理水平，改善施工技术条件。 （4）应用新技术、新材料、新工艺。在清单报价中，正确采用定额、间接费率、利润率和税金，技术措施项目报价可根据本企业和本工程特点适当进行报价。 （5）建立自己的企业定额。根据企业定额编制出来的报价，才是企业完成某项工程任务的成本底线，以不低于成本底线的价格投标	（1）计算机软件可能识别出报价不合理。 （2）业主可能在合同中规定，材料价上涨一定幅度的风险由承包商自己承担	（1）加强不平衡报价风险分析，及时发现可能发生的变更。 （2）在工程内容中隐蔽增项或者漏项来进行不平衡报价；以变更招标文件规定的内容来进行不平衡报价等
	材料费	单价低			

8. 先亏后盈法

有的承包商为了打进某一地区，依靠国家、某投资集团或自身的雄厚资本实力，而采取一种不惜代价、只求中标的低价投标方案，应用这种方法的承包商必须有较好的资信条件，并且提出的施工方案也是现今可行的，同时要加强对公司情况的宣传，否则即使投低标价，也不一定被业主选中。

9. 开口升级法

将工程中的一些风险大、花钱多的分项工程或工作抛开，仅在报价单中注明，由双方再度商讨决定。这样大大降低了报价，用最低价吸引业主，取得与业主商谈的机会，而在议价谈判和合同谈判中逐渐提高报价。

10. 技术标编制技巧

建设工程施工投标文件包括了商务标和技术标，因此除了投标报价的合理性，施工方案的优劣也决定了投标的成功与否。投保人需要掌握技术标的重点，使编制的技术标具有先进性、合理性、竞争性。技术标的编制技巧总结如下：

（1）投标人需要向业主作出郑重承诺，明确获得投标项目的承包权后，在施工技术、经济、质量、工期、安全、组织等方面的目标和相应的投入及措施，和编制的投标文件相符合，反映投标人对招标活动的积极响应。

（2）技术标的内容应充分反映投标人的企业竞争力，需要充分展示包括在技术能力、施工团队、技术装备、管理水平等方面的实力，让业主通过技术标产生信任感。

（3）技术标的目录反映了编制人的思路，其结构和顺序需条理清晰，一目了然。

（4）施工方案的编制工作中，应做到重点突出，施工规划是重点需要编制的，它反映了施工的人员安排、设备投入、工期、进度等关键内容，要通过施工规划让业主看到投标人在承揽本项目的过程中，施工方案详尽、可操作性强。

（5）投标人需重视技术标中关于进度计划的编排严密性和科学性。无论是网络计划图还是施工横道图，都要清晰地反映各工种的分解及时间安排。

（6）技术标中的施工场地平面布置图要充分反映施工材料用量、施工设备投入、材料加工安排、大型机械选择和布置等，一份优质的施工场地平面布置图就如同一份简易的施工方案，是施工生产技术、安全、文明、现场管理等形象的简明表述，也是技术标评标的重点部分。

（7）投标人需要在技术标中突出组织机构的安排，它反映了整个施工现场的管理水平，特别是项目经理的人员配备。项目经理作为施工方的现场代表，负责具体组织施工现场的生产和管理各项业务，负责接收业主、工程师、监理的指令，项目经理的素质及管理水平对工程的成败有着至关重要的作用。技术标中将具有良好业绩的项目经理及其主要业绩列入，使业主对现场管理的团队人员有初步的了解，同时也能感受到投标人对投标项目承揽的决心和重视。

在运用报价技巧时，要尽可能地进行定量分析，根据定量分析的结果决定是否采用某种投标技巧，而不能仅凭主观判断。

4.5 建设工程施工投标报价的编制

投标报价是指投标人计算出的完成招标文件规定的全部工作内容所需要的一切费用，是投标人承包工程的一个决定性环节，也是投标文件的重要组成部分。

4.5.1 投标报价的编制依据和原则

1. 投标报价的编制依据

（1）清单计价规范。

（2）统一颁发的计价办法。

（3）企业定额，统一颁发的计价定额。

（4）招标文件、工程量清单及其补充通知、答疑纪要。

（5）建设工程设计文件及相关资料。

（6）施工现场情况、工程特点及拟定的投标施工组织设计或施工方案。

（7）与建设项目相关的标准、规范等技术资料。

（8）市场价格信息或工程造价管理机构发布的工程造价信息。

（9）其他的相关资料。

2. 投标报价的原则

（1）投标报价由投标人自主确定，但必须执行《建设工程工程量清单计价规范》的强制性规定。投标价应由投标人或受其委托具有相应资质的工程造价咨询人编制。

（2）投标人的投标报价不得低于工程成本。能够满足招标文件的实质性要求，并且经评审的投标价格最低；但是投标价格低于成本的除外。《评标委员会和评标方法暂行规定》中规定："在评标过程中，评标委员会发现投标人的报价明显低于其他投标报价或者在设有标底时明显低于标底，使得其投标报价可能低于其个别成本的，应当要求该投标人做出书面说明并提供相关证明材料。投标人不能合理说明或者不能提供相关证明材料的，由评标委员会认定该投标人以低于成本报价竞标，其投标应作为废标处理。"上述法律法规的规定，特别要求投标人的投标报价不得低于工程成本。

（3）投标人必须按招标工程量清单填报价格。实行工程量清单招标，招标人在招标文件中提供工程量清单，其目的是使各投标人在投标报价中具有共同的竞争平台。因此，为避免出现差错，要求投标人必须按招标人提供的招标工程量清单填报投标价格，填写的项目编码、项目名称、项目特征、计量单位、工程量必须与招标工程量清单一致。

（4）投标报价要以招标文件中设定的承发包双方责任划分，作为设定投标报价费用项目和费用计算的基础。承发包双方的责任划分不同，会导致合同风险分摊不同，从而导致投标人报价不同；不同的工程承发包模式会直接影响工程项目投标报价的费用内容和计算深度。

（5）应该以施工方案、技术措施等作为投标报价计算的基本条件。企业定额反映企业技术和管理水平，是计算人工、材料和机械台班消耗量的基本依据；更要充分利用现场考察，调研成果，市场价格信息和行情资料等编制基础标价。

（6）报价计算方法要科学严谨，简明适用。

4.5.2 投标报价的编制步骤

投标报价的编制过程，应首先根据招标人提供的工程量清单编制分部分项工程量清单与计价表、措施项目计价表、其他项目计价表、规费、税金项目计价表等，计算完毕之后，汇总得到单位工程投标报价汇总表，再层层汇总，分别得出单项工程投标报价汇总表和工程项目投标总价汇总表，投标总价的组成如图 4-6 所示。在编制过程中，投标人应按招标人提供的工程量清单填报价格。填写的项目编码、项目名称、项目特征、计量单位、工程量必须与招标人提供的一致。

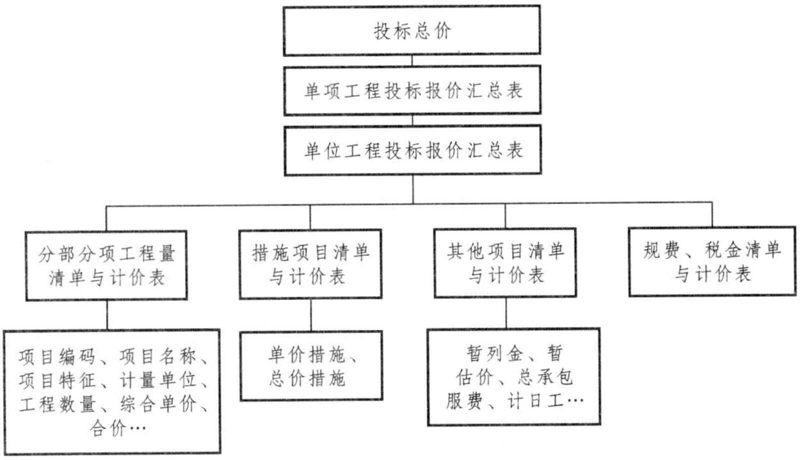

图 4-6　投标报价的构成

4.5.3　投标报价的编制内容

1. 复核工程量

工程招标文件中提供了招标工程量清单，其工程量是不能修改的，但是投标人需要对工程量进行复核以确定投标报价策略，特别是运用不平衡报价法的策略投标。复核工程量需要以招标文件提供的设计图纸为基础，根据相应的计算规范开展工作。

2. 确定综合单价

承包人投标价中的分部分项工程费和以单价计算的措施项目费应按招标文件中分部分项工程和单价措施项目清单与计价表的特征描述确定综合单价计算。因此，确定综合单价是分部分项工程和单价措施项目清单与计价表编制过程中最主要的内容。综合单价包括完成一个规定清单项目所需的人工费、材料和工程设备费、施工机具使用费、企业管理费、利润，并考虑风险费用的分摊。

在计算综合单价的过程中需要注意：

（1）以项目特征描述为依据。项目特征是确定综合单价的重要依据之一，投标人投标报价时应依据招标文件中清单项目的特征描述确定综合单价。在招标投标过程中，当出现招标工程量清单特征描述与设计图纸不符时，投标人应以招标工程量清单的项目特征描述为准，确定投标报价的综合单价。当施工中施工图纸或设计变更与招标工程量清单项目特征描述不一致时，发承包双方应按实际施工的项目特征，依据合同约定重新确定综合单价。

（2）考虑合理的风险。招标文件中要求投标人承担的风险费用，投标人应考虑将其列入综合单价。在施工过程中，当出现的风险内容及其范围（幅度）在招标文件规定的范围（幅度）内时，综合单价不得变动，合同价款不作调整。

确定综合单价后，需要进行“分部分项工程量清单计价表（见表 4-4）”和“工程量清单综合单价分析表（见表 4-5）”的编制。为表明综合单价的合理性，投标人应对其进行单价分析，以作为评标时的判断依据。综合单价分析表的编制应反映上述综合单价的编制过程，并按照规定的格式进行。

表 4-4 分部分项工程量清单计价表

工程名称：×××【建筑与装饰工程】　　　标段：×标段　　　　第 1 页　共×页

<table>
<tr><th rowspan="3">序号</th><th rowspan="3">项目编码</th><th rowspan="3">项目名称</th><th rowspan="3">项目特征描述</th><th rowspan="3">计量单位</th><th rowspan="3">工程数量</th><th colspan="4">金额</th></tr>
<tr><th rowspan="2">综合单价</th><th rowspan="2">合价</th><th colspan="2">其中</th></tr>
<tr><th>定额人工费</th><th>暂估价</th></tr>
<tr><td></td><td></td><td></td><td></td><td></td><td></td><td></td><td></td><td></td><td></td></tr>
<tr><td></td><td></td><td></td><td></td><td></td><td></td><td></td><td></td><td></td><td></td></tr>
<tr><td></td><td></td><td></td><td></td><td></td><td></td><td></td><td></td><td></td><td></td></tr>
<tr><td></td><td></td><td></td><td></td><td></td><td></td><td></td><td></td><td></td><td></td></tr>
<tr><td></td><td></td><td></td><td></td><td></td><td></td><td></td><td></td><td></td><td></td></tr>
<tr><td></td><td></td><td></td><td></td><td></td><td></td><td></td><td></td><td></td><td></td></tr>
<tr><td></td><td></td><td></td><td></td><td></td><td></td><td></td><td></td><td></td><td></td></tr>
</table>

表 4-5 工程量清单综合单价分析表

工程名称：×××【建筑与装饰工程】　　　　　　　　第 1 页　共×页

<table>
<tr><td colspan="2">清单项目编码</td><td colspan="2"></td><td>清单项目名称</td><td colspan="6"></td><td colspan="2">清单计量单位</td><td>根</td></tr>
<tr><td colspan="14">清单综合单价组成明细</td></tr>
<tr><td rowspan="2">定额编号</td><td rowspan="2">定额项目名称</td><td rowspan="2">定额单位</td><td rowspan="2">数量</td><td colspan="5">单价（元）</td><td colspan="5">合价（元）</td></tr>
<tr><td>定额人工费</td><td>人工费</td><td>材料费</td><td>机械费</td><td>综合费</td><td>定额人工费</td><td>人工费</td><td>材料费</td><td>机械费</td><td>综合费</td></tr>
<tr><td></td><td></td><td></td><td></td><td></td><td></td><td></td><td></td><td></td><td></td><td></td><td></td><td></td><td></td></tr>
<tr><td></td><td></td><td></td><td></td><td></td><td></td><td></td><td></td><td></td><td></td><td></td><td></td><td></td><td></td></tr>
<tr><td colspan="9">小　　计</td><td></td><td></td><td></td><td></td><td></td></tr>
<tr><td colspan="10">未计价材料（设备）费（元）</td><td colspan="4"></td></tr>
<tr><td colspan="10">清单项目综合单价（元）</td><td colspan="4"></td></tr>
<tr><td rowspan="6">材料设备费明细</td><td colspan="5">材料名称、规格、型号</td><td>单位</td><td>数量</td><td>单价（元）</td><td colspan="2">合价（元）</td><td>暂估单价（元）</td><td colspan="2">暂估合价（元）</td></tr>
<tr><td colspan="5"></td><td></td><td></td><td></td><td colspan="2"></td><td></td><td colspan="2"></td></tr>
<tr><td colspan="5"></td><td></td><td></td><td></td><td colspan="2"></td><td></td><td colspan="2"></td></tr>
<tr><td colspan="5"></td><td></td><td></td><td></td><td colspan="2"></td><td></td><td colspan="2"></td></tr>
<tr><td colspan="5">其他材料费</td><td></td><td></td><td></td><td colspan="2"></td><td></td><td colspan="2"></td></tr>
<tr><td colspan="5">材料费小计</td><td></td><td></td><td></td><td colspan="2"></td><td></td><td colspan="2"></td></tr>
</table>

3. 计算合价，编制分部分项工程量清单计价表

根据综合单价与工程数量，计算合价，编制分部分项工程量清单计价表，如表 4-4 所示。分部分项工程量清单计价表是整个投标报价文件的核心。

4. 措施项目清单计价表的编制

措施项目是指为了完成工程施工，发生于该工程施工前和施工过程中的非工程实体项目，主要包括技术、生活、安全等方面的工作内容。

可以精确计量的措施项目，如混凝土模板、脚手架等项目，其编制格式同分部分项工程量清单与计价表，同样需要计算综合单价，和工程数量一起组成合价。

不能精确计量的措施项目，应编制总价措施项目清单与计价表（见表 4-6）。投标人对措施项目中的总价项目投标报价应遵循以下原则。

（1）措施项目的内容应依据招标人提供的措施项目清单和投标人投标时拟定的施工组织设计或施工方案。

（2）措施项目费由投标人自主确定，但其中安全文明施工费必须按照国家或省级、行业建设主管部门的规定计价，不得作为竞争性费用。招标人不得要求投标人对该项费用进行优惠，投标人也不得将该项费用参与市场竞争。

表 4-6　总价措施项目清单计价表

工程名称：×××【建筑与装饰工程】

序号	项目编码	项目名称	计算基础	费率（%）	金额（元）	调整费率（%）	调整后金额（元）	备注
1		安全文明施工						
1.1	①	环境保护						
1.2	②	文明施工						
1.3	③	安全施工						
1.4	④	临时设施						
2		夜间施工						
3		非夜间施工照明						
4		二次搬运						
5		冬雨季施工						
6		临时保护设施费						
7		已完工程及设备保护						

5. 其他项目清单与计价表的编制

在施工过程中可能发生一些难以预料的变化，招标人按估算的方式将这些费用以其他项目费的形式列出，由投标人按照招标文件的要求进行报价。其他项目费主要包括暂列金额、暂估价、计日工以及总承包服务费。其他项目清单与计价汇总表见表 4-7。

表 4-7　其他项目清单与计价汇总表

工程名称：×××【建筑与装饰工程】

序号	项目名称	金额（元）	结算金额（元）	备注
1	暂列金额			
2	暂估价			
2.1	材料（工程设备）暂估价/结算价			
2.2	专业工程暂估价/结算价			
3	计日工			
4	总承包服务费			
合　计				

6. 规费、税金项目清单与计价表的编制

规费和税金应按国家或省级、行业建设主管部门的规定计算，不得作为竞争性费用。这是由于规费和税金的计取标准是依据有关法律、法规和政策规定制定的，具有强制性。因此，投标人在投标报价时必须按照国家或省级、行业建设主管部门的有关规定计算规费和税金。规费、税金项目清单与计价表的编制见表 4-8。

表 4-8　规费、税金项目计价表

工程名称：×××【建筑与装饰工程】

序号	项目名称	计算基础	计算基数	计算费率（%）	金额（元）
1	规费				
1.1	社会保险费				
（1）	养老保险费				
（2）	失业保险费				
（3）	医疗保险费				
（4）	工伤保险费				
（5）	生育保险费				
1.2	住房公积金				
1.3	工程排污费				
2	销项增值税额				
合　计					

7. 投标总价的计算

完成以上内容后，投标人应着手计算投标总价，进而编制单位工程汇总表和单项工程汇总表。

分部分项工程费 = Σ分部分项工程量×分部分项工程综合单价

措施项目费 = Σ措施项目工程量×措施项目综合单价

单位工程投标报价 = 分部分项工程费 + 措施项目费 + 其他项目费 + 规费 + 税金

单项工程投标报价 = Σ单位工程报价

投标总价 = Σ单项工程报价

【真题链接】某承包商经研究决定参与某工程投标。经造价工程师估价，该工程估算成本为 1 500 万元，其中材料费占 60%。经研究有高、中、低三个报价方案，其利润率分别为 10%、7%、4%，根据过去类似工程的投标经验，相应的中标概率分别为 0.3、0.6、0.9。编制投标文件的费用为 5 万元。该工程业主在招标文件中明确规定采用固定总价合同。据估计，在施工过程中材料费可能平均上涨 3%，其发生概率为 0.4。

【问题】该承包商应按哪个方案投标？相应的不含税报价为多少？

【分析要点】本案例虽然仍是考核决策树方法的运用，但与本项目案例 4-1 的前提条件和要求不同。本案例要求在热练掌握决策树绘制的前提下，能正确计算得出类似于表 4-9 中的各项数据（解题时亦可不列表）。由于采用固定总价合同，故材料涨价将导致报价中的利润减少，且各方案利润减少额度和发生概率相同，从而使承包后的效果有好（材料不涨价）和差（材料涨价）两种。

表 4-9　方案评价参数汇总表

方案	效果	概率	利润（万元）
高标	好	0.6	150
	差	0.4	123
中标	好	0.6	105
	差	0.4	78
低标	好	0.6	60
	差	0.4	33

在解题中还需注意以下问题：

（1）题目中给定条件是“承包商经研究决定参与某工程投标”，故不考虑“不投标”方案，否则画蛇添足。

（2）估价与报价的区别。报价属决策，一般是在保本（估算成本）的基础上加上适当的利润。

（3）期望利润与实际报价中利润的区别。期望利润是综合考虑各投标方案中标概率和不中标概率所可能实现的利润，其数值大小是决策的依据，但其并不是决策方案实际报价中的利润。因此，决策方案报价应以估算成本加上相应投标方案的计算利润，而不是估算成本加期望利润。

另外需要说明的是，材料涨价幅度有多种可能性，各种可能性的发生概率不尽相同，本题是从解题的角度加以简化了，可以理解为平均涨价幅度和平均发生概率（不是算术平均值，而是从期望值考虑的平均值）。作为造价工程师，应具有将实践中复杂问题加以抽象和简化的能力。

【答案解析】

（1）计算各投标方案的利润。

① 投高标材料不涨价时的利润：$1\,500 \times 10\% = 150$ 万元

② 投高标材料涨价时的利润：$150 - 1\,500 \times 60\% \times 3\% = 123$ 万元

③ 投中标材料不涨价时的利润：$1\,500 \times 7\% = 105$ 万元

④ 投中标材料涨价时的利润：$105 - 1\,500 \times 60\% \times 3\% = 78$ 万元

⑤ 投低标材料不涨价时的利润：$1\,500 \times 4\% = 60$ 万元

⑥ 投低标材料涨价时的利润：$60 - 1\,500 \times 60\% \times 3\% = 33$ 万元

[注：亦可先计算因材料涨价而增加的成本额度（$1\,500 \times 60\% \times 3\% = 27$ 万元），再分别从高、中、低三个报价方案的预期利润中扣除。]

将以上计算结果列于表 4-9。

（2）画出决策树，标明各方案的概率和利润，如图 4-7 所示。

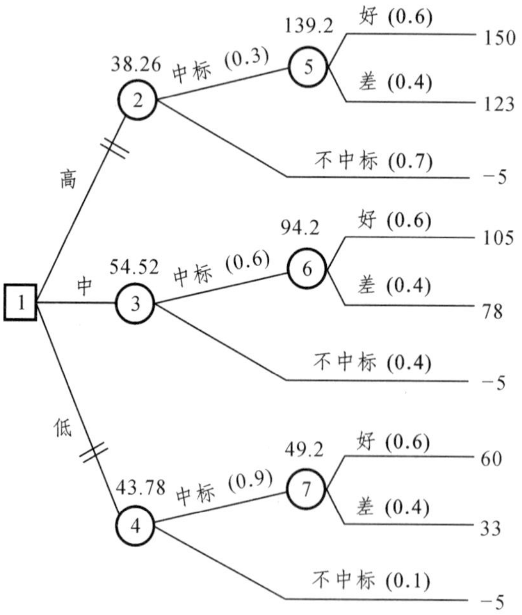

图 4-7　决策树

（3）计算图 4-4 中各机会点的期望值（将计算结果标在各机会点上方）。

点⑤：$150 \times 0.6 + 123 \times 0.4 = 139.2$ 万元

点②：$139.2 \times 0.3 - 5 \times 0.7 = 38.26$ 万元

点⑥：$105 \times 0.6 + 78 \times 0.4 = 94.2$ 万元

点③：$94.2 \times 0.6 - 5 \times 0.4 = 54.52$ 万元

点⑦：$60 \times 0.6 + 33 \times 0.4 = 49.2$ 万元

点④：$49.2 \times 0.9 - 5 \times 0.1 = 43.78$ 万元

（4）决策。

因为点③的期望利润最大，故应投中标。

相应的不含税报价为 1 500 ×（1 + 7%）= 1 605 万元

复习思考题

一、选择题

1. 按照《招投标法》的规定，投标人是指响应招标活动，编制投标文件参加投标竞争的法人或者其他组织。投标人应具备的条件不包括（　　）。

A. 投标人应具备承担招标项目的能力

B. 投标人应当具备编制投标文件的能力

C. 投标人应当具备提供投标保证金的能力

D. 投标人应当具备组织招标、评标的能力

2. 投标人撤回已提交的投标文件，应当在投标截止时间前书面通知招标人。招标人已收取投标保证金的，应当自收到投标人书面撤回通知之日起（　　）内退还。

A. 3 日　　B. 5 日　　C. 7 日　　D. 10 日

3. 投标有效期是指招标人对投标人发出的要约作出承诺的期限。投标有效期从（　　）起计算。

A. 提交投标文件截止日　　B. 发布招标公或发出投标邀请书之日

C. 购买招标文件之日　　D. 发出中标通知书之日

4. 联合体投标，是指两个以上法人或者其他组织组成一个联合体，以一个投标人的身份共同投标的行为。在投保人资格审查中，联合体投标的，以联合体中的（　　）为准。

A. 最高资质　　B. 平均资质

C. 最低资质　　D. 任意企业的

5. 在总价基本确定的前提下，如何调整内部各个子项的报价，以期既不影响总报价，又在中标后，投标人可尽早收回垫支于工程中的资金和获取较好的经济效益。这样的投标报价策略叫作（　　）。

A. 不平衡报价法　　B. 突然降价法

C. 报高价法　　D. 决策树法

二、简答题

1. 简述投标和投标人的概念。

2. 简述联合体投标与单一投标人投标的区别。

3. 简述投标的工作内容。

4. 简述投标文件的组成部分。

5. 简述投标报价的编制步骤。

三、实 训

1. 实训目的：熟悉投标活动中表格的正确填报方法。

2. 实训步骤：

（1）团队训练，完成团队组建。

（2）每一团队完成一份文中表格的填写，包括“投标保证金（银行）保函”“投标函”“招投标活动排程”等，学生互评。

（3）提交给授课教师审核点评。

项目5 建设工程开标、评标与定标

案例导入

某市跨江大桥工程由政府投资建设，该项目为地方重点工程，可行性研究报告已获批准，核准的施工总承包招标方式为公开招标。该项目初步设计图样正在审查中。为使大桥能尽早投入使用，项目法人决定立即启动招标程序。先以初步设计图样为基础进行公开招标。

项目法人直接委托了一家招标公司承担该项目的招标工作。招标公司向项目法人建议：

（1）由于本项目采用的技术为国际先进水平，国内具有相应施工技术能力的企业不超过5家，建议直接改用邀请招标。

（2）由于初步设计图样深度不够，为帮助项目法人控制工程投资，建议将部分价值较大的专业工程以暂估价形式包括在总承包范围内，待条件具备时，由项目法人主持定价，直接指定分包人。

（3）由于项目施工技术难度较高，建议评标方法采用综合评估法。

同时，该建设行政主管部门认定该项目为重点工程，项目法人不能直接委托招标代理机构，而应由其指定该市某招标中心代理招标。

提出问题

1. 本项目是否具备工程施工总承包招标条件，为什么？

2. 招标公司的三条建议是否妥当，为什么？

3. 项目法人直接委托招标公司是否存在问题？该市建设行政主管部门是否可以指定该市某招标中心为招标代理机构？分别说明理由。

分析问题

1. 本项目不具备工程施工总承包招标条件。理由：项目初步设计图样没有审查批准。

2. 招标公司的第（1）条建议不妥当。理由：该项目为地方重点工程。招标公司的第（2）条建议不妥当。理由：专业工程暂估价应按中标价或发包人、承包人与分包人最终确认价计算。招标公司的第（3）条建议妥当。理由：综合评估法适用于技术复杂或技术规格、性能、制作工艺要求难以统一的货物。

3. 项目法人直接委托招标公司不存在问题。理由：项目法人与招标代理机构是一种委托与被委托的关系。

该市建设行政主管部门不可以指定该市某招标中心为招标代理机构。理由：建设行政主管部门只是对招标投标活动进行监督。

项目导学

微课："建设工程开标、评标与定标"导学

1. 学习内容

建设工程开标工作步骤，包括开标、评标和定标的程序和工作内容。

2. 知识目标

掌握《中华人民共和国招标投标法》的有关规定，熟悉评标办法。

3. 能力目标

能够按照建设工程项目开标、评标和定标工作流程展开工作。

4. 素养目标

引导学生树立"法治观念"，培养学生"学法、知法、守法、护法"的法治意识，使学生能够"公平、公正"做事、"诚实守信"做人。

法条链接

（节选自《中华人民共和国招标投标法》）

第三十四条　开标应当在招标文件确定的提交投标文件截止时间的同一时间公开进行；开标地点应当为招标文件中预先确定的地点。

第三十五条　开标由招标人主持，邀请所有投标人参加。

第三十六条　开标时，由投标人或者其推选的代表检查投标文件的密封情况，也可以由招标人委托的公证机构检查并公证；经确认无误后，由工作人员当众拆封，宣读投标人名称、投标价格和投标文件的其他主要内容。招标人在招标文件要求提交投标文件的截止时间前收到的所有投标文件，开标时都应当当众予以拆封、宣读。开标过程应当记录，并存档备查。

第三十七条　评标由招标人依法组建的评标委员会负责。依法必须进行招标的项目，其评标委员会由招标人的代表和有关技术、经济等方面的专家组成，成员人数为五人以上单数，其中技术、经济等方面的专家不得少于成员总数的三分之二。专家应当从事相关领域工作满八年并具有高级职称或者具有同等专业水平，由招标人从国务院有关部门或者省、自治区、直辖市人民政府有关部门提供的专家名册或者招标代理机构的专家库内的相关专业的专家名单中确定；一般招标项目可以采取随机抽取方式，特殊招标项目可以由招标人直接确定。与投标人有利害关系的人不得进入相关项目的评标委员会；已经进入的应当更换。评标委员会成员的名单在中标结果确定前应当保密。

5.1 开　标

5.1.1 开标前的准备工作

5.1.1.1 接收投标文件

招标人收到投标文件后应当签收，并在招标文件规定开标时间前不得开启。同时为了保护投标人的合法权益，招标人必须履行完备规范的签收手续。签收人要记录投标文件递交的日期和地点以及密封状况，签收人签名后应将所有递交的投标文件妥善保存。

5.1.1.2 组建评标委员会

1. 评标委员会

评标委员会成员名单一般应于开标前确定。评标委员会成员名单在中标结果确定前应当保密。评标委员会由招标人或其委托的招标代理机构熟悉相关业务的代表，以及有关技术、经济等方面的专家组成，成员人数为五人以上单数，其中技术、经济等方面的专家不得少于成员总数的三分之二。

评标委员会的专家成员应当从依法组建的专家库，采取随机抽取或者直接确定的方式确定评标专家。一般项目，可以采取随机抽取的方式；技术复杂、专业性强或者国家有特殊要求的招标项目，采取随机抽取方式确定的专家难以保证胜任的，可以由招标人直接确定。

2. 评标专家应满足的条件

评标专家应从事相关专业领域工作满八年并具有高级职称或同等专业水平，并且熟悉有关招标投标的法律法规，具有与招标项目相关的实践经验，能够认真、公正、诚实、廉洁地履行职责。

3. 专家回避

评标委员会成员有下列情形之一的。应当回避：

（1）投标人或者投标人主要负责人的近亲属；

（2）项目主管部门或者行政监督部门的人员；

（3）与投标人有经济利益关系，可能影响对投标公正评审的；

（4）曾因在招标、评标以及其他与招标投标有关活动中从事违法行为而受过行政处罚或刑事处罚的。

5.1.2 开　标

5.1.2.1 开标地点

招标人及其招标代理机构应按招标文件规定的时间、地点主持开标，邀请所有投标人的法定代表人或其委托的代理人参加。

5.1.2.2 开标程序

主持人按下列程序进行开标：

（1）宣布开标纪律；

（2）公布在投标截止时间前递交投标文件的投标人名称，并点名确认投标人是否派人到场；

（3）宣布开标人、唱标人、记录人、公证人等有关人员姓名；

（4）检查投标文件的密封情况；

（5）确定并宣布投标文件开标顺序；

（6）设有标底的，公布标底；

（7）按照宣布的开标顺序当众开标，公布投标人名称、标段名称、投标保证金的递交情况、投标报价、质量目标、工期及其他内容，并记录在案；

（8）投标人代表、招标人代表、公证人、记录人等有关人员在开标记录上签字确认；

（9）开标结束。

招标人应在招标公告中规定开标程序及投标文件密封情况，检查和确定开标顺序的具体做法。开标时，由投标人或者其推选的代表检查投标文件的密封情况，也可以由招标人委托的公证机构检查并公证等；可以按照投标文件递交的先后顺序开标，也可以采用其他方式确定开标顺序。

【案例链接 1】某项目开标会议

1. 开标会议准备工作

开标会议参与人员由招标人代表、招标代理组长、代理组员、建设工程交易中心监督人员、项目经办人、纪委监督人员（如有）、行政主管部门监督人员（如有）等组成。

1）评委抽取工作

（1）招标人（招标代理人员）确定招标项目所需评标专家的专业、数量等条件后在开标前（含预约抽取）随机抽取评委。

（2）招标人代表、代理组长、中心监督人员、项目经办人、纪委监督人员（如有）、行政主管部门监督人员（如有）在评委抽取单上签字。

（3）招标代理机构工作人员将签好字的密封评委抽取单送至交易中心处。

（4）待评委到齐，交易服务中心经办人携带评委抽取单至评委休息室让评标委员签字，同时请评委将通信工具关闭并上缴，交易服务中心经办人将评委带至评标室门口，评委进入评标室准备评标［评标室除中心监督人员、项目经办人、评委、纪委监督人员（如有）、行政主管部门监督人员（如有）］，不允许其他人员进入，进入评标室的所有人员必须关闭通信设备并统一保管。

2）招标代理机构的准备工作

招标代理机构工作人员应在开标前半小时入场，并做好以下准备工作：

（1）负责做好法定代表人（如有）、法人授权委托人、项目经理的签到工作，并收缴表明其个人身份的有效证件（如第二代身份证）；

（2）负责接收各投标人的投标文件，记录送达投标文件的份数和时间，并由投标人签字确认；

（3）负责做好资格审查资料的签收；

（4）负责做好参加开标会议人员的签到工作；

（5）负责做好保证金凭证的换取工作。

注：招标代理机构至少三个人到现场，组长负责主持，其中一个人负责协调，一个人负责管理投标人员现场进出，代理公司工作人员必须挂牌上岗。

2. 开标会议程序

（1）参加开标会议的人员签名报到，表明与会人员已到会。

（2）会议主持人宣布开标会议开始，宣读招标人法定代表人资格证明或招标人代表的授权委托书，介绍参加会议的单位和人员名单，宣布唱标人员、记录人员名单。唱标人员一般由招标人的工作人员担任，也可以由招标投标管理机构的人员担任。记录人员一般由招标人或其代理人的工作人员担任。

（3）介绍工程项目有关情况，请投标人或其推选的代表检查投标文件的密封情况，并签字予以确认。也可以请招标人自愿委托的公证机构检查并公证。

（4）由招标人代表当众宣布评标定标办法。

（5）由招标人或招标投标管理机构的人员核查由投标人提交的投标文件和有关证件、资料，检视其密封、标志、签署等情况。经确认无误后，当众启封投标文件，宣布核查检视结果。

（6）由唱标人员进行唱标。唱标是指公布投标文件的主要内容，当众宣读投标文件的投标人名称、投标报价、工期、质量、主要材料用量、投标保证金、优惠条件等主要内容。唱标顺序按各投标人报送投标文件时间先后的顺序进行。

（7）由招标投标管理机构当众宣布审定后的标底。

（8）由投标人的法定代表人或其委托代理人核对开标会议记录，并签字确认开标结果。开标会议的记录人员应在现场做开标会议记录，将开标会议的全过程和主要情况，特别是投标人参加会议的情况、对投标文件的核查检视结果、开启并宣读的投标文件和标底的主要内容等，当场记录在案，并请投标人的法定代表人或其委托代理人核对无误后签字确认。开标会议记录应存档备查，投标人在开标会议记录上签字后，即退出会场。

至此，开标会议结束，转入评标阶段。

其中，有下列情况之一的投标文件，招标人（招标代理机构）应当拒绝接收：

（1）在招标文件要求提交投标文件的截止时间后送达的；

（2）未按招标文件要求密封的；

（3）投标人（法人或授权委托人）、项目经理未准时参加开标会议的；

（4）不符合法律法规和招标文件规定的其他情形的。

【案例链接 2】建设工程电子化招标开标流程

主持人（代理组长）：投标文件接收截止时间已到，现在停止接收新的投标文件。我是________，下面我宣布________开标会议开始。请大家遵守开标会议纪律，会议期间请关闭通信工具或将其调至振动状态，请勿接听电话影响会场秩序；请在固定位置就座，不得在场内随意走动；投标人代表如有疑问请举手示意，请不要随意发言或相互交谈，如有质疑、投诉，可会后向招标人或有关监管部门提出书面质疑、投诉或举报；开标会议结束后，有关人员（不是授权委托人的项目负责人等）方可退场。谢谢!

第 1 步　公布投标单位名单。

现在公布_____工程投标单位名单。投标截止时间前递交投标文件的投标单位有_____家。

第 2 步　核查法定代表人身份（如要求法人到场）。

下面按投标签到顺序，请报到企业名字的法定代表人上前由招标人和交易管理中心监督人员进行现场核实，核实无误后返还其身份证。

注：核实完毕后，有授权委托人且不是项目负责人的法定代表人可以先离场，不离场的法定代表人请等到开标结束后离场。

第 3 步　检查密封情况。

下面检查投标文件的密封性，请第一个签到投标企业法定代表人或法人授权委托人上前对投标企业投标文件密封情况进行检查。检查如有异议，请举手示意并当场提出，否则视为密封完好。第一个签到投标企业的投标文件密封情况由甲方代表检查，检查如有异议，请举手示意并当场提出，否则视为密封完好。检查如无异议，请检查密封情况的相关人员在开标结束后在开标记录上签字确认。

注：对检查未通过的将拒绝并原封退回其投标文件。

刚才经过投标人代表、甲方代表共同检查，一致认为各投标文件的密封性符合招标文件的要求，密封合格，其他投标人如有意愿也可以到台前检查投标文件的密封性，如没有异议，我们进行下一步。

注：问下投标单位有无异议。

第 4 步　解密。

下面按照网上报名先后顺序请投标单位携带 CA 密钥进行电子投标文件解密；第一家：（投标单位名称），请上前解密；第二家：（投标单位名称），请上前解密；第三家：（投标单位名称），请上前解密；……解密成功。

投标单位投标文件解密结束，下面由招标代理用 CA 密钥进行电子投标文件二次解密。

第 5 步　投标文件导入。

现在进行投标文件导入。请中心监督人员将解密后的所有投标文件批量导入。

第 6 步　公布诚信分（如使用三合一综合评标法）。

下面公布各投标单位的诚信分，请各投标单位核实，如有异议，请当场提出。

第 7 步　打印开标记录。

请中心监督人员打印开标记录表。

第 8 步　唱标。

下面按照网上报名先后顺序，请报到企业名字的法定代表人或法人授权委托人、项目经理上前由招标人和交易管理中心监督人员进行现场核实，核实无误后返还项目经理身份证，并由法人授权委托人唱标。唱标内容包括：投标人单位名称、投标价格、项目负责人、工期、质量和其他认为有必要的内容（投标价格报两遍）。请项目经理在身份核实完毕后在开标记录上签字，授权委托人唱标后在开标记录上签字。

第 9 步　抽取系数。

唱标结束，下面请招标人代表抽取相关系数。

……系数抽取结束（有关系数再报一遍），请招标人代表在系数抽取记录单上签字确认。

开标会到此结束，下面进入评审阶段，请所有投标人在会议室等候评审结果，不是授权委托人的项目负责人可先行退场。等待期间请所有投标人代表必须服从监督人员及现场工作人员的管理，自觉遵守各项管理规定，不得以任何方式与招标人、评委、监督人员及现场工作人员私下接触；评标期间，评委会认为有必要对投标文件进行澄清的，由工作人员通知相关投标人，投标人、法定代表人或授权代表人可进入评标室予以澄清。

注：代理公司相关工作人员将资格审查文件和标书送达评标室评审。待评标结束后，代理公司相关工作人员在评委评标结束后进入评标区发放评审费及汇总相关材料。

5.2 评　标

法条链接

（节选自《中华人民共和国招标投标法》）

第四十一条　中标人的投标应当符合下列条件之一：

（一）能够最大限度地满足招标文件中规定的各项综合评价标准；

（二）能够满足招标文件的实质性要求，并且经评审的投标价格最低；但是投标价格低于成本的除外。

第四十二条　评标委员会经评审，认为所有投标都不符合招标文件要求的，可以否决所有投标。依法必须进行招标的项目的所有投标被否决的，招标人应当依照本法重新招标。

第四十三条　在确定中标人前，招标人不得与投标人就投标价格、投标方案等实质性内容进行谈判。

第四十四条　评标委员会成员应当客观、公正地履行职务，遵守职业道德，对所出的评审意见承担个人责任。标委员会成员不得私下接触投标人，不得收受投标人的财物或者其他好处。标委员会成员和参与评标的有关工作人员不得透露对投标文件的评审和比较、中标候选人的推荐情况以及与评标有关的其他情况。

评标由招标人组建的评标委员会按照招标文件中明确的评标定标方法进行。

5.2.1 评标标准

1. 投标文件的符合性鉴定

评标委员会应对投标文件进行符合性鉴定，核查投标文件是否按照招标文件的规定和要求编制、签署；投标文件是否实质上响应招标文件的要求。所谓实质上响应招标文件的要求，就是其投标文件应该与招标文件的所有条款、条件和规定相符，无显著差异或保留。显著差异或保留是指对工程的发包范围、质量标准、工期、计价标准、合同条件及权利义务产生实质性影响；如果投标文件实质上不响应招标文件的要求或不符合招标文件的要求，将被确定为无效标。

2. 商务标评审

评标委员会将对确定为实质上响应招标文件要求的投标进行投标报价评审，审查其投标报价是否按招标文件要求的计价依据进行报价；其报价是否合理、是否低于工程成本；并对具有投标报价的工程清单表中的单价和合价进行校核。

如有计算或累计上的算术错误，按修正错误的方法调整投标报价；经投标人代表确认同意后，调整后的投标报价对投标人起约束作用。如果投标人不接受修正后的投标报价，则其投标将被拒绝。

3. 技术标评审

对投标人的技术评审应从以下方面进行：投标人的施工方案、施工进度计划安排是否合理及投标人的施工能力和主要人员的施工经验、设备状况等情况。其内容应包括：施工方案或施工组织设计、施工进度计划的合理性，施工技术管理人员和施工机械设备的配备，劳力、材料计划、材料来源、临时用地、临时设施布置是否合理可行，投标人的综合施工技术能力，以往履约、业绩和分包情况等。

4. 综合评审

评标委员会将对确定为实质上响应招标文件要求的投标文件进行评审。如果投标文件实质上不响应招标文件的要求，招标人将予以拒绝，且不允许投标人通过修正或撤销其不符合要求的差异或保留，使其成为具有响应性的投标。

评标应按招标文件规定的评标定标方法，对投标人的报价、工期、质量、主要材料用量、施工方案或组织设计、以往业绩、社会信誉、优惠条件等方面进行评审。

5. 投标文件的澄清、答疑

必要时，为有助于投标文件的审查、评价和比较，评标委员会将要求投标人澄清其投标文件或答疑。投标文件的答辩一般召开答辩会，分别对投标人进行答辩，先以口头形式询问并解答，随后在规定的时间内投标人以书面形式予以确认，澄清或答辩问题的答复作为投标文件的组成部分。但澄清的问题不应寻求、提出或允许更改投标价格或投标的实质性内容。

6. **编写评标报告**

评标委员会按照招标文件中规定的评标定标方法完成评标后，编写评标报告，向招标人推选中标候选人或确定中标人。评标报告中应阐明评标委员会对各投标人的投标文件的评审和比较意见。评标报告应包括以下内容：评标定标方法，对投标人的资格审查情况，投标文件的符合性鉴定情况，投标报价审核情况，对商务标和技术标的评审、分析、论证及评估情况、投标文件问题的澄清（如有时），中标候选人推荐或结果情况。

较为规范化的评标报告通常由五个部分组成。推荐的评标报告提要为如下形式：招标过程、开标过程、评标过程、具体评审和推荐意见、附件。

5.2.2 评标方法

按照有关建设法规的要求，评标委员会确定中标人或者推荐中标候选人排序，应当采用综合评标法或者经评审的最低投标价法。

1. **综合评标法**

综合评标法是指评标委员会对满足招标文件实质性要求的投标文件，按照招标文件中规定的评分标准进行打分，并按得分由高到低顺序推荐中标候选人，或根据招标人授权直接确定中标人，但投标报价低于其成本的除外。综合评分相等时，以投标报价低的优先；投标报价也相等的，由招标人或者经招标人授权评标委员会自行确定。

1）初步评审标准

综合评标法下的初步评审标准包括：形式评审标准、资格评审标准和响应性评审标准三个方面。

（1）形式评审标准。主要的评审内容包括：投标人名称与营业执照、资质证书是否一致，投标函是否有法定代表人或其委托代理人签字并加盖单位章，投标文件格式是否符合规定要求，联合体投标人是否提交了联合体协议书并明确了联合体牵头人，报价是否唯一。

（2）资格评审标准。主要的评审内容包括：营业执照、资质等级、财务状况、类似项目业绩、信誉、项目经理、设计负责人、施工负责人、施工机械设备、项目管理机构及人员、联合体投标人等各个方面是否符合投标人须知的规定。

（3）响应性评审标准。主要的评审内容包括：投标报价、投标内容、工期、质量标准、投标有效期、投标保证金、权利义务、承包人建议等各个方面是否符合招标文件的规定。

2）详细评审

综合评标法的详细评审分别从承包人建议书、资信业绩、承包人实施方案、投标报价和其他评分因素等各个方面进行综合评定。

（1）承包人建议书评分标准。评分标准通常包括：图纸、工程详细说明、设备方案等。

（2）资信业绩评分标准。评分标准通常包括：信誉、类似项目业绩、项目经理业绩、设计负责人业绩、施工负责人业绩、其他主要人员业绩等因素。

（3）承包人实施方案评分标准。评分标准通常包括：总体实施方案、项目实施要点、项目管理要点等因素。

（4）投标报价评分标准。评分标准主要包括偏差率等。

2. 经评审的最低投标价法

经评审的最低投标价法是指评标委员会对满足招标文件实质要求的投标文件，根据招标文件规定的量化因素及标准进行价格折算，按照经评审的投标价由低到高的顺序推荐中标候选人，或根据招标人授权直接确定中标人，但投标报价低于其成本的除外。经评审的投标价相等时，投标报价低的优先；投标报价也相等的，由招标人或者招标人授权的评标委员会自行确定。

1）初步评审标准

经评审的最低投标价法的初步评审标准包括形式评审标准、资格评审标准、响应性评审标准、承包人建议书评审标准、承包人实施方案评审标准五个方面。其中形式评审标准、资格评审标准、响应性评审标准的内容与综合评估法基本相同。

（1）承包人建议书评审标准。主要的评审内容包括投标人在图纸、工程详细说明、设备方案等各个方面是否满足招标人的要求。

（2）承包人实施方案评审标准。主要的评审内容包括投标人在总体实施方案、项目实施要点、项目管理要点等各个方面是否满足招标人的要求。

2）详细评审标准

详细评审标准主要是将招标文件中确定需要考思的量化因素按照既定的量化标准进行折算，从而得到各标书经评审的投标价。按照《标准设计施工总承包招标文件》的规定，考虑的量化因素主要有付款条件，招标人可根据需要在招标文件中增列量化因素和量化标准。

5.2.3 评标结果

综合评标法下，除招标人授权评标委员会直接确定中标人外，评标委员会按照得分由高到低的顺序推荐中标候选人。

经评审的最低投标价法下，除招标人授权评标委员会直接确定中标人外，评标委员会按照经评审的价格由低到高的顺序推荐中标候选人。

评标委员会完成评标后，应当向招标人提交书面评标报告。

5.3 定 标

法条链接

（节选自《中华人民共和国招标投标法》）

第四十五条　中标人确定后，招标人应当向中标人发出中标通知书，并同时将中标结果通知所有未中标的投标人。中标通知书对招标人和中标人具有法律效力。中标通知书发出后，招标人改变中标结果的，或者中标人放弃中标项目的，应当依法承担法律责任。

第四十六条　招标人和中标人应当自中标通知书发出之日起三十日内，按照招标文件和中标人的投标文件订立书面合同。招标人和中标人不得再行订立背离合同实质性内容的其他协议。招标文件要求中标人提交履约保证金的，中标人应当提交。

第四十七条　依法必须进行招标的项目，招标人应当自确定中标人之日起十五日内，向有关行政监督部门提交招标投标情况的书面报告。

中标人应当按照合同约定履行义务，完成中标项目。中标人不得向他人转让中标项目，也不得将中标项目肢解后分别向他人转让。中标人按照合同约定或者经招标人同意，可以将中标项目的部分非主体、非关键性工作分包给他人完成。接受分包的人应当具备相应的资格条件，并不得再次分包。中标人应当就分包项目向招标人负责，接受分包的人就分包项目承担连带责任。

评标完成后，评标委员会应当向招标人提交书面评标报告和中标候选人名单。中标候选人应当不超过3个，并标明排序。招标人根据评标委员会提出的书面评标报告和推荐的中标候选人确定中标人，也可以授权评标委员会直接确定中标人。对于依法必须进行施工招标的工程，全部使用国有资金投资或者国有资金投资占控股或者主导地位的，招标人应当按照中标候选人的排序确定中标人。当确定中标的中标候选人放弃中标或者因不可抗力提出不能履行合同的，招标人可以依序确定其他中标候选人为中标人。

按照《中华人民共和国招标投标法》的规定，招标人确定中标人前不得与投标人就投标价格、投标方案等实质性内容进行谈判。但为了最终确定中标人，可以分别与评标委员会推荐的候选中标人就投标书中提及而又未明确说明的某些内容进行商谈，以便定标。商谈内容可能涉及落实施工方案中的某些细节、开工的条件和时间、评标报告中提到的质量保证体系等。

评标报告应当由评标委员会全体成员签字。对评标结果有不同意见的评标委员会成员应当以书面形式说明其不同意见和理由，评标报告应当注明不同意见。评标委员会成员拒绝在评标报告上签字又不书面说明其不同意见和理由的，视为同意评标结果。

依法必须进行招标的项目，招标人应当自收到评标报告之日起3日内公示中标候选人，公示期不得少于3日。投标人或者其他利害关系人对依法必须进行招标的项目的评标结果有异议的，应当在中标候选人公示期间提出。招标人应当自收到异议之日起3日内做出答复；做出答复前，应当暂停招标投标活动。

国有资金占控股或者主导地位的依法必须进行招标的项目，招标人应当确定排名第一的中标候选人为中标人。排名第一的中标候选人放弃中标、因不可抗力不能履行合同、不按照招标文件要求提交履约保证金，或者被查实存在影响中标结果的违法行为等情形，不符合中标条件的，招标人可以按照评标委员会提出的中标候选人名单排序依次确定其他中标候选人为中标人，也可以重新招标。

复习思考题

一、选择题

1. 开标应当在招标文件确定的提交投标文件截止时间的（　　）。

A. 当天公开　　B. 当天不公开

C. 同一时间公开　　D. 同一时间不公开

2. 根据《招标投标法》的有关规定，下列不符合开标程序的是（　　）。

A. 开标应当在招标文件确定的提交投标文件截止时间的同一时间公开进行

B. 开标地点应当为招标文件中预先确定的地点

C. 开标由招标人主持，邀请所有投标人参加

D. 开标由建设行政主管部门主持，邀请所有投标人参加

3. 根据《招标投标法》的有关规定，评标委员会由招标人的代表和有关技术、经济等方面的专家组成，成员人数为（　　）人以上单数。

A. 3　　B. 5　　C. 7　　D. 9

4. 根据《招标投标法》的规定，评标委员会由招标人的代表和有关技术、经济等方面的专家组成，其中技术、经济等方面的专家不得少于成员总数的（　　）。

A. 1/2　　B. 1/3　　C. 2/3　　D. 3/4

5. 根据《招标投标法》的规定，建设工程招投标评标方法有（　　）。

A. 比较最低投标价法　　B. 综合评标法

C. 综合比较法　　D. 总费用最低法

二、简答题

1. 简述建设工程开标流程。
2. 简述建设工程评标办法及其应用。
3. 简述评标委员会的组成及要求有哪些?
4. 简述评标报告的编制内容。

三、案例分析

【案例 1】某公路路基工程施工实施招标。招标全过程如下：

某公路路基工程具备招标条件，决定进行公开招标。招标人委托某招标代理机构 K 进行招标代理。招标方案由 K 招标代理机构编制，经招标人同意后实施。招标文件规定本项目采取公开招标、资格后审方式选择承包人，同时规定投标有效期为 90 日。2021 年 10 月 12 日下午 16:00 时整为投标截止时间，2021 年 10 月 14 日下午 14:00 时在某某会议室召开开标会议。

2021 年 9 月 15 日，K 招标代理机构在国家指定媒介平台上发布招标公告。招标公告内容如下：

（1）招标人的名称和地址；

（2）招标代理机构的名称和地址；

（3）招标项目的内容、规模及标段的划分情况；

（4）招标项目的实施地点和工期；

（5）对招标文件收取的费用。

2021 年 9 月 18 日，招标人开始出售招标文件。2021 年 9 月 22 日，有两家外省市的施工单位前来购买招标文件，被告知招标文件已停止出售。

截至 2021 年 10 月 12 日下午 16:00 即投标文件递交截止时间，共有 48 家投标单位提交了投标文件。在招标文件规定的时间进行开标，经招标人代表检查投标文件的密封情况后，由招标代理机构当众拆封，宣读投标人名称、投标价格、工期等内容，并由投标人代表对开标结果进行了签字确认。

随后，招标人依法组建的评标委员会对投标人的投标文件进行了评审，最后确定了 A、B、C 三家投标人分别为某合同段第一、第二、第三中标候选人。招标人于 2021 年 10 月 28 日向 A 投标人发出了中标通知书，A 中标人于当日确认收到中标通知书。此后，自 10 月 30 日至 11 月 30 日招标人又与 A 投标人就合同价格进行了多次谈判，于是 A 投标人将价格在正式报价的基础上下浮了 0.5%，最终双方于 12 月 3 日签订了书面合同。

问题：

（1）针对本工程，写出一个完整的招标程序。

（2）本案上述招投标程序有哪些不妥之处？为什么？

【案例 2】在某建筑工程施工公开招标中，有 A、B、C、D、E、F、G、H 等施工单位报名投标，经招标代理机构资格预审合格，但建设单位以 A 单位是外地单位为由不同意其参加投标。评标委员会由 5 人组成，其中当地建设行政主管部门的招投标管理办公室主任 1 人，建设单位代表 1 人，随机抽取的技术经济专家 3 人。

评标时发现，B 单位的投标报价明显低于其他单位报价且未能说明理由；D 单位投标报价大写金额小于小写金额；F 单位投标文件提供的施工方法为其自创，且未按原方案给出报价；H 单位投标文件中某分项工程的报价有个别漏项；其他单位投标文件均符合招标文件要求。

问题：

（1）A 单位是否有资格参加投标？为什么？

（2）评标委员会的组成是否不妥？

（3）B、D、F、H 四家单位的标书是否为有效标？

【案例 3】某重点工程项目计划于 2021 年 12 月 28 日开工，由于工程复杂，技术难度高，一般施工队伍难以胜任，业主自行决定采取邀请招标方式进行招标。于 2021 年 9 月 8 日向通过资格预审的 A、B、C、D、E 五家施工承包企业发出了投标邀请书。该五家企业均接受了邀请，并于规定时间 9 月 20－22 日购买了招标文件。招标文件中规定，10 月 18 日下午 16:00 时是招标文件规定的投标截止时间，11 月 10 日发出中标通知书。

在投标截止时间之前，A、B、D、E 四家企业提交了投标文件，但 C 企业于 10 月 18 日下午 17:00 时才送达，原因是中途堵车；10 月 21 日下午由当地招投标监督管理办公室主持进行了公开开标。

评标委员会由 7 人组成，其中当地招投标监督管理办公室 1 人，公证处 1 人，招标人 1

人，技术经济方面专家 4 人。评标时发现 E 企业投标文件虽无法定代表人签字和委托人授权书，但投标文件均已由项目经理签字并加盖了公章。评标委员会于 10 月 28 日提出了评标报告。B、A 企业分别综合得分第一、第二名。由于 B 企业投标报价高于 A 企业，11 月 10 日招标人向 A 企业发出了中标通知书，并于 12 月 12 日签订了书面合同。

问题：

（1）企业自行决定采取邀请招标方式的做法是否妥当？说明理由。

（2）C 企业和 E 企业投标文件是否有效？说明理由。

（3）请指出开标工作的不妥之处，说明理由。

项目 6　合同与法律法规

案例导入

甲建筑公司向乙、丙、丁、戊水泥厂发函，称："急需 X 等级水泥 500 t，每吨价格 350 元，货到付款。"乙水泥厂收到函件后立即回函："函收到，即日发出。"丙水泥厂收到函件后，未直接回函，但当即组织车队运输该等级水泥 500 t，给甲送过去。丁水泥厂收到函件后，立即回函："同意发货，款到即发。"戊水泥厂收到函件后，立即回函："同意发货，价格为 355 元/t。"

提出问题

请分析上述行为中，哪种行为是要约？乙、丙、丁、戊水泥厂的行为是否构成承诺？

分析问题

要回答上述问题，就需要了解要约和承诺的概念。

1. 要约是希望与他人订立合同的意思表示，该意思表示应当符合下列条件：

（1）内容具体确定；

（2）表明经受要约人承诺，要约人即受该意思表示约束。

2. 承诺是受要约人同意要约的意思表示。承诺应当以通知的方式作出；但是，根据交易习惯或者要约表明可以通过行为作出承诺的除外。

3. 根据以上概念可以得出分析：

（1）甲建筑公司向乙、丙、丁、戊水泥厂发函，称："急需 X 等级水泥 500 t，每吨价格 350 元，货到付款。"是属于要约行为，表明希望乙、丙、丁、戊水泥厂和他签订水泥买卖合同。

（2）乙水泥厂收到函件后立即回函："函收到，即日发出。"属于典型的承诺，同意了甲的意思表示，同意即日发货。

（3）丙水泥厂收到函件后，未直接回函，但当即组织车队运输该等级水泥 500 t，给甲送过去。虽然他没有回复甲的函，但是他通过行为作出了承诺，因此丙的行为也属于承诺。

（4）丁水泥厂收到函件后，立即回函：“同意发货，款到即发。”丁水泥厂回复了甲的函，也同意发货，但是不同意货到付款，要求先付款后发货，他没有完全同意要约人的意思，因此不算作出承诺，因为承诺是要完全同意要约人的意思表示。

（5）戊水泥厂收到函件后，立即回函：“同意发货，价格为 355 元/t。”看似是回复了甲的函，也同意发货，但是没有完全同意要约人的意思，因为他把价格提高了，因此戊水泥的行为不属于承诺。

丁和戊水泥厂都回复了甲建筑公司的函，但是没有完全同意要约内容，且针对要约人的要约提出了自己新的要求，我们叫“新要约”，本项目在“合同的订立”中会讲到此概念。

项目导学

微课：“合同与法律法规”导学

1. 学习内容

本项目主要内容包括：合同的基本概念；合同的订立；合同的效力；合同的履行；合同的变更和转让；合同的权利义务终止；违约责任；合同保全。

2. 知识目标

熟悉合同的概念、分类及原则。掌握合同的订立，合同的效力，合同的履行，合同的变更和转让，合同的权利义务终止，违约责任，合同争议的解决。

3. 能力目标

能够编写一份简单的合同。

4. 素养目标

深入理解社会主义核心价值观的平等、公正、法治内涵，促进学生养成诚实守信的良好习惯、遵纪守法的公民意识和新时代劳动者的高尚职业品格。

6.1 合同的基本概念

6.1.1 合同的含义

6.1.1.1 合同的由来

合同是适应私有制商品经济的客观要求而出现的，是商品交换在法律上的表现形式。商品产生后，为了交换的安全和信誉，人们在长期的交换实践中逐渐形成了许多关于交换的习惯和仪式。这些商品交换的习惯和仪式便逐渐成为调整商品交换的一般规则。随着私有制的确立和国家的产生，统治阶级为了维护私有制和正常的经济秩序，把有利于他们的商品交换的习惯和规则用法律形式加以规定，并以国家强制力保障实行。于是商品交换的合同法律形成便应运而生了。古罗马时期合同就受到人们的重视。签订合同必须经过规定的方式，才能发生法律效力。如果合同仪式的术语和动作被遗漏任何一个细节，就会导致整个合同无效。随着商品经济的发展，这种繁琐的形式直接影响到商品交换的发展。在理论和实践上，罗马法逐渐克服了缔约中的形式主义。要物合同和合意合同的出现，标志着罗马法从重视形式转为重视缔约人的意志，从而使商品交换从繁琐的形式中解脱出来，并且成为现代合同自由观念的历史渊源。

合同制在中国古代也有悠久的历史。《周礼》对早期合同的形式有较为详细的规定。判书、质剂、傅别、书契等都是古代合同的书面形式。经过唐、宋、元、明、清各代，法律对合同的规定也越来越系统。

最早的时候，合同被称作“书契”。《周易》记述：“上古结绳而治，后世对人易之以书契。”“书”是文字，“契”是将文字刻在木板上。这种木板一分为二，称为左契和右契，以此作为凭证。“书契”就是契约。周代的合同还有种种称谓：“质剂”，长的书契称“质”，购买牛马时所用，短的书契称“剂”，购买兵器以及珍异之物时所用；“傅别”，“傅”指用文字来形成约束力，“别”是分为两半，每人各持一半；“分支”，将书契分为两支。“判”就是将分为两半的书契合二为一，只有这样才能够看清楚契约的本来面目。古代词汇中的判案、审判、判断、批判等等都是由此而来。“合同”即合为同一件书契，这是“合同”一词的本义。今天签订的大部分合同都是在纸张上，在古代却是实物。由此看来，古今意义上的合同已有差别。

“合同”一词从字面意思可解释为：将各方的意见集“合”起来进行协商，若达成一致，都“同”意了，由此形成“合同”，可以口头或书面形式出现。

6.1.1.2 合同的含义与调整范围

合同是两个或两个以上当事人依法达成的明确相互权利义务关系的具有法律约束力的协议。《中华人民共和国民法典》第四百六十四条：合同是民事主体之间设立、变更、终止民事法律关系的协议。依法成立的合同，受法律保护。

根据合同的概念，可以将合同的含义进一步归纳为以下几点：

（1）合同是平等的民事主体之间订立的协议；

（2）合同是民事权利义务关系的协议；

（3）合同属于财产关系的民事法律关系；

（4）合同的内容是明确合同主体之间的权利与义务的协议。

合同中所确立的权利义务，必须是当事人依法可以享有的权利和能够承担的义务，这是合同具有法律效力的前提。在建设工程合同中，发包人必须有已经合法立项的项目，已经合法立项的项目承包人必须具有承担承包任务的相应能力。如果在订立合同的过程中有违法行为，当事人不仅达不到预期的目的，还应根据违法情况承担相应的法律责任。例如，在建设工程合同中，当事人是通过欺诈、胁迫等手段订立合同的，则应当承担相应的法律责任。

6.1.1.3 合同三要素

合同的主体、客体和内容被认为是构成合同的三要素。

1. 合同的主体

合同的主体，即订立合同的当事人，是合同的权利和义务的承担者。合同的主体应当具有相应的民事权利能力和民事行为能力。当事人依法可以委托代理人订立合同。

合同的主体包括自然人、法人和其他组织。

1）自然人

自然人是指基于出生而成为民事法律关系主体的有生命的人。自然人作为合同法律关系的主体，应当具有相应的民事权利能力和民事行为能力（详见本项目末【知识链接】)。

2）法　人

《中华人民共和国民法典》“第一编总则：第三章法人”中规定：法人是具有民事权利能力和民事行为能力，依法独立享有民事权利和承担民事义务的组织。由此可见，法人是指按照法定程序成立，设有一定的组织机构，拥有独立的财产或独立经营管理的财产，能以自己的名义在社会经济活动中享有权利和承担义务，并能在法院起诉和应诉的社会组织。

3）其他组织

其他组织是指合法成立、有一定的组织机构和财产，但不具备法人资格的组织。其他组织主要包括个人独资企业、合伙企业；法人之间的合伙型联营企业；未取得法人资格，但依法登记并领取我国营业执照的中外合作经营企业、外资企业；法人依法设立并领取营业执照的分支机构；中国人民银行、各专业银行、中国人民保险公司设在各地的分支机构等。

2. 合同的客体

合同的客体，又称合同的标的，是签约人权利和义务所共同所指的对象，如货物供销、工程承包等。

合同的客体包括物、经济行为、智力成果等。

1）物

物是指可为人们控制和支配的、具有一定经济价值的、可通过具体物质形式表现存在的物品。物包括自然存在的物品和人类劳动生产的产品，以及固定充当一般等价物的货币和有价证券等。物是经济法律关系最广泛的客体。

2）经济行为

经济行为是指经济主体为达到一定经济目的，实现其权利和义务所进行的经济活动。它包括经济管理行为、提供劳务行为和完成工作行为等，如义务人向权利人支付一定的货币、交付一定的物、完成一定的工作、提供一定的劳务等，还包括权利人对其所有物的支配行为。作为经济法律关系客体的经济行为，仅指具有法律意义，即为实现权利和义务的行为。

3）智力成果

智力成果是指经济法主体从事智力劳动所创造取得的成果，如科学发明、技术成果、艺术创作成果学术论著等。智力成果本身不直接表现为物质财富，但可以转化为物质财富。智力成果作为经济法律关系的客体，其法律表现形式主要为商标权、专利权、专有技术、著作权等。

3. 合同的内容

合同的内容，主要是指签约人之间订立的相互的权利和义务等条款。

合同权利是指合同法律主体在法定范围内，按照合同的约定有权按照自己的意志做出某种行为。权利主体也可以要求义务主体做出一定的行为或不做出一定的行为，以实现自己的有关权利。当权利受到侵害时，有权得到法律的保护。

合同义务是指法定义务人应当依照合同权利人要求做出一定行为或不做出一定行为，以满足权利人利益的法律手段。

合同权利与合同义务相依而存，具有相对性、对等性。在合同法律关系中，一个合同法主体享有一定权利，必定以其他合同法主体负有一定义务为前提。没有对应义务主体时，权利主体的权利便没有保障，是不可能实现的。同时，合同权利与合同义务具有对等性。

当然，有一些特殊的合同除外，比如单务合同（详见 6.1.3 合同的分类），一方只享有权利，另一方只给付义务。

合同的内容由当事人约定，一般包括下列条款：

（1）当事人的姓名或者名称和住所

当事人的名称或者姓名，是指法人和其他组织的名称，住所是指他们的主要办事机构所在地。

（2）标　的

标的，是指合同当事人之间权利义务所指向的对象，也就是合同法律关系的客体。合同的标的必须明确、具体、肯定。如果合同没有标的或者标的不明确，当事人之间的权利义务就失去了目标。合同的标的可以是物，也可以是劳务、技术成果等，只要不是法律禁止的，都可以成为合同标的。

根据合同种类的不同，合同的标的也各有不同。例如，买卖合同的标的是货物；建设工程合同的标的是建设工程项目；借款合同的标的是货币；委托合同的标的是委托人处理委托的事务等。

（3）数　量

数量，是指以数字方式和计量单位方式对合同标的进行具体的确定，也就是衡量标的轻重、多少、大小、面积及容量的尺度。它把标的进行量化，以便确立合同当事人之间的权利与义务的量化指标，从而计算价款或者报酬。由于数量是确定合同当事人之间权利义务范围、大小的标准，如果当事人在合同中没有约定标的数量，也就无法确定双方的权利义务。

（4）质　量

质量，是指以成分、含量、纯度、尺寸、精密度、性能等来表示合同标的内在素质和外观形象的优劣状态。质量条款由当事人约定，应符合国家有关规定和标准化要求。如果有国家强制性标准或者行业性强制标准的，双方协商的标准不得低于此标准。若当事人没有约定质量标准，可参照国家标准、行业标准、地方标准、企业标准的顺序遵照执行。

（5）价款或者报酬

价款或者报酬，是指当事人一方履行义务时，另一方当事人以货币形式支付的代价。价款或者报酬是有偿合同的主要条款。价款或者报酬一般由当事人在订立合同时自由约定，但必须符合国家的物价政策。

（6）履行期限、地点和方式

履行期限，是指当事人履行合同义务的起止时间。履行期限既是一方当事人请求对方当事人履行合同义务的一个依据，又是判断合同是否已经得到履行的一个标准。

履行地点，是指当事人按合同规定履行义务的地方，即在什么地方交付标的和支付价款或酬金。

履行方式，是指当事人采取什么样的方式履行自己在合同中的义务。包括标的的交付方式和价款或酬金的结算方式。

（7）违约责任

违约，是指当事人没有按照合同约定的标的、时间、地点、方式履行义务的行为。违约责任，是指合同当事人不履行或者不完全履行合同约定的义务所引起的法律后果，即应当承担的法律责任。违约所应负的责任，一般是违约方支付违约金或赔偿金。

（8）解决争议的方法

解决争议的方法，是指当事人之间在履行合同过程中发生争议后，通过什么样的办法来处理这一争议。争议的解决方法有诉讼解决和非诉讼解决两类。

诉讼解决即通过向人民法院起诉，由人民法院依法审理、判决。

非诉讼解决包括：一是由当事人双方通过友好协商方式；二是由当事人双方共同邀请第三人作为调解人，通过调解的方式：三是由当事人双方在合同中约定仲裁条款或者在事后达成书面仲裁协议，将争议提交仲裁机构的方式。

6.1.2 《中华人民共和国民法典》的实施

为了保护合同当事人的合法权益，维护社会经济秩序，促进社会主义现代化建设制定。1999 年 3 月 15 日，中华人民共和国第九届全国人民代表大会第二次会议审议通过《中华人民共和国合同法》，于 1999 年 10 月 1 日起施行。《中华人民共和国合同法》共计第二十三章四百二十八条。

2020 年 5 月 28 日，第十三届全国人民代表大会第三次会议表决通过了《中华人民共和国民法典》，自 2021 年 1 月 1 日起施行。《中华人民共和国合同法》同时废止。

《中华人民共和国民法典》中关于合同的基本概念描述如下：

第四百六十四条：合同是民事主体之间设立、变更、终止民事法律关系的协议。

婚姻、收养、监护等有关身份关系的协议，适用有关该身份关系的法律规定；没有规定的，可以根据其性质参照适用本编规定。

第四百六十五条：依法成立的合同，受法律保护。

本项目内容根据《中华人民共和国民法典》内容进行讲述。

6.1.3 合同的分类

6.1.3.1 合同的基本分类

《中华人民共和国民法典》“第三编 合同，第二分编”中，关于有名合同的分类如下：

（1）买卖合同；

（2）供用电、水、气、热力合同；

（3）赠与合同；

（4）借款合同；

（5）保证合同；

（6）租赁合同；

（7）融资租赁合同；

（8）保理合同；
（9）承揽合同；
（10）建设工程合同；
（11）运输合同；
（12）技术合同；
（13）保管合同；
（14）仓储合同；
（15）委托合同；
（16）物业服务合同；
（17）行纪合同；
（18）中介合同；
（19）合伙合同。

6.1.3.2 合同的其他分类

1. 双务合同与单务合同

双务合同即缔约双方相互负担义务，双方的义务与权利相互关联、互为因果的合同。如买卖合同、承揽合同等。单务合同指仅由当事人一方负担义务，而他方只享有权利的合同。如赠与、无息借贷、无偿保管等合同为典型的单务合同。建设工程合同是典型的双务合同，合同双方都拥有相应的权利，给付相应的义务。

2. 有偿合同与无偿合同

有偿合同为合同当事人一方因取得权利需向对方偿付一定代价的合同。无偿合同即当事人一方只取得权利而不偿付代价的合同，故又称恩惠合同。前者如买卖、互易合同等，后者如赠与、使用合同等。建设工程合同属于典型的有偿合同，例如施工合同，承包人按合同要求如期完成工程任务，业主应当按照合同支付工程款。

3. 诺成性合同与实践性合同

以当事人双方意思表示一致，合同即告成立的，为诺成合同。除双方当事人意思表示一致外，尚需实物给付，合同始能成立，为实践合同，亦称要物合同。

4. 要式合同与非要式合同

凡合同成立须依特定形式始为有效的，为要式合同；反之，为非要式合同。建设工程合同，应当以书面形式订立，并在建设主管部门登记，因此属于要式合同。建设工程合同属于典型的要式合同。

5. 主合同与从合同

凡不依他种合同的存在为前提而能独立成立的合同，称为主合同。凡必须以他种合同的存在为前提始能成立的合同，称为从合同。例如债权合同为主合同，保证该合同债务之履行的保证合同为从合同。从合同以主合同的存在为前提，故主合同消灭时，从合同原则上亦随之消灭。反之，从合同的消灭，并不影响主合同的效力。

6. 有名合同与无名合同

有名合同是指法律对某类常见合同冠以名称并为其设定具体规则的合同。无名合同是法律未规定名称，也就无从为其设定具体规则的合同。有名合同是常见合同、典型合同，无名合同是非典型合同。

6.1.3.3 建设工程合同的分类

1. 按承包方式分

建设工程合同按承包方式可分为工程总承包合同、承包合同、专业分包合同、劳务分包合同。

（1）工程总承包合同，又称为“交钥匙承包合同”，即发包人将建设工程的勘察、设计、施工等工程建设的全部任务一并发包给一个具备相应的总承包资质条件的承包人。

（2）承包合同，是指总承包人就工程的勘察、设计、建筑安装任务分别与勘察人、设计人、施工人订立的勘察、设计、施工承包合同。

（3）专业分包合同，是指施工总承包企业将其所承包工程中的专业工程发包给具有相应资质的其他建筑企业完成的合同。例如单位工程中的地基、装饰、幕墙工程。

（4）劳务分包合同，是指施工总承包企业或者专业承包企业将其承包工程中的劳务作业发包给劳务分包企业完成的合同。

2. 按工程实施的不同阶段和职能分

按工程实施的不同阶段和职能，建设工程合同分为勘察合同、设计合同、施工合同、招投标代理合同、监理合同、工程咨询合同、物资采购合同、工程保险合同、工程担保合同等。

3. 按工程计价方式分

按工程计价方式的不同，建设工程合同分为固定价合同、可调价合同、成本加酬金合同。其中固定价合同又可分为固定总价合同和固定单价合同；可调价合同又可分为可调总价合同和可调单价合同。

4. 按施工内容（单位工程、分部分项工程）分

按施工内容的不同，建设工程合同分为主体结构合同、地基与基础合同、设备安装合同、水电合同、装修合同、电梯合同、幕墙合同、弱电工程合同、锅炉合同、垃圾处理合同、室外道路合同、园林绿化合同等。

5. 按行业的不同分

按行业的不同，建设工程合同分为建筑工程合同、市政工程合同、水利工程合同、公路工程合同、铁路工程合同、通信工程合同、航空工程合同、港口工程合同等。

建设工程合同的具体内容将在项目 7 详细讲述。

6.2 合同的订立

6.2.1 合同订立的原则

合同是适应私有制商品经济的客观要求，因此有以下原则：

1. 当事人法律地位平等原则

（1）合同的当事人的法律地位一律平等；

（2）合同中的权利和义务对等；

（3）合同当事人必须就合同条款充分协商，达成一致意见，合同才能成立。合同是双方当事人意思表示一致的结果。

2. 自愿原则

自愿原则是指当事人依法享有在缔结合同、选择交易伙伴、决定合同内容以及在变更和解除合同、选择合同补救方式等方面的自由。确立合同自由原则是鼓励交易、发展市场经济所必须采取的法律措施。合同关系越发达、越普遍，则意味着交易越活跃，市场经济越具有活力，社会财富才能在不断增长的交易中得到增长。然而，这一切都取决于合同当事人依法享有充分的合同自由。

自愿原则贯穿于合同活动的全过程，具体包括：

（1）订立合同时是否自愿，当事人自主决定是否订立合同；

（2）在签订合同时，当事人有权选择和谁订立合同，即自愿选择对方当事人；

（3）合同的内容在不违法的前提下，可以由当事人自愿约定；

（4）在合同的履行过程中，当事人可以自愿协议补充、协议变更有关内容；

（5）合同当事人双方可以协议解除合同；

（6）合同当事人双方可以约定违约责任，在发生争议时，当事人可以自愿选择解决争议的方式。

3. 公平原则

当事人应当遵循公平原则确定各方的权利和义务。对内容有重大误解或显失公平的合同，双方当事人有权变更或撤销。在合同履行过程中，具体问题的处理也要遵循公平原则。合同违约责任的确定也要遵循公平原则。如当事人一方违约后，对方当事人应当采用合适的措施防止损失的扩大，没有采取适当措施致使损失扩大的，不得就扩大的损失要求赔偿。但为防止损失扩大而支出的合理费用，由违约方承担。同时，公平原则还表现在一些特殊情况下，如由于客观情势变更发生异常变化，履行合同会使当事人之间的利益出现重大失衡，需公平地调整当事人之间的利益。

4. 诚实信用原则

诚实信用原则是指当事人在从事民事活动时，应诚实守信，以善意的方式履行其义务，不得滥用权力及规避法律或合同规定的义务。

诚实信用原则具体包括：

（1）在订立合同时，不得有欺诈或其他违背诚实信用的行为；

（2）在履行合同义务时，当事人应当遵循诚实信用的原则，根据合同的性质、目的和交易习惯，履行及时通知、协助、提供必要的条件、防止损失扩大、保密等义务；

（3）合同终止后，当事人也应当遵循诚实信用的原则，根据交易习惯履行通知、协助、保密等义务，称为后契约义务。

合同的诚实信用原则，有利于强化当事人的合同意识，维护社会交易秩序，并为司法实践中处理合同纠纷提供依据。

5. 遵守法律和维护道德原则

为保障当事人所订立的合同符合国家的意志和社会公共利益，协调不同的当事人之间的利益冲突，以及当事人的个别利益与整个社会和国家利益的冲突，保护正常的交易秩序。当事人订立、履行合同，应当遵守法律、行政法规，尊重社会公德，不得扰乱社会经济秩序，损害社会公共利益。合法原则是基本的民事活动准则。在经济活动中，切实贯彻合法原则，就能使各项交易活动纳入法律的轨道，保障社会经济生活的正常秩序。合法原则要求当事人在订约和履约中必须遵守有关法律、法规及规章等。

6.2.2 合同订立的形式

《中华人民共和国民法典》第四百六十九条：当事人订立合同，可以采用书面形式、口头形式或者其他形式。书面形式是合同书、信件、电报、电传、传真等可以有形地表现所载内容的形式。以电子数据交换、电子邮件等方式能够有形地表现所载内容，并可以随时调取查用的数据电文，视为书面形式。

1. 书面形式

书面形式是指合同书、信件和数据电文（包括电报、电传、传真、电子数据交换和电子邮件）等，可以有形地表现所载内容的形式。书面形式有利于交易的安全，重要的合同应该采用书面形式。书面形式便于当事人履行，便于管理和监督，便于举证，是经济合同当事人使用的主要形式。当事人采用文字形式进行意思表示。它具有权利义务关系明确，有据可查，便于预防和处理纠纷的优点。法律、行政法规规定采用书面形式的，应当采用书面形式。当事人约定采用书面形式的，应当采用书面形式。

《中华人民共和国民法典》相关条文规定如下：

第四百九十条：当事人采用合同书形式订立合同的，自当事人均签名、盖章或者按指印时合同成立。在签名、盖章或者按指印之前，当事人一方已经履行主要义务，对方接受时，该合同成立。法律、行政法规规定或者当事人约定合同应当采用书面形式订立，当事人未采用书面形式但是一方已经履行主要义务，对方接受时，该合同成立。

第四百九十一条：当事人采用信件、数据电文等形式订立合同要求签订确认书的，签订确认书时合同成立。当事人一方通过互联网等信息网络发布的商品或者服务信息符合要约条件的，对方选择该商品或者服务并提交订单成功时合同成立，但是当事人另有约定的除外。

2. 口头形式

口头形式指当事人只用语言为意思表示订立合同，而不用文字表达协议内容的形式。当事人在使用口头形式时，应注意只能是及时履行的经济合同才能使用口头形式，否则不宜采用这种形式。口头形式简便易行，在日常生活中经常被采用。集市的现货交易、商店里的零售等一般都采用口头形式。合同采取口头形式，无须当事人特别指明。凡当事人无约定、法律未规定须采用特定形式的合同，均可采用口头形式。但发生争议时当事人必须举证证明合同的存在及合同关系的内容。合同采取口头形式并不意味着不能产生任何文字的凭证。但这类文字材料只能视为合同成立的证明，不能作为合同成立的要件。口头形式的缺点是发生合同纠纷时难以取证、不易分清责任。所以，对于不能即时清结的合同和标的数额较大的合同，不宜采用这种形式。

3. 公证形式

公证形式是当事人约定或者依照法律规定，以国家公证机关对合同内容加以审查公证的方式，订立合同时所采取的一种合同形式。公证机关一般均以合同的书面形式为基础，对合同内容的真实性和合法性进行审查确认后，在合同书上加盖公证印鉴，以资证明。经过公证的合同具有最可靠的证据力，当事人除有相反的证据外，不能推翻。我国法律对合同的公证采取自愿原则。合同是否须经公证，一般由当事人自行约定。当事人要求必须公证的合同就必须公证，不经公证不生效。但对一些重要的合同种类，法律也可以规定必须进行公证。当事人和法律都可以赋予合同的公证形式以证据效力或者成立生效的效力。

4. 其他形式

其他形式是指采用除书面形式、口头形式之外的方式来表现合同内容的形式，如推定形式、默示形式等。

（1）推定形式，即当事人未用语言、文字等表达其意思表示，但其行为已经表明双方不仅形成了合同关系，而且已经在履行合同。

（2）默示形式，即当事人还可以采用沉默的方式表达其意思表示，进而使合同成立。需要特别注意的是，以沉默的方式进行意思表示，通常只能在法律有直接规定或当事人有明确约定的情况下才能适用。

6.2.3　合同订立的方式

《中华人民共和国民法典》第四百七十一条：当事人订立合同，可以采取要约、承诺方式或者其他方式。

1. 要　约

1）要约的概念

要约是希望与他人订立合同的意思表示，该意思表示应当符合下列条件：

① 内容具体确定；

② 表明经受要约人承诺，要约人即受该意思表示约束。

2）要约的生效

要约自到达受要约人时生效，即到达主义。

3）要约的撤回

行为人可以撤回要约的意思表示。撤回意思表示的通知应当在意思表示到达相对人前或者与意思表示同时到达相对人。

4）要约的撤销

要约可以撤销，但是有下列情形之一的除外：

① 要约人以确定承诺期限或者其他形式明示要约不可撤销；

② 受要约人有理由认为要约是不可撤销的，并已经为履行合同做了合理准备工作。

撤销要约的意思表示以对话方式作出的，该意思表示的内容应当在受要约人作出承诺之前为受要约人所知道；撤销要约的意思表示以非对话方式作出的，应当在受要约人作出承诺之前到达受要约人。

5）要约的失效

有下列情形之一的，要约失效：

① 要约被拒绝；

② 要约被依法撤销；

③ 承诺期限届满，受要约人未作出承诺；

④ 受要约人对要约的内容作出实质性变更。

依照法律、行政法规的规定负有发出要约义务的当事人，应当及时发出合理的要约。

2. 承　诺

1）承诺的概念

承诺是受要约人同意要约的意思表示。承诺应当以通知的方式作出；但是，根据交易习惯或者要约表明可以通过行为作出承诺的除外。承诺应当在要约确定的期限内到达要约人。

要约没有确定承诺期限的，承诺应当依照下列规定到达：

① 要约以对话方式作出的，应当即时作出承诺；

② 要约以非对话方式作出的，承诺应当在合理期限内到达。

2）承诺的期限

要约以信件或者电报作出的，承诺期限自信件载明的日期或者电报交发之日开始计算。信件未载明日期的，自投寄该信件的邮戳日期开始计算。要约以电话、传真、电子邮件等快速通信方式作出的，承诺期限自要约到达受要约人时开始计算。承诺生效时合同成立，但是法律另有规定或者当事人另有约定的除外。

3）承诺的撤回

承诺可以撤回。行为人可以撤回承诺的意思表示。撤回意思表示的通知应当在意思表示到达相对人前或者与意思表示同时到达相对人。

4）承诺的撤销

承诺一旦生效即合同成立，故承诺不能撤销，只能参考合同的撤销。

5）承诺的生效

受要约人在承诺期限内发出承诺，按照通常情形能够及时到达要约人，但是因其他原因致使承诺到达要约人时超过承诺期限的，除要约人及时通知受要约人因承诺超过期限不接受该承诺外，该承诺有效。承诺对要约的内容作出非实质性变更的，除要约人及时表示反对或者要约表明承诺不得对要约的内容作出任何变更外，该承诺有效，合同的内容以承诺的内容为准。

承诺生效的地点为合同成立的地点。采用数据电文形式订立合同的，收件人的主营业地为合同成立的地点；没有主营业地的，其住所地为合同成立的地点。当事人另有约定的，按照其约定。

6）其　他

依照法律、行政法规的规定负有作出承诺义务的当事人，不得拒绝对方合理的订立合同要求。

3. 要约邀请

1）要约邀请的概念

要约邀请又称为要约引诱，是指希望他人向自己发出要约的意思表示。拍卖公告、招标公告、招股说明书、债券募集办法、基金招募说明书、商业广告和宣传、寄送的价目表等为要约邀请。商业广告和宣传的内容符合要约条件的，构成要约。

要约邀请的目的是让对方向自己发出要约，是订立合同的一种预备行为，在性质上是一种事实行为。在合同理论上，要约与要约邀请主要有以下几点不同：

① 目的不同。要约是以订立合同为直接目的；要约邀请只是诱使他人向自己发出要约。

② 内容不同。要约必须包含能使合同成立的必要条款；要约邀请的内容仅仅是订立合同的建议而不包含合同主要条款，即使他人同意，也无法使合同成立。

③ 对象不同。要约一般针对特定对象进行；要约邀请的对象则是不特定的。

④ 方式不同。要约一般采用对话方式、信函方式；要约邀请借助报刊、广播、电视等。

2）如何区别要约邀请和要约

它们的区分在实践中极为复杂，可从如下几方面区分要约和要约邀请，并解决在订约过程中产生的某些纠纷。

① 依法律规定作出区分。《中华人民共和国民法典》规定："寄送的价目表、拍卖广告、招标广告、招股说明书、商业广告等为要约邀请。"

② 根据当事人的意愿来作出区分。此处所说的当事人的意愿，是指根据当事人是要与对方订立合同，还是希望对方主动向自己提出订立合同的意思表示，从而确定当事人对其实施的行为主观上认为是要约还是要约邀请。

③ 根据提议的内容是否包含合同的主要条款来区分。要约的内容中应该包含合同的主要

条款，这样才能因承诺人的承诺而成立合同。而要约邀请只是希望对方当事人提出要约，因此，它不包含合同的主要条款。

④ 根据交易的习惯即当事人历来的交易做法来区分。商业广告不是要约，而是要约邀请，但有一点除外，即如果广告的内容符合要约规定的，应视为要约。要约或者广告中含有广告人希望订立合同的愿望，或者写明相对人只要作出规定的行为就可以使合同成立，则应认为该广告属于要约而不是要约邀请。

4. 新要约

1）新要求的概念

承诺的内容应当与要约的内容一致。受要约人对要约的内容作出实质性变更的，为新要约。有关合同标的、数量、质量、价款或者报酬、履行期限、履行地点和方式、违约责任和解决争议方法等的变更，是对要约内容的实质性变更。受要约人超过承诺期限发出承诺，或者在承诺期限内发出承诺，按照通常情形不能及时到达要约人的，为新要约；但是，要约人及时通知受要约人该承诺有效的除外。

2）新要约与承诺的区别

① 要约人发出要约，承诺必须由受要约人作出。如果受要约人发出新要约，则由要约人作出承诺；

② 要约人发出要约，承诺必须向要约人作出。如果受要约人发出新要约，则承诺由要约人向受要约人作出；

③ 要约人发出要约，承诺的内容必须与要约的内容一致。如果承诺的内容与要约相比有实质性改变，则视为该承诺为新要约。

5. 建设工程招投标与合同管理活动中的相应概念

从性质上来说，一般认为，招标公告和投标邀请书是要约邀请，建设工程招标是要约邀请，而投标是要约，中标通知书是承诺。招标公告实际上是招标人邀请投标人对其提出要约（即报价），属于要约邀请。投标则是一种要约，它符合要约的所有条件，如有缔结合同的主观目的；一旦中标，投标人将受投标书的约束；投标书的内容具有足以使合同成立的主要条件等。招标人向中标人发出的中标通知书，则是招标人同意接受中标人的投标条件，即表示同意接受该投标人的要约，应属于承诺。

6.2.4 格式条款

1. 格式条款的概念

格式条款是当事人为了重复使用而预先拟定，并在订立合同时未与对方协商的条款。

采用格式条款订立合同的，提供格式条款的一方应当遵循公平原则确定当事人之间的权利和义务，并采取合理的方式提示对方注意免除或者减轻其责任等与对方有重大利害关系的条款，按照对方的要求，对该条款予以说明。提供格式条款的一方未履行提示或者说明义务，致使对方没有注意或者理解与其有重大利害关系的条款的，对方可以主张该条款不成为合同的内容。

2. 无效的格式条款

有下列情形之一的，该格式条款无效：

（1）合同中的下列免责条款无效：

① 造成对方人身损害的；

② 因故意或者重大过失造成对方财产损失的。

（2）提供格式条款一方不合理地免除或者减轻其责任、加重对方责任、限制对方主要权利。

（3）提供格式条款一方排除对方主要权利。

3. 争 议

对格式条款的理解发生争议的，应当按照通常理解予以解释。对格式条款有两种以上解释的，应当作出不利于提供格式条款一方的解释。格式条款和非格式条款不一致的，应当采用非格式条款。

4. 与合同示范文本的区别

合同示范文本是指由工商行政管理部门单独与有关行业主管部门联合制定的具有规范性、指导性的合同文本格式，在合同示范文本中一般都包含了合同的主要条款内容和样式，这样就可以供当事人签约时使用。

格式条款与示范合同不同。在实践中，格式条款常与示范合同相混淆。所谓的示范合同，是指根据法规和惯例而确定的具有示范作用的文件。在我国，房屋的买卖、租赁、建筑等许多行业正在逐渐推行各类示范合同，如施工合同示范文本、监理委托示范合同文本、勘察设计示范文本等。示范合同的推广对于完善合同条款、明确当事人的权利义务、减少因当事人欠缺合同法律知识而产生的各类纠纷具有一定的作用。但由于示范合同只是当事人双方签约时的参考文件，对当事人无强制约束力，双方可以修改其条款形式和格式，也可以增减条款，因此它不是格式条款。其不同总结如下：

（1）二者的制定者不同，格式条款是合同当事人制定的，而合同示范文本是相关行政部门制定的。

（2）二者的适用范围不同，合同示范文本的适用范围更广。

（3）合同示范文本更能够避免纠纷。

6.2.5 缔约过失责任

1. 缔约过失责任的概念

缔约过失责任，也称为先契约责任或者缔约过失中的损害赔偿责任，是指在合同订立过程中，一方违背其依据诚实信用原则和法律规定所承担的义务致另一方的信赖利益遭受损失时，应承担损害赔偿责任。

在缔约阶段，当事人因接触而进入可以彼此影响的范围，依诚实信用原则，当事人应尽量完成交易上的必要注意事项，以维护他人的财产和人身利益，因此，缔约阶段也应受到法律的保护。当事人应当遵循诚实信用原则，认真履行其所负有的义务，不得因无合同约束而滥用订约自由或实施其他致人损害的不正当行为。否则，不仅将严重妨碍合同的依法成立和生效，影响交易安全，更会影响人与人之间正常关系的建立。

2. 承担缔约过失责任的情况

当事人在订立合同过程中有下列情形之一，造成对方损失的，应当承担赔偿责任：

（1）假借订立合同，恶意进行磋商。

假借订立合同，恶意进行磋商，将构成缔约过失。所谓“假借”，就是根本没有与对方订立合同的目的，与对方进行谈判只是个借口，目的是损害对方或者他人的利益。换句话说，一方本不想和对方谈判，是为了拖延时间或为了使对方丧失商业机会而与对方谈判。所谓“恶意”，是指假借磋商、谈判，而故意给对方造成损害。恶意包括两方面的内容：一是行为人主观上并没有谈判意图，二是行为人主观上具有给对方造成损害的目的和动机。恶意是恶意谈判构成的最核心的要件，然而，受害人一方必须证明另一方具有假借磋商、谈判而使其遭受损害的恶意，才能使另一方承担缔约过失责任。

（2）故意隐瞒与订立合同有关的重要事实或者提供虚假情况。

故意隐瞒与订立合同有关的重要事实或者提供虚假情况，属于缔约过程中的欺诈行为。所谓欺诈，是指一方当事人故意实施某种欺骗他人的行为，并使他人陷入认识错误而订立合同。构成欺诈，必须符合如下要件：第一，欺诈方具有故意。第二，欺诈方客观上实施了陈述虚假事实或隐瞒真实情况的行为。第三，相对人的认识错误与行为人的欺诈行为之间有因果联系，即相对人因行为人陈述虚假事实或隐瞒真实情况的行为而陷于认识错误。

（3）泄露或者不正当地使用商业秘密或者其他应当保密的信息。

当事人在订立合同过程中知悉的商业秘密或者其他应当保密的信息，无论合同是否成立，不得泄露或者不正当地使用；泄露、不正当地使用该商业秘密或者信息，造成对方损失的，应当承担赔偿责任。

（4）其他违背诚实信用原则的行为。

例如，在合同无效和被撤销、违反强制缔约义务、无权代理等情况下，也可能产生缔约过失责任。

3. 法律特征

缔约过失责任的法律特征是：

（1）是在缔结合同过程中发生的民事责任；

（2）是以诚实信用原则为基础的民事责任；

（3）是以补偿缔约相对人损害后果为特征的民事责任。

缔约过失责任的作用在于保护交易安全，可以规范人们在缔约过程中恪守良性交易行为准则，禁止商业欺诈，促进公平交往。

4. 缔约过失责任的成立要件

1）缔约过失发生在合同订立过程中

一般来说，合同成立的时间取决于缔约一方当事人对另一方当事人的要约作出承诺的时间。若一方发出了要约，而另一方尚未作出承诺，则合同尚未成立。在双方合意形成以前的阶段就是合同订立阶段。

虽缔约过失责任发生在合同缔结阶段，但如果当事人之间没有任何缔约上的联系，无从表明双方之间具有缔约关系，因一方的过失而致他方损害时，不能适用缔约过失责任。例如，某人并无购货之意思，在商场随便逛逛，不料在商场内摔倒并遭受损害时，由于双方并无订约上的联系，故对该人的损害只能按侵权责任而不能按缔约过失责任处理。

2）一方违背其依诚实信用原则所应负的义务

诚实信用原则是合同法的一项基本原则，民事主体在从事民事活动时，应讲诚实、守信用，以善意的方式行使权利并履行义务。根据诚实信用原则的要求，在合同订立时或成立后，当事人负有一定的附随义务。依诚实信用原则而产生的忠实、协助、保密等义务，相对于给付义务而言，只是附随义务，但它们也是依法产生的，因而也是法定义务，它随着双方当事人联系的密切而逐渐产生。当事人一方如不履行这种义务，不仅会给他方造成损害，而且会妨害社会经济秩序。因此，法律要求当事人履行上述依诚实信用产生的义务，否则将要负缔约过失责任。

3）造成他人信赖利益的损失

缔约过失行为直接破坏了缔约关系，因此所引起的损害是指他人信赖合同的成立和有效，但由于合同不成立和无效的结果所蒙受的利益损失。此种利益损失即为信赖利益或消极利益的损失。信赖利益的损失主要是指因他方的缔约过失行为而致信赖人的直接财产的减少，如支付各种费用等。当然，当事人的信赖必须是合理的，即一方的行为已使另一方足以相信合同能够成立或生效，但另一方的缔约过失破坏了缔约关系，使信赖人的利益丧失，而且此种损失与缔约过失行为有因果关系。如果按照交易习惯，当事人不应对合同的成立或者生效产生合理信赖，则即便其为合同的订立支付了一定的费用，该费用也不应当属于信赖利益的损失。

5. 缔约过失责任与违约责任的区别

缔约过失责任与违约责任的基本区别在于，此种责任发生在缔约过程中而不是发生在合同成立以后。只有在合同尚未成立，或者虽然成立但因为不符合法定的生效要件而被确认无效或被撤销时，缔约人才承担缔约过失责任。若合同已经成立，因一方当事人的过失而致他方损害时，就不应适用缔约过失责任。即使是在附条件的合同中，在条件成就以前，一方恶意阻碍条件的成就的，视为条件已经成就，此时，也因为合同已经成立且生效，所以应按违约责任而不应按缔约过失责任处理。可见，确定合同成立的时间，是衡量当事人是否应承担缔约过失责任的关键。

6.3 合同的效力

6.3.1 合同的生效

合同的效力，指已经成立的合同在当事人之间产生的法律约束力，即法律效力。

依法成立的合同，自成立时生效，但是法律另有规定或者当事人另有约定的除外。依照法律、行政法规的规定，合同应当办理批准等手续的，依照其规定。未办理批准等手续影响合同生效的，不影响合同中履行报批等义务条款以及相关条款的效力。应当办理申请批准等手续的当事人未履行义务的，对方可以请求其承担违反该义务的责任。合同不生效、无效、被撤销或者终止的，不影响合同中有关解决争议方法的条款的效力。

1. 合同生效应具备的条件

（1）订立合同当事人应具有相应的民事行为能力。

（2）双方当事人意思表示真实。

（3）内容不得违反法律或者社会公共利益。

2. 附条件合同的生效

当事人对合同的效力可以约定附条件。附生效条件的合同，自条件成就时生效；附解除条件的合同，自条件成就时失效。

当事人为自己的利益不正当地阻止条件成就的，视为条件已成就；不正当地促成条件成就的，视为条件不成就。

当事人对合同的效力可以约定附期限。附生效期限的合同，自期限届至时生效。附终止期限的合同，自期限届满时失效。

6.3.2 合同的效力

1. 特殊情况的合同效力

（1）无权代理人以被代理人的名义订立合同，被代理人已经开始履行合同义务或者接受相对人履行的，视为对合同的追认。

（2）法人的法定代表人或者非法人组织的负责人超越权限订立的合同，除相对人知道或者应当知道其超越权限外，该代理行为有效，订立的合同对法人或者非法人组织发生效力。

（3）当事人超越经营范围订立的合同的效力，应当依照有关规定确定，不得仅以超越经营范围确认合同无效。

2. 合同中无效免责条款

（1）造成对方人身损害的。

（2）因故意或者重大过失造成对方财产损失的。

3. 无效合同

无效合同是不具有法律约束力和不发生履行效力的合同。无效合同的特点是：具有违法性，且自始就不具有法律效力。

有下列情况之一的合同被认定为无效合同：

（1）一方以欺诈、胁迫的手段订立合同，损害国家利益。

（2）恶意串通、损害国家、集体或者第三人利益。

（3）以合法形式掩盖非法目的。

（4）损害社会公共利益。

（5）违反法律、行政法规的强制性规定。

4. **效力待定合同**

效力待定合同指合同成立以后，因存在不足以认定合同有效的瑕疵，致使合同不能产生法律效力，在一段合理的时间内合同效力暂不确定，由有追认权的当事人进行补正或有撤销权的当事人进行撤销，再视具体情况确定合同是否有效。处于此阶段中的合同，为效力待定的合同。合同效力待定，意味着合同效力既不是有效，也不是无效，而是处于不确定状态。下列合同被认定为效力待定合同：

（1）限制民事行为能力人订立的合同。

（2）无权代理订立的合同。

（3）无处分权的人处分他人财产的合同。

效力待定合同，其法定代理人、被代理人、权利人可依法追认，善意相对人也可依法撤销。

5. **效力待定合同和无效合同的区别**

（1）效力待定的合同在经权利人追认后可以生效，在追认之前，合同的效力处于待定状态。

（2）无效合同具有违法性，自始无效，不因当事人的追认而发生法律效力。

《中华人民共和国民法典》第一百七十一条第一款规定，行为人没有代理权、超越代理权或者代理权终止后，仍然实施代理行为，未经被代理人追认的，对被代理人不发生效力。

《中华人民共和国民法典》第一百五十三条规定，违反法律、行政法规的强制性规定的民事法律行为无效。但是，该强制性规定不导致该民事法律行为无效的除外。

违背公序良俗的民事法律行为无效。

6.4 合同的履行

《中华人民共和国民法典》第五百零九条 当事人应当按照约定全面履行自己的义务。

当事人应当遵循诚信原则，根据合同的性质、目的和交易习惯履行通知、协助、保密等义务。当事人在履行合同过程中，应当避免浪费资源、污染环境和破坏生态。

6.4.1 合同履行的原则

1. **全面适当履行原则**

当事人应当按照约定全面适当履行自己的义务。全面适当履行原则是指当事人按照合同约定的标的、数量、质量、价款或者报酬等，在适当的履行期限、履行地点，以适当的履行方式，全面完成合同义务的履行原则。

2. **诚实信用履行原则**

当事人应当遵循诚实信用原则，根据合同的性质、目的和交易习惯履行通知、协助、保密等义务。诚实信用原则，简称诚信原则，是指在合同订立、履行、变更、解除等各个阶段，直至合同关系终止后，合同当事人行使权利、履行义务应当讲诚实，守信用，相互协作配合，不损害他人利益和社会利益等。

3. 协作履行原则

协作履行原则是指当事人不仅应当履行自己的合同债务，而且应当基于诚实信用原则的要求协助对方当事人履行其债务的履行原则。

4. 情势变更原则

情势变更，是指在合同有效成立后，履行前，因不可归责于双方当事人的原因而使合同成立的基础发生变化，如继续履行合同将会造成显失公平的后果。在这种情况下，法律允许当事人变更合同或者解除，以消除不公平的后果。

6.4.2 合同履行中的协议补充

1. 协议补充

合同生效后，当事人就质量、价款或者报酬、履行地点等内容没有约定或者约定不明确的，可以协议补充。

不能达成补充协议的，按照合同相关条款或者交易习惯确定。

2. 规则补充

当事人就有关合同内容约定不明确，依据前条规定仍不能确定的，适用下列规定：

（1）质量要求不明确的，按照强制性国家标准履行；没有强制性国家标准的，按照推荐性国家标准履行；没有推荐性国家标准的，按照行业标准履行；没有国家标准、行业标准的，按照通常标准或者符合合同目的的特定标准履行。

（2）价款或者报酬不明确的，按照订立合同时履行地的市场价格履行；依法应当执行政府定价或者政府指导价的，依照规定履行。

（3）履行地点不明确，给付货币的，在接受货币一方所在地履行；交付不动产的，在不动产所在地履行；其他标的，在履行义务一方所在地履行。

（4）履行期限不明确的，债务人可以随时履行，债权人也可以随时请求履行，但是应当给对方必要的准备时间。

（5）履行方式不明确的，按照有利于实现合同目的的方式履行。

（6）履行费用的负担不明确的，由履行义务一方负担；因债权人原因增加的履行费用，由债权人负担。

3. 有关电子合同的规定

《中华人民共和国民法典》对电子合同作了特别说明：

（1）通过互联网等信息网络订立的电子合同的标的为交付商品并采用快递物流方式交付的，收货人的签收时间为交付时间。电子合同的标的为提供服务的，生成的电子凭证或者实物凭证中载明的时间为提供服务时间；前述凭证没有载明时间或者载明时间与实际提供服务时间不一致的，以实际提供服务的时间为准。

（2）电子合同的标的物为采用在线传输方式交付的，合同标的物进入对方当事人指定的特定系统且能够检索识别的时间为交付时间。

（3）电子合同当事人对交付商品或者提供服务的方式、时间另有约定的，按照其约定。

6.4.3 合同履行中的价格调整

执行政府定价或者政府指导价的，在合同约定的交付期限内政府价格调整时，按照交付时的价格计价。逾期交付标的物的，遇价格上涨时，按照原价格执行；价格下降时，按照新价格执行。逾期提取标的物或者逾期付款的，遇价格上涨时，按照新价格执行；价格下降时，按照原价格执行。

6.4.4 合同的履行

1. 债权人与债务人

债权人主要是指预付款者，有权请求他方为特定行为的权利主体。

债务人通常指根据法律或合同契约的规定，在借债关系中对债权人负有偿还义务的人。

2. 连带债权与债务

可选择的标的发生不能履行情形的，享有选择权的当事人不得选择不能履行的标的，但是该不能履行的情形是由对方造成的除外。

（1）债权人为二人以上，标的可分，按照份额各自享有债权的，为按份债权；债务人为二人以上，标的可分，按照份额各自负担债务的，为按份债务。按份债权人或者按份债务人的份额难以确定的，视为份额相同。部分或者全部债权人均可以请求债务人履行债务的，为连带债权；债权人可以请求部分或者全部债务人履行全部债务的，为连带债务。连带债权或者连带债务，由法律规定或者当事人约定。连带债务人之间的份额难以确定的，视为份额相同。

（2）实际承担债务超过自己份额的连带债务人，有权就超出部分在其他连带债务人未履行的份额范围内向其追偿，并相应地享有债权人的权利，但是不得损害债权人的利益。其他连带债务人对债权人的抗辩，可以向该债务人主张。

（3）被追偿的连带债务人不能履行其应分担份额的，其他连带债务人应当在相应范围内按比例分担。

（4）部分连带债务人履行、抵销债务或者提存标的物的，其他债务人对债权人的债务在相应范围内消灭；该债务人可以依据前条规定向其他债务人追偿。部分连带债务人的债务被债权人免除的，在该连带债务人应当承担的份额范围内，其他债务人对债权人的债务消灭。部分连带债务人的债务与债权人的债权同归于一人的，在扣除该债务人应当承担的份额后，债权人对其他债务人的债权继续存在。债权人对部分连带债务人的给付受领迟延的，对其他连带债务人发生效力。

（5）实际受领债权的连带债权人，应当按比例向其他连带债权人返还。

3. 债权债务的变更履行

当事人约定由债务人向第三人履行债务，债务人未向第三人履行债务或者履行债务不符合约定的，应当向债权人承担违约责任。

（1）法律规定或者当事人约定第三人可以直接请求债务人向其履行债务，第三人未在合理期限内明确拒绝，债务人未向第三人履行债务或者履行债务不符合约定的，第三人可以请求债务人承担违约责任；债务人对债权人的抗辩，可以向第三人主张。

（2）当事人约定由第三人向债权人履行债务，第三人不履行债务或者履行债务不符合约定的，债务人应当向债权人承担违约责任。

（3）债务人不履行债务，第三人对履行该债务具有合法利益的，第三人有权向债权人代为履行；但是，根据债务性质、按照当事人约定或者依照法律规定只能由债务人履行的除外。

（4）债权人接受第三人履行后，其对债务人的债权转让给第三人，但是债务人和第三人另有约定的除外。

4. 履行顺序

（1）当事人互负债务，没有先后履行顺序的，应当同时履行。一方在对方履行之前有权拒绝其履行请求。一方在对方履行债务不符合约定时，有权拒绝其相应的履行请求。

（2）当事人互负债务，有先后履行顺序，应当先履行债务一方未履行的，后履行一方有权拒绝其履行请求。先履行一方履行债务不符合约定的，后履行一方有权拒绝其相应的履行请求。

（3）应当先履行债务的当事人，有确切证据证明对方有下列情形之一的，可以中止履行（不安抗辩权）：

① 经营状况严重恶化；

② 转移财产、抽逃资金，以逃避债务；

③ 丧失商业信誉；

④ 有丧失或者可能丧失履行债务能力的其他情形；

⑤ 当事人没有确切证据中止履行的，应当承担违约责任。

当事人依据前条规定中止履行的，应当及时通知对方。对方提供适当担保的，应当恢复履行。中止履行后，对方在合理期限内未恢复履行能力且未提供适当担保的，视为以自己的行为表明不履行主要债务，中止履行的一方可以解除合同并可以请求对方承担违约责任。

5. 合同履行中的代位权和撤销权

因债务人怠于行使其到期债权，对债权人造成损害的，债权人可以向人民法院请求以自己的名义代位行使债务人的债权，但该债权专属于债务人自身的除外。代位权的行使范围以债权人的债权为限。债权人行使代位权的必要费用，由债务人负担。因债务人放弃其到期债权或者无偿转让财产，对债权人造成损害的，债权人可以请求人民法院撤销债务人的行为。债务人以明显不合理的低价转让财产，对债权人造成损害，并且受让人知道该情形的，债权人也可以请求人民法院撤销债务人的行为。撤销权的行使范围以债权人的债权为限。债权人行使撤销权的必要费用，由债务人负担。撤销权自债权人知道或者应当知道撤销事由之日起 1 年内行使。自债务人的行为发生之日起 5 年内没有行使撤销权的，该撤销权消灭。

6. 可撤销合同和无效合同的区别

可撤销合同与无效合同的相同之处在于，合同都会因被确认无效或者被撤销而使合同自始不具备法律效力。可撤销合同与无效合同的区别在于：

（1）合同内容的不合法性程度不同。可撤销合同是由于当事人意思表示不真实造成的，法律将合同的处置权交给受损害方，由受损害方行使撤销权；而无效合同的内容明显违法，不能由合同当事人决定合同的效力，而应当由法院或者仲裁机构作出，即使合同当事人未主张合同无效，法院也可以主动干预认定合同无效。

（2）当事人权限不同。可撤销合同在合同未被撤销之前仍然有效，撤销权人享有撤销权和变更权，当事人可以向法院或者仲裁机构申请行使撤销权和变更权，也可以放弃该权利，法律把决定这些合同的权利给了当事人；而无效合同始终不能产生法律效力，合同当事人无权选择处置合同的方式。

（3）期限不同。对于可撤销合同，撤销权人必须在法定期限内行使撤销权，超过法定期限未行使撤销权的，合同即为有效合同。当事人不得再主张撤销合同；而无效合同属于法定无效，不会因为超过期限而使合同变为有效合同。

6.4.5 合同履行中的抗辩权

1. 抗辩权的概念

合同法中的抗辩权是指在合同履行过程中，债务人对债权人的履行请求权加以拒绝或者反驳的权利。抗辩权是为维护合同当事人双方在合同履行过程中的利益平衡而设立的一项权利。作为对债务人的一种有效的保护手段，合同履行中的抗辩权要求对方承担及时履行和提供担保等义务，可以避免自己在履行合同义务后得不到对方履行的风险，从而维护债务人的合法权益。

2. 同时履行抗辩权的概念

同时履行抗辩权是针对合同当事人双方的债务履行没有先后顺序情况下的一种抗辩制度。同时履行抗辩权指双务合同的当事人一方在对方未对等给付之前，有权拒绝对方请求自己履行合同要求的权利。同时履行抗辩权只适用于双务合同，单务合同不存在同时抗辩权问题。在双务合同中，当事人的权利义务存在着牵连性，即当事人的权利与义务是相对应的，一方的权利就是他方的义务，一方的义务即为他方的权利。如果一方的权利、义务不成立或者无效，则另一方的权利、义务也就会发生同样的效果。正因为如此，双务合同的履行也存在着牵连性，即一方义务的履行须以他方履行义务为前提。如果一方不履行义务，他方的权利就不能得到实现，其履行义务自然也会受到影响。当事人互负债务，没有先后履行顺序的，应当同时履行。一方在对方履行之前有权拒绝其履行要求。一方在对方履行债务不符合约定时，有权拒绝其相应的履行要求。

3. 异时抗辩权的概念

异时履行抗辩权，也就是除同时履行抗辩权之外的其他抗辩权利，主要的特点就是有先后履行的顺序，包括后履行一方的抗辩权和先履行一方的抗辩权。

（1）后履行一方的抗辩权

指在有履行顺序的双务合同中，后履行合同的一方有权要求应当履行的一方履行其义务，如果应当履行的一方未履行债务或者履行债务不符合约定，后履行的一方当事人有权拒绝应当先履行一方的履行的请求。此时，后履行的一方当事人有权行使其异时履行抗辩权。

后履行一方抗辩权应适用的条件：

① 由同一双务合同产生互负的对价给付债务；

② 合同中约定了履行的顺序；

③ 应当先履行的合同当事人没有履行合同债务或者没有正确履行债务；

④ 应当先履行的对价给付是可能履行的义务。

（2）先履行一方的抗辩权——不安抗辩权

不安抗辩权，是指在双务合同中，当事人互负债务，合同约定有先后履行顺序的，先履行债务的当事人一方应当先履行其债务。但是，在应当履行债务的当事人一方，有确切证据证明对方有丧失或者可能丧失履行债务能力的情况下可以中止履行其债务。此时，先履行的一方当事人有权行使其异时履行抗辩权。

《中华人民共和国民法典》中关于先履行抗辩权的法律规定如下：

第五百二十六条　先履行抗辩权

当事人互负债务，有先后履行顺序，应当先履行债务一方未履行的，后履行一方有权拒绝其履行请求。先履行一方履行债务不符合约定的，后履行一方有权拒绝其相应的履行请求。

第五百二十七条　不安抗辩权

应当先履行债务的当事人，有确切证据证明对方有下列情形之一的，可以中止履行：

（一）经营状况严重恶化；

（二）转移财产、抽逃资金，以逃避债务；

（三）丧失商业信誉；

（四）有丧失或者可能丧失履行债务能力的其他情形。

当事人没有确切证据中止履行的，应当承担违约责任。

第五百二十八条　行使不安抗辩权

当事人依据前条规定中止履行的，应当及时通知对方。对方提供适当担保的，应当恢复履行。中止履行后，对方在合理期限内未恢复履行能力且未提供适当担保的，视为以自己的行为表明不履行主要债务，中止履行的一方可以解除合同并可以请求对方承担违约责任。

6.5 合同的变更、转让和终止

6.5.1 合同的变更

适用法条：《中华人民共和国民法典》

第五百四十三条　当事人协商一致，可以变更合同。

第五百四十四条　当事人对合同变更的内容约定不明确的，推定为未变更。

1. 合同变更的含义

合同变更是指合同依法成立后，在尚未履行或尚未完全履行时，当事人依法经过协商，对合同的内容进行修订或调整，并达成变更协议。

2. 合同变更的法律规定

当事人协商一致，可以变更合同。当事人因重大误解、显失公平，欺诈、胁迫而订立的合同，受损害一方有权请求人民法院或者仲裁机构变更或撤销。当事人变更有关合同时，必须按照规定办理批准、登记手续，否则合同的变更不发生效力。此外，在法律未作专门规定的情况下，当事人之间变更合同的形式，可经双方协商议定，通常变更的合同应与原合同的形式一致。如原合同为书面形式，变更后合同的形式也应为书面形式；如原合同为口头形式，变更合同的形式可以用口头形式，或者采用书面形式。在实践中，口头形式的合同欲变更时，采用书面形式更为妥当，因为书面形式变更的合同更有利于排除因合同变更而发生的争议。有效的合同变更必须有明确的变更内容，合同的变更是指合同内容局部的、非实质性的变更，也即合同内容的变更并不会导致原合同关系的消灭和新的合同关系的产生。

6.5.2 合同的转让

合同的转让实质上就是合同主体的变更，指在不变更合同内容的前提下，将合同规定的权利、义务或者权利与义务一并转让给第三方，由受让方承担合同的权利和义务。合同转让分为权利转让和义务转移。当事人一方经对方同意，可以将自己在合同中的权利和义务一并转让给第三人。

1. 合同权利转让

合同权利转让又称债权转让，是指合同债权人通过协议将其债权全部或者部分转让给第三人的行为。

1）不得转让的情况

《中华人民共和国民法典》中规定有下列情形之一的，债权不得转让：

① 根据债权性质不得转让的。

② 按照当事人约定不得转让的。

③ 依照法律规定不得转让的。

当事人约定非金钱债权不得转让的，不得对抗善意第三人。当事人约定金钱债权不得转让的，不得对抗第三人。

2）债务转让的规定

① 债权人转让债权，未通知债务人的，该转让对债务人不发生效力。

② 债权转让的通知不得撤销，但是经受让人同意的除外。

③ 债权人转让债权的，受让人取得与债权有关的从权利，但是该从权利专属于债权人自身的除外。

④ 受让人取得从权利不应该从权利未办理转移登记手续或者未转移占有而受到影响。

⑤ 债务人接到债权转让通知后，债务人对让与人的抗辩，可以向受让人主张。

⑥ 因债权转让增加的履行费用，由让与人负担。

⑦ 债务人将债务的全部或者部分转移给第三人的，应当经债权人同意。

⑧ 债务人或者第三人可以催告债权人在合理期限内予以同意，债权人未作表示的，视为不同意。

债务人转移债务的，新债务人可以主张原债务人对债权人的抗辩；原债务人对债权人享有债权的，新债务人不得向债权人主张抵消。债务人转移债务的，新债务人应当承担与主债务有关的从债务，但是该从债务专属于原债务人自身的除外。

3）债权转让的抵消

有下列情形之一的，债务人可以向受让人主张抵消：

① 债务人接到债权转让通知时，债务人对让与人享有债权，且债务人的债权先于转让的债权到期或者同时到期。

② 债务人的债权与转让的债权是基于同一合同产生。

4）债权转让的连带责任

第三人与债务人约定加入债务并通知债权人，或者第三人向债权人表示愿意加入债务，债权人未在合理期限内明确拒绝的，债权人可以请求第三人在其愿意承担的债务范围内和债务人承担连带债务。

2. 合同义务的转移

合同义务转移也称债务转移，指债务人将其合同义务转让给第三人的行为。在债务转移法律关系中，将债务转让给第三人（受让人）时所转让的债务可以是全部也可以是部分。债务转移不仅涉及第三方利益而且也涉及合同债权的利益，所以它也必须严格依法进行。

合同的义务转移应当具备以下条件：

① 须有合法有效的债务存在。

② 债务人对其债务须有处分能力。

③ 转让的债务具有可转让性。

依照合同性质、当事人约定或者法律规定不得转让的债务依法不具有可转让性，不得转让。债务人将合同的义务全部或者部分转移给第三人的，应当经债权人同意。因为债务人履行债务对于债权人债权的实现影响极大，因此，如果未经债权人同意而转让债务，很可能损害到债权人的债权。另外，债务人转移债务时，如果法律、行政法规规定应当办理批准、登记手续的，依照规定办理相应的批准或登记手续，否则，该债务转让不具有法律效力。

6.5.3 合同的终止

合同权利义务的终止简称合同的终止。合同终止指合同当事人双方在合同关系建立以后，因一定的法律事实的出现，使合同确立的权利义务关系消灭。合同的终止不同于合同的解除，合同的解除只是合同终止的一种原因。合同的解除不同于合同的变更。合同终止后，当事人之间的债权债务关系消灭。合同的变更仅是合同内容的变更，债权债务关系仍然存在，合同关系并没有消灭。

1. 合同终止的法定情形

合同有下列情形之一的，债权债务终止：

① 债务已经履行。

② 债务相互抵消。

③ 债务人依法将标的物提存。

④ 债权人免除债务。

⑤ 债权债务同归于一人。

⑥ 法律规定或者当事人约定终止的其他情形。

⑦ 合同解除的，该合同的权利义务关系终止。

债权债务终止后，当事人应当遵循诚信等原则，根据交易习惯履行通知、协助、保密、旧物回收等义务。

债权债务终止时，债权的从权利同时消灭，但是法律另有规定或者当事人另有约定的除外。

2. 合同终止的效力

合同终止的效力表现在下几个方面：

① 合同当事人之间的权利义务消灭。合同的终止意味着合同权利义务的消灭，债权人不再享有合同的债权，债务人也不再承担合同的债务，合同上的债权与债务归于消灭。

② 债权的担保及其他从属的权利及义务消灭。担保物权、保证债权、违约金债权、利息债权等，在合同关系消灭时，当然也消灭。因为这些权利有些属于主合同的从合同，主合同已经消灭了，从合同也随之消灭。

③ 合同当事人必须承担合同终止后的附随义务。合同的权利义务终止后，当事人应当遵循诚实信用原则，根据交易习惯履行通知、协助、保密等义务。这就是合同终止后的附随义务。合同终止后的附随义务不因合同的终止而消灭。

④ 合同终止不影响合同中结算和清理条款的效力。

3. 合同终止前的履行

合同债务人对同一债权人负担的数项债务种类相同，债务人的给付不足以清偿全部债务的，除当事人另有约定外，由债务人在清偿时指定其履行的债务。

债务人未作指定的，应当优先履行已经到期的债务；数项债务均到期的，优先履行对债权人缺乏担保或者担保最少的债务；均无担保或者担保相等的，优先履行债务人负担较重的债务；负担相同的，按照债务到期的先后顺序履行；到期时间相同的，按照债务比例履行。

债务人在履行主债务外还应当支付利息和实现债权的有关费用，其给付不足以清偿全部债务的，除当事人另有约定外，应当按照下列顺序履行：

① 实现债权的有关费用；

② 利息；

③ 主债务。

4. 合同的解除

合同当事人协商一致，可以解除合同。当事人可以约定一方解除合同的事由。解除合同的事由发生时，解除权人可以解除合同。

1）合同解除的要件

① 存在有效合同并且尚未完全履行。合同解除是合同终止的一种异常情况，即在自合同有效成立以后、履行完毕之前的期间内发生了异常情况，或者因一方当事人违约，以及发生了影响合同履行的客观情况，致使合同当事人可以提前终止合同。

② 具备了合同解除的条件。合同有效成立后，如果出现了符合法律规定或者合同当事人之间约定的解除条件的事由，则当事人可以行使解除权而解除合同。

③ 做出合同解除的行为。解除合同需要一方或双方当事人行使解除权，合同才能解除。

④ 解除产生消灭合同关系的效果。合同解除将使合同效力消灭。如果合同效力不消灭，则不是合同解除而是合同变更。

2）合同解除的种类

① 协议解除。协议解除是指在合同依法成立后而尚未全部履行前，合同双方当事人在原合同之外，又订立了一个以解除原合同为内容的协议，当事人通过协议而解除合同。

② 约定解除。约定解除是指在合同依法成立后而尚未全部履行前，当事人基于双方约定的事由行使解除权而解除合同。约定解除与协议解除都是当事人意志的反映，都是通过合同的形式实现的，但两者适用的条件是不同的。约定解除是事先确定解除合同的条件，协议解除则并不需要什么条件，只要当事人协商一致即可解除合同。因此，应当将约定解除和协议解除区分开来。

③ 法定解除。法定解除是指在合同依法成立后而尚未全部履行前，当事人基于法律规定的事由行使解除权而解除合同。法定解除与约定解除，属于一种单方解除合同的方式。在法律直接规定解除合同的条件具备时，当事人可以行使解除权以解除合同。法定解除既不同于约定解除，也不同于协议解除。

3）合同解除的法定情形

有下列情形之一的，当事人可以解除合同：

① 因不可抗力致使不能实现合同目的。《中华人民共和国民法典》第一百八十条规定，因不可抗力不能履行民事义务的，不承担民事责任。法律另有规定的，依照其规定。不可抗

力是不能预见、不能避免且不能克服的客观情况。

② 在履行期限届满前，当事人一方明确表示或者以自己的行为表明不履行主要债务。

③ 当事人一方迟延履行主要债务，经催告后在合理期限内仍未履行。

④ 当事人一方迟延履行债务或者有其他违约行为致使不能实现合同目的。

⑤ 法律规定的其他情形。

以持续履行的债务为内容的不定期合同，当事人可以随时解除合同，但是应当在合理期限之前通知对方。

4）合同解除的其他规定

① 法律规定或者当事人约定解除权行使期限，期限届满当事人不行使的，该权利消灭。

② 法律没有规定或者当事人没有约定解除权行使期限，自解除权人知道或者应当知道解除事由之日起 1 年内不行使，或者经对方催告后在合理期限内不行使的，该权利消灭。

③ 当事人一方依法主张解除合同的，应当通知对方。合同自通知到达对方时解除；通知载明债务人在一定期限内不履行债务则合同自动解除，债务人在该期限内未履行债务的，合同自通知载明的期限届满时解除。对方对解除合同有异议的，任何一方当事人均可以请求人民法院或者仲裁机构确认解除行为的效力。

④ 当事人一方未通知对方，直接以提起诉讼或者申请仲裁的方式依法主张解除合同，人民法院或者仲裁机构确认该主张的，合同自起诉状副本或者仲裁申请书副本送达对方时解除。

⑤ 合同解除后，尚未履行的，终止履行；已经履行的，根据履行情况和合同性质，当事人可以请求恢复原状或者采取其他补救措施，并有权请求赔偿损失。

⑥ 合同因违约解除的，解除权人可以请求违约方承担违约责任，但是当事人另有约定的除外。

⑦ 主合同解除后，担保人对债务人应当承担的民事责任仍应当承担担保责任，但是担保合同另有约定的除外。

⑧ 合同的权利义务关系终止，不影响合同中结算和清理条款的效力。

5. 债权债务的抵消

抵消是指当事人双方相互负有给付义务，将两项债务相互冲抵，使其相互在对等额内消灭。在抵消中，主张抵消的债务人的债权，称为主动债权。被抵消的权利即债权人的债权，称为被动债权。债权债务的抵消有以下几种情形：

① 法定抵消是指当事人互负到期债务，该债务的标的物种类、品质相同的，任何一方都可以将自己的债务与对方的债务抵消，但依照法律规定或者按照合同性质不得抵消的除外。

② 当事人主张抵消的，应当通知对方。通知自到达对方时生效。抵消不得附条件或者附期限。

③ 合意抵消又称为契约上抵消，是指当事人互负债务，标的物种类、品质不相同的，经双方协商一致，双方合意所为的抵消。合意抵消是由当事人自由约定的，其效力也决定于当事人双方的约定。

④ 当事人互负债务，标的物种类、品质不相同的，经协商一致，也可以抵消。

6. 合同的提存

1）提存的概念

提存是指债务人于债务已届履行期时，将无法给付的标的物提交给提存机关，以消灭合同债务的行为。在合同的履行中，当事人应坚持协作履行原则，债权人应对债务人的履行予以协助。如果债权人不协助债务人的履行，对债务人的履行拒不接受，或者债务人无法向债权人履行，债务人就不能清偿债务。在这种情况下，尽管债权人可能要承担受领迟延债务，但债务人却会将因债权人不受领给付而继续承担清偿责任，这对于债务人是不公平的。因此，法律设立了提存制度。

通过提存，债务人就可以将其无法给付的标的物提交给提存机关保存，以代替向债权人的给付，从而免除自己的清偿责任。债务人提存后，债务人的债务即归消灭，因而提存是合同终止的原因之一。

提存之债从提存之日即告清偿。提存后，债务人与债权人之间债的关系即告消灭，债务人不再负清偿责任，提存物的所有权也因提存而转移给债权人。因此，在提存期间，因提存物而取得的财产收益归债权人所有。提存物损毁灭失的风险责任也由债权人承担。债权人可以随时领取提存物，但债权人对债务人负有到期债务的，在债权人未履行债务或者提供担保之前，提存部门根据债务人的要求应当拒绝其领取提存物。债权人对提存物的权利，自提存之日起 5 年内不行使而消灭，提存物扣除提存费用后归国家所有。

2）可以提存的法定条件

下列情形之一，难以履行债务的，债务人可以将标的物提存：

① 债权人无正当理由拒绝受领。

② 债权人下落不明。

③ 债权人死亡未确定继承人、遗产管理人，或者丧失民事行为能力未确定监护人。

④ 法律规定的其他情形。

3）不适合提存的情况

① 标的物不适于提存或者提存费用过高的，债务人依法可以拍卖或者变卖标的物，提存所得的价款。

② 债务人将标的物或者将标的物依法拍卖、变卖所得价款交付提存部门时，提存成立。

③ 提存成立的，视为债务人在其提存范围内已经交付标的物。

④ 标的物提存后，债务人应当及时通知债权人或者债权人的继承人、遗产管理人、监护人、财产代管人。

⑤ 标的物提存后，毁损、灭失的风险由债权人承担。提存期间，标的物的孳息归债权人所有。提存费用由债权人负担。

⑥ 债权人可以随时领取提存物。但是，债权人对债务人负有到期债务的，在债权人未履行债务或者提供担保之前，提存部门根据债务人的要求应当拒绝其领取提存物。

⑦ 债权人领取提存物的权利，自提存之日起 5 年内不行使而消灭，提存物扣除提存费用后归国家所有。但是，债权人未履行对债务人的到期债务，或者债权人向提存部门书面表示放弃领取提存物权利的，债务人负担提存费用后有权取回提存物。

7. 合同终止与合同解除的区别

1）合同的终止

合同终止是指合同当事人双方在合同关系建立以后，因一定的法律事实的出现，合同确立的权利义务关系消灭。有下列情形之一的，合同的权利义务终止：债务已经按照约定履行，合同解除；债务相互抵消；债务人依法将标的物提存；债权人免除债务；债权债务同归于一人；法律规定或者当事人约定终止的其他情形。

合同的权利义务终止后，当事人应当遵循诚实信用原则，根据交易习惯履行通知、协助、保密等义务。

债权人免除债务人部分或者全部债务的，债权债务部分或者全部终止，但是债务人在合理期限内拒绝的除外。债权和债务同归于一人的，债权债务终止，但是损害第三人利益的除外。

2）合同终止与合同解除的区别

（1）二者效力不同

合同的解除既能向过去发生效力，使合同关系溯及既往地消灭，发生恢复原状的效力，也能向将来发生效力，即不发生溯及既往的效力。而合同的终止只是使合同关系消灭，向将来发生效力，不产生恢复原状的效力。

（2）二者适用的范围不同

合同解除通常被视为对违约的一种补救措施，是对违约方的制裁。因此，合同的解除一般仅适用于违约场合。合同的终止虽然也适用于一方违约的情形，但主要是适用于非违约的情形，如合同因履行、双方协商一致、抵消、混同等终止。由此可见，合同终止的适用范围要比合同解除的适用范围广。

6.6 违约责任与合同争议的解决

6.6.1 承担违约责任的方式

1. 违约责任的概念

违约责任是违反合同的民事责任的简称，是指合同当事人一方不履行合同义务或履行合同义务不符合合同约定所应承担的民事责任。也就是说，违约责任是合同当事人违反合同义务应向对方当事人承担的责任，包括不履行和不适当履行。

承担违约责任的前提是合同是有效合同，且存在违约行为。

2. 当事人承担违约责任的方式

1）继续履行

继续履行是一种违约后的补救方式。在一方违反合同后，另一方有权要求违约方继续履行合同，也有权要求其承担支付违约金和赔偿损失等责任。是否请求继续履行是非违约方的一项权利。法定继续履行的情形有下列几种：

① 事人一方不履行合同义务或者履行合同义务不符合约定的，应当承担继续履行、采取补救措施或者赔偿损失等违约责任。

② 当事人一方明确表示或者以自己的行为表明不履行合同义务的，对方可以在履行期限届满前请求其承担违约责任。

③ 当事人一方未支付价款、报酬、租金、利息，或者不履行其他金钱债务的，对方可以请求其支付。

2）采取补救措施

履行不符合约定的，应当按照当事人的约定承担违约责任。对违约责任没有约定或者约定不明确，依据《中华人民共和国民法典》第五百一十条的规定仍不能确定的，受损害方根据标的的性质以及损失的大小，可以合理选择请求对方承担修理、重作、更换、退货、减少价款或者报酬等违约责任。

3）赔偿损失

当事人一方不履行合同义务或者履行合同义务不符合约定的，在履行义务或者采取补救措施后，对方还有其他损失的，应当赔偿损失。当事人一方不履行合同义务或者履行合同义务不符合约定，造成对方损失的，损失赔偿额应当相当于因违约所造成的损失，包括合同履行后可以获得的利益；但是，不得超过违约一方订立合同时预见到或者应当预见到的因违约可能造成的损失。债务人按照约定履行债务，债权人无正当理由拒绝受领的，债务人可以请求债权人赔偿增加的费用。在债权人受领迟延期间，债务人无须支付利息。

4）支付违约金

当事人可以约定一方违约时应当根据违约情况向对方支付一定数额的违约金，也可以约定因违约产生的损失赔偿额的计算方法。

约定的违约金低于造成的损失的，人民法院或者仲裁机构可以根据当事人的请求予以增加；约定的违约金过分高于造成的损失的，人民法院或者仲裁机构可以根据当事人的请求予以适当减少。当事人就迟延履行约定违约金的，违约方支付违约金后，还应当履行债务。

5）定金责罚

当事人可以约定一方向对方给付定金作为债权的担保。定金合同自实际交付定金时成立。定金的数额由当事人约定；但是，不得超过主合同标的额的百分之二十，超过部分不产生定金的效力。实际交付的定金数额多于或者少于约定数额的，视为变更约定的定金数额。

债务人履行债务的，定金应当抵作价款或者收回。给付定金的一方不履行债务或者履行债务不符合约定，致使不能实现合同目的的，无权请求返还定金；收受定金的一方不履行债务或者履行债务不符合约定，致使不能实现合同目的的，应当双倍返还定金。

当事人既约定违约金，又约定定金的，一方违约时，对方可以选择适用违约金或者定金条款。定金不足以弥补一方违约造成的损失的，对方可以请求赔偿超过定金数额的损失。

6）无法履行的情况

当事人一方不履行非金钱债务或者履行非金钱债务不符合约定的，对方可以请求履行，但是有下列情形之一的除外：

① 法律上或者事实上不能履行。

② 债务的标的不适于强制履行或者履行费用过高。

③ 债权人在合理期限内未请求履行。

有前款规定的除外情形之一，致使不能实现合同目的的，人民法院或者仲裁机构可以根据当事人的请求终止合同权利义务关系，但是不影响违约责任的承担。

6.6.2 违约责任的其他规定

1. 违约责任承担的免除

因不可抗力不能履行合同的，根据不可抗力的影响，部分或者全部免除责任，但法律另有规定的除外。当事人迟延履行后发生不可抗力的，不能免除责任。不可抗力是指不能预见、不能避免并不能克服的客观情况。当事人一方因不可抗力不能履行合同的，应当及时通知对方，以减轻可能给对方造成的损失，并应当在合理期限内提供证明。当事人双方都违反合同的，应当各自承担相应的责任。

2. 第三方违约责任

当事人一方因第三人的原因造成违约的，应当向对方承担违约责任。当事人一方和第三人之间的纠纷，依照法律规定或者按照约定解决。因当事人一方的违约行为，侵害对方人身、财产权益的，受损害方有权选择依法要求其承担违约责任或者依照其他法律要求其承担侵权责任。

6.6.3 违约责任的特点

1. 违约是当事人违反合同的民事责任

民事责任分为侵权责任和违约责任。尽管违约责任行为可能导致当事人承担一定的行政责任或刑事责任，但违约责任仅仅限于民事责任。同时，违约责任是以合同的有效存在为前提的，只有在债务合法存在的情况下才能发生债务不履行的责任。如果债务关系本身不存在或被宣告无效被撤销，则一般不发生违约责任问题。违约责任是合同当事人不履行合同义务所产生的责任。如果当事人违反的不是合同义务，而是法律规定的其他义务，则应负其他责任。

2. 违约责任具有相对性

由于合同关系的相对性，决定了违约责任的相对性。这种相对性是指违约责任能在特定的当事人之间即合同关系的当事人之间发生。合同关系以外的人不负违约责任，合同当事人也不对其承担违约责任。

3. 违约责任具有补偿性和惩罚性

违约责任的补偿性，是指违约责任旨在弥补或补偿因违约行为造成的损害。以损害赔偿作为违约责任的主要方式，并且特别强调当事人约定的赔偿金应具有补偿性质。违约责任的惩罚性体现在，如果合同中约定了违约金或者法律直接规定了违约金，当事人一方违约时，即使并没有给对方造成实际损失，违约方也要按照合同约定支付违约金。正是这种制裁性，使得这种责任能够有效地促使债务人履行债务，保证债权实现。

4. 违约责任的约定性和法定性

违约责任尽管有明显的强制性特点，但仍有一定的任意性，即当事人可以在法律规定的范围内，对一方的违约责任作出事先的安排。此外，当事人还可以设定免责条款以限制和免除其在将来可能发生的责任。对违约责任的事先约定，从根本上说是由合同自由原则决定的。为保障当事人设定违约责任条款的公正和合理，法律也要对其约定予以干预。如果约定不符合法律要求，也将会被宣告无效或被撤销。

6.6.4 合同争议与解决

合同争议也称合同纠纷，是指合同当事人对合同规定的权利和义务产生了不同的理解。合同争议的解决方式有和解、调解、仲裁、诉讼四种。合同不生效、无效、被撤销或者终止的，不影响合同中有关解决争议方法的条款的效力。

1. 和 解

和解是指发生合同纠纷时，当事人在自愿友好的基础上，相互沟通、相互谅解，从而解决纠纷的一种方式。

合同发生纠纷时，当事人应首先考虑通过和解的方式解决纠纷。事实上，在合同的履行过程中，绝大多数纠纷都可以通过和解的方式解决。合同纠纷的和解有以下优点：

① 简便易行，能经济、及时地解决纠纷；

② 有利于维护合同双方的友好合作关系，使合同能更好地得到履行；

③ 有利于和解协议的执行。

2. 调 解

调解是指合同当事人对合同所约定的权利、义务发生争议，经过协商后，不能达成和解协议时，在经济合同管理机关或有关机关、团体等的主持下，以求解决合同纠纷的方法。

合同纠纷的调解往往是当事人经过和解仍不能解决纠纷后采取的方式，因此，与和解相比，它面临的纠纷要大一些。与诉讼、仲裁相比，合同纠纷的调解仍具有与和解相似的优点：

① 能够较经济、较及时地解决纠纷；

② 有利于消除合同当事人的对立情绪，维护双方的长期合作关系。

3. 仲 裁

当事人不愿和解、调解或者和解、调解不成功的，可以根据达成的仲裁协议申请仲裁。但和解与调解并非当事人申请仲裁或提起诉讼的必经程序。

仲裁是当事人双方在争议发生前或发生后达成协议，自愿将争议交给第三者做出裁决，并负有自动履行义务的一种解决争议的方式。这种争议解决的方式必须是自愿的，因此必须有仲裁协议。如果当事人之间有仲裁协议，争议发生后又无法通过协商和调解解决，则应及时将争议提交仲裁机构仲裁。

1）仲裁的原则

① 自愿原则。仲裁机构本身并无强制力，当事人采用仲裁方式解决纠纷，应当双方自愿，达成仲裁协议。如果一方不同意进行仲裁的，仲裁机构无权受理纠纷。

② 公平合理原则。仲裁的公平合理是仲裁制度的生命力。这要求仲裁机构要充分收集证据，听取纠纷双方的意见，仲裁应当根据事实。同时，仲裁应当符合法律规定。

③ 依法独立进行原则。仲裁机构是独立的组织，相互之间也无隶属关系。仲裁依法独立进行，不受行政机关、社会团体和个人的干涉。

④ 裁终局原则。由于仲裁是当事人基于对仲裁机构的信任做出的选择，因此，其裁决是立即生效的。裁决做出后，当事人就同一纠纷再申请仲裁或者向人民法院起诉的，一般来说仲裁委员会或者人民法院不予受理，但有例外。

2）仲裁协议的内容

仲裁协议是纠纷当事人愿意将纠纷提交仲裁机构仲裁的协议。申请仲裁需要合同双方当事人订立仲裁协议，没有订立仲裁协议，一方当事人不能申请仲裁。

仲裁协议主要包括以下内容：

① 请求仲裁的意思表示。

② 仲裁事项。

③ 仲裁地点。

④ 选定的仲裁委员会。

3）仲裁协议的作用

① 合同当事人均受仲裁协议的约束。

② 它是仲裁机构对纠纷进行仲裁的先决条件。

③ 排除了法院对纠纷的管辖权。

④ 仲裁机构应按仲裁协议进行仲裁。

4）仲裁裁决的执行

仲裁委员会的裁决做出后，当事人应当履行。同时，国家也建立了仲裁裁决的执行制度，在当事人不履行仲裁裁决时，可按制度促使当事人履行。由于仲裁委员会本身并无强制的权力，因此，当一方当事人不履行仲裁裁决时，另一方当事人可以依照民事诉讼法的有关规定向人民法院申请强制执行。

4. 诉　讼

当事人没有订立仲裁协议或者订立的仲裁协议无效，可以向人民法院起诉，通过诉讼解决合同争议。

诉讼是指合同当事人依法请求人民法院行使审判权，审理双方之间发生的合同争议，作出由国家强制保证实现其合法权益的审判，从而解决合同纠纷的活动。

合同双方当事人如果未约定仲裁协议，则可以以诉讼作为解决争议的最终方式。对于一般的合同争议，由被告住所地或合同履行地人民法院管辖。我国的民事诉讼法也允许合同当事人在书面协议中选择被告住所地、合同履行地、合同签订地、原告住所地、标的物所在地人民法院管辖。

6.7 合同担保

6.7.1 合同担保概述

担保是指当事人根据法律规定或者双方约定，为促使债务人履行债务实现债权人权利的法律制度。担保通常由当事人双方订立担保合同，担保方式为保证、抵押、质押、留置。

为促进资金融通和商品流通，保障债权的实现，发展社会主义市场经济，制定本法。1995 年 6 月 30 日，第八届全国人民代表大会常务委员会第十四次会议审议通过了《中华人民共和国担保法》自 1995 年 10 月 1 日起施行。

2020 年 5 月 28 日，第十三届全国人民代表大会第三次会议表决通过了《中华人民共和国民法典》，自 2021 年 1 月 1 日起施行，《中华人民共和国担保法》同时废止。

为正确适用《中华人民共和国民法典》有关担保制度的规定，结合民事审判实践，制定了“最高人民法院关于适用《中华人民共和国民法典》有关担保制度的解释”（法释〔2020〕28 号）。该解释文件于 2020 年 12 月 25 日最高人民法院审判委员会第 1824 次会议通过，自 2021 年 1 月 1 日起施行。

6.7.2 合同担保的一般规定

1. 担保合同的效力

当事人在担保合同中约定担保合同的效力独立于主合同，或者约定担保人对主合同无效的法律后果承担担保责任，该有关担保独立性的约定无效。主合同有效的，有关担保独立性的约定无效不影响担保合同的效力；主合同无效的，人民法院应当认定担保合同无效，但是法律另有规定的除外。

2. 担保合同的违约责任

当事人对担保责任的承担约定专门的违约责任，或者约定的担保责任范围超出债务人应当承担的责任范围，担保人主张仅在债务人应当承担的责任范围内承担责任的，人民法院应予支持。

担保人承担的责任超出债务人应当承担的责任范围，担保人向债务人追偿，债务人主张仅在其应当承担的责任范围内承担责任的，人民法院应予支持；担保人请求债权人返还超出部分的，人民法院依法予以支持。

3. 将担保物权登记在他人名下

有下列情形之一，当事人将担保物权登记在他人名下，债务人不履行到期债务或者发生当事人约定的实现担保物权的情形，债权人或者其受托人主张就该财产优先受偿的，人民法院依法予以支持：

（1）为债券持有人提供的担保物权登记在债券受托管理人名下。

（2）为委托贷款人提供的担保物权登记在受托人名下。

（3）担保人知道债权人与他人之间存在委托关系的其他情形。

4. 担保人资格

（1）机关法人提供担保的，人民法院应当认定担保合同无效，但是经国务院批准为使用外国政府或者国际经济组织贷款进行转贷的除外。

（2）居民委员会、村民委员会提供担保的，人民法院应当认定担保合同无效，但是依法代行村集体经济组织职能的村民委员会，依照村民委员会组织法规定的讨论决定程序对外提供担保的除外。

（3）以公益为目的的非营利性学校、幼儿园、医疗机构、养老机构等提供担保的，人民法院应当认定担保合同无效，但是有下列情形之一的除外：

① 在购入或者以融资租赁方式承租教育设施、医疗卫生设施、养老服务设施和其他公益设施时，出卖人、出租人为担保价款或者租金实现而在该公益设施上保留所有权；

② 以教育设施、医疗卫生设施、养老服务设施和其他公益设施以外的不动产、动产或者财产权利设立担保物权。

③ 登记为营利法人的学校、幼儿园、医疗机构、养老机构等提供担保，当事人以其不具有担保资格为由主张担保合同无效的，人民法院不予支持。

5. 法人违反规定订立担保合同

公司的法定代表人违反公司法关于公司对外担保决议程序的规定，超越权限代表公司与相对人订立担保合同，人民法院应当依照《中华人民共和国民法典》第六十一条和第五百零四条等规定处理：

（1）相对人善意的，担保合同对公司发生效力；相对人请求公司承担担保责任的，人民法院应予支持。

（2）相对人非善意的，担保合同对公司不发生效力；相对人请求公司承担赔偿责任的，参照适用本解释第十七条的有关规定。

（3）法定代表人超越权限提供担保造成公司损失，公司请求法定代表人承担赔偿责任的，人民法院应予支持。

第（1）条所称善意，是指相对人在订立担保合同时不知道且不应当知道法定代表人超越权限。相对人有证据证明已对公司决议进行了合理审查，人民法院应当认定其构成善意，但是公司有证据证明相对人知道或者应当知道决议系伪造、变造的除外。

6.7.3 保　证

在建设工程活动中，保证是最为常用的一种担保方式。所谓保证，是指保证人和债权人约定，当债务人不履行债务时，保证人按照约定履行债务或者承担责任的行为。保证的法律关系至少有三方参加，即保证人、被保证人（债务人）和债权人。具有代为清偿债务能力的法人、其他组织或者公民，可以作保证人。

1. 保证的基本法律规定

保证人与债权人应当以书面形式订立保证合同。保证人与债权人可以就单个主合同分别订立保证合同，也可以协议在最高债权额限度内就一定期间连续发生的借款合同或者某项商品交易合同订立一个保证合同。

（1）当事人在保证合同中约定了保证人在债务人不能履行债务或者无力偿还债务时才承担保证责任等类似内容，具有债务人应当先承担责任的意思表示的，人民法院应当将其认定为一般保证。当事人在保证合同中约定了保证人在债务人不履行债务或者未偿还债务时即承担保证责任、无条件承担保证责任等类似内容，不具有债务人应当先承担责任的意思表示的，人民法院应当将其认定为连带责任保证。

（2）一般保证中，债权人以债务人为被告提起诉讼的，人民法院应予受理。债权人未就主合同纠纷提起诉讼或者申请仲裁，仅起诉一般保证人的，人民法院应当驳回起诉。一般保证中，债权人一并起诉债务人和保证人的，人民法院可以受理，但是在作出判决时，除有《中华人民共和国民法典》第六百八十七条第二款但书规定的情形外，应当在判决书主文中明确，保证人仅对债务人财产依法强制执行后仍不能履行的部分承担保证责任。债权人未对债务人的财产申请保全，或者保全的债务人的财产足以清偿债务，债权人申请对一般保证人的财产进行保全的，人民法院不予准许。

（3）同一债务有两个以上保证人，债权人以其已经在保证期间内依法向部分保证人行使权利为由，主张已经在保证期间内向其他保证人行使权利的，人民法院不予支持。同一债务有两个以上保证人，保证人之间相互有追偿权，债权人未在保证期间内依法向部分保证人行使权利，导致其他保证人在承担保证责任后丧失追偿权，其他保证人主张在其不能追偿的范围内免除保证责任的，人民法院应予支持。

2. 保证债务的诉讼时效

一般保证中，债权人依据生效法律文书对债务人的财产依法申请强制执行，保证债务诉讼时效的起算时间按照下列规则确定：

（1）人民法院作出终结本次执行程序裁定，或者依照《中华人民共和国民事诉讼法》第二百五十七条第三项、第五项的规定作出终结执行裁定的，自裁定送达债权人之日起开始计算。

（2）人民法院自收到申请执行书之日起一年内未作出前项裁定的，自人民法院收到申请执行书满一年之日起开始计算，但是保证人有证据证明债务人仍有财产可供执行的外。

（3）一般保证的债权人在保证期间届满前对债务人提起诉讼或者申请仲裁，债权人举证证明存在《中华人民共和国民法典》第六百八十七条第二款但书规定情形的，保证债务的诉讼时效自债权人知道或者应当知道该情形之日起开始计算。

3. 保证在建设工程中的应用

在建设工程中，保证是最为常用的一种担保方式。由于对保证人的信誉要求比较高，建设工程中的保证人往往是银行或者是信用较高的其他担保人，如担保公司。在建设工程中，习惯把银行出具的保证称为保函，而把其他保证人出具的书面保证称为保证书。

1）投标保证金

投标保证金是指投标人按照招标文件的要求向招标人出具的，以一定金额表示的投标责任担保。其实质是为了避免因投标人在投标有效期内随意撤销投标或中标后不能提交履约保证金和签署合同等行为而给招标人造成损失。投标保证金除现金外，可以是银行出具的银行保函、保兑支票、银行汇票或现金支票等。

2）施工合同履约保证金

招标文件要求中标人提交履约保证金的，中标人应当提供。施工合同履约保证金，是为了保证施工合同的顺利履行而要求承包人提供的担保。施工合同履约保证金多为第三人提供的信用担保（保证），一般是由银行或者担保公司向招标人出具履约保函或者保证书。保证金额一般为合同总金额的5%～10%。履约保证的担保责任，主要是担保投标人中标后，能按照合同来施工，并按期按质量履行其义务。若发生以下情况，发包人有权凭履约保证向银行或者担保公司索取保证金作为赔偿：

① 施工过程中，承包人中途毁约，或任意中断工程，或不按规定施工；

② 承包人破产，倒闭。

3）工程款支付担保

国家发展和改革委员会等部门发布的《工程建设项目施工招标投标办法》规定，招标人要求中标人提供履约保证金或其他形式履约担保的，招标人应当同时向中标人提供工程款支付担保。工程款支付担保，是发包人向承包人提交的，保证按照合同约定支付工程款的担保，通常采用由银行出具保函的方式。

4）预付款担保

发包人要求承包人提供预付款担保的，承包人应在发包人支付预付款7日前提供预付款担保，专用合同条款另有约定的除外。预付款担保可采用银行保函、担保公司担保等形式，具体由合同当事人在专用合同条款中约定。在预付款完全扣回之前，承包人应保证预付款担保持续有效。发包人在工程款中逐期扣回预付款后，预付款担保额度应相应减少，但剩余的预付款担保金额不得低于未被扣回的预付款金额。

6.7.4 非典型担保

债权人与担保人订立担保合同，约定以法律、行政法规尚未规定可以担保的财产权利设立担保，当事人主张合同无效的，人民法院不予支持。当事人未在法定的登记机构依法进行登记，主张该担保具有物权效力的，人民法院不予支持。

在所有权保留买卖中，出卖人依法有权取回标的物，但是与买受人协商不成，当事人请求参照民事诉讼法“实现担保物权案件”的有关规定，拍卖、变卖标的物的，人民法院应予准许。

出卖人请求取回标的物，符合《中华人民共和国民法典》第六百四十二条规定的，人民法院应予支持；买受人以抗辩或者反诉的方式主张拍卖、变卖标的物，并在扣除买受人未支付的价款以及必要费用后返还剩余款项的，人民法院应当一并处理。

债务人或者第三人与债权人约定将财产形式上转移至债权人名下，债务人不履行到期债务，债权人有权对财产折价或者以拍卖、变卖该财产所得价款偿还债务的，人民法院应当认定该约定有效。当事人已经完成财产权利变动的公示，债务人不履行到期债务，债权人请求参照《中华人民共和国民法典》关于担保物权的有关规定就该财产优先受偿的，人民法院应予支持。

债务人或者第三人与债权人约定将财产形式上转移至债权人名下，债务人不履行到期债务，财产归债权人所有的，人民法院应当认定该约定无效，但是不影响当事人有关提供担保的意思表示的效力。当事人已经完成财产权利变动的公示，债务人不履行到期债务，债权人请求对该财产享有所有权的，人民法院不予支持；债权人请求参照《中华人民共和国民法典》关于担保物权的规定对财产折价或者以拍卖、变卖该财产所得的价款优先受偿的，人民法院应予支持；债务人履行债务后请求返还财产，或者请求对财产折价或者以拍卖、变卖所得的价款清偿债务的，人民法院应予支持。

债务人与债权人约定将财产转移至债权人名下，在一定期间后再由债务人或者其指定的第三人以交易本金加上溢价款回购，债务人到期不履行回购义务，财产归债权人所有的，人民法院应当参照上述内容中关于“债务人不履行到期债务”的相关规定处理。回购对象自始不存在的，人民法院应当依照民法典第一百四十六条第二款的规定，按照其实际构成的法律关系处理。

6.7.5 抵　押

抵押是指债务人或者第三人不转移对财产的占有权，将该财产作为债权的担保。债务人不履行债务时，债权人有权依照法律规定以该财产折价或者以拍卖、变卖该财产的价款优先受偿。其中，债务人或者第三人称为抵押人，债权人称为抵押权人。

6.7.6 质　押

质押是指债务人或者第三人将其动产或权利移交债权人占有，将该动产或权利作为债权的担保。债务人不履行债务时，债权人有权依照法律规定以该动产或权利折价或者以拍卖、变卖该动产或权利的价款优先受偿。质权是一种约定的担保物权，以转移占有为特征。债务人或者第三人为出质人，债权人为质权人，移交的动产或权利为质物。

质押分为动产质押和权利质押。动产质押是指债务人或者第三人将其动产移交债权人占有，将该动产作为债权的担保。能够用作质押的动产没有限制。

6.7.7 留　置

留置是指债权人按照合同约定占有债务人的动产，债务人不按照合同约定的期限履行债务的，债权人有权依照法律规定留置该财产，以该财产折价或者以拍卖、变卖该财产的价款优先受偿。由于留置是一种比较强烈的担保方式，必须依法行使。因保管合同、运输合同、加工承揽合同发生的债权，债务人不履行债务的，债权人有留置权。法律规定可以留置的其他合同，适用以上规定。当事人可以在合同中约定不得留置的物。留置权人负有妥善保管留置物的义务。因保管不善致使留置物灭失或者毁损的，留置权人应当承担民事责任。

知识链接

合同的主体，即订立合同的当事人，是合同的权利和义务的承担者。合同的主体应当具有相应的民事行为能力和民事权利能力。

1. 民事行为能力

民事行为能力，是民事主体以其行为参与民事法律关系，取得民事权利，履行民事义务和承担民事责任的资格。

《中华人民共和国民法典》相关规定：

第十八条【完全民事行为能力人】成年人为完全民事行为能力人，可以独立实施民事法律行为。

十六周岁以上的未成年人，以自己的劳动收入为主要生活来源的，视为完全民事行为能力人。

第十九条【限制民事行为能力的未成年人】八周岁以上的未成年人为限制民事行为能力人，实施民事法律行为由其法定代理人代理或者经其法定代理人同意、追认；但是，可以独立实施纯获利益的民事法律行为或者与其年龄、智力相适应的民事法律行为。

第二十条【无民事行为能力的未成年人】不满八周岁的未成年人为无民事行为能力人，由其法定代理人代理实施民事法律行为。

第二十一条【无民事行为能力的成年人】不能辨认自己行为的成年人为无民事行为能力人，由其法定代理人代理实施民事法律行为。

八周岁以上的未成年人不能辨认自己行为的，适用前款规定。

第二十二条【限制民事行为能力的成年人】不能完全辨认自己行为的成年人为限制民事行为能力人，实施民事法律行为由其法定代理人代理或者经其法定代理人同意、追认；但是，可以独立实施纯获利益的民事法律行为或者与其智力、精神健康状况相适应的民事法律行为。

第二十三条【法定代理人】无民事行为能力人、限制民事行为能力人的监护人是其法定代理人。

第二十四条【无民事行为能力人或限制民事行为能力人的认定与恢复】不能辨认或者不能完全辨认自己行为的成年人，其利害关系人或者有关组织，可以向人民法院申请认定该成年人为无民事行为能力人或者限制民事行为能力人。

被人民法院认定为无民事行为能力人或者限制民事行为能力人的，经本人、利害关系人或者有关组织申请，人民法院可以根据其智力、精神健康恢复的状况，认定该成年人恢复为限制民事行为能力人或者完全民事行为能力人。

第二十八条【无、限制民事行为能力的成年人的监护人】无民事行为能力或者限制民事行为能力的成年人，由下列有监护能力的人按顺序担任监护人：

（1）配偶；

（2）父母、子女；

（3）其他近亲属；

（4）其他愿意担任监护人的个人或者组织，但是须经被监护人住所地的居民委员会、村民委员会或者民政部门同意。

2. 民事权利能力

民事权利是法律赋予民事主体享有的利益范围和实施一定行为或不为一定行为以实现某种利益的意志。包括：权利人直接享有的某种利益（如人身权）和通过一定行为获得的利益（如财产权）；权利人自己为一定行为或不为一定行为和请求他人为一定行为或不为一定行为，以保证其享有或实现某种利益；在权利受到侵犯时，能够请求有关国家机关予以保护。

《中华人民共和国民法典》相关规定：

第十三条【自然人民事权利能力的起止】自然人从出生时起到死亡时止，具有民事权利能力，依法享有民事权利，承担民事义务。

第十四条【自然人民事权利能力平等】自然人的民事权利能力一律平等。

第十六条【胎儿利益的特殊保护】涉及遗产继承、接受赠与等胎儿利益保护的，胎儿视为具有民事权利能力。但是，胎儿娩出时为死体的，其民事权利能力自始不存在。

第五十七条【法人的定义】法人是具有民事权利能力和民事行为能力，依法独立享有民事权利和承担民事义务的组织。

第五十九条【法人民事权利能力和民事行为能力的起止】法人的民事权利能力和民事行为能力，从法人成立时产生，到法人终止时消灭。

第九十八条【机关法人终止后权利义务的享有和承担】机关法人被撤销的，法人终止，其民事权利和义务由继任的机关法人享有和承担；没有继任的机关法人的，由作出撤销决定的机关法人享有和承担。

第一百二十六条【其他民事权益】民事主体享有法律规定的其他民事权利和利益。

第一百二十八条【民事权利的特别保护】法律对未成年人、老年人、残疾人、妇女、消费者等的民事权利保护有特别规定的，依照其规定。

第一百二十九条【民事权利的取得方式】民事权利可以依据民事法律行为、事实行为、法律规定的事件或者法律规定的其他方式取得。

第一百三十条【按照自己的意愿依法行使民事权利】民事主体按照自己的意愿依法行使民事权利，不受干涉。

第一百三十二条【不得滥用民事权利】民事主体不得滥用民事权利损害国家利益、社会公共利益或者他人合法权益。

第一百八十八条【普通诉讼时效、最长权利保护期间】向人民法院请求保护民事权利的诉讼时效期间为三年。法律另有规定的，依照其规定。

案例链接

2022 年 1 月，甲、乙公司签订了一项房屋买卖合同，合同约定甲公司于当年 6 月 1 日向乙公司交付房屋 100 套，并办理登记手续，乙公司则向甲公司分三次付款：第一期支付 6 千万元，第二期支付3千万元，第三期则在6月1日甲公司向乙公司交付房屋时支付6千万元。在签订合同后，乙公司按期支付了第一期、第二期款项共9千万元。6月1日，甲公司将房屋的钥匙移交乙公司，但并未立即办理房产所有权移转登记手续。因此，乙公司表示剩余款项在登记手续办理完毕后再付。在合同约定付款日期（6月1日）7日后，乙公司仍然没有付款，甲公司遂以乙公司违约为由诉至法院，请求乙公司承担违约责任。乙公司则以甲公司未按期办理房产所有权移转登记手续为由抗辩。

【案例解析】本案涉及同时行使履行抗辩权的条件和法律后果。《民法典》“第五百二十五条 当事人互负债务，没有先后履行顺序的，应当同时履行。一方在对方履行之前有权拒绝其履行请求。一方在对方履行债务不符合约定时，有权拒绝其相应的履行请求。”

在本案中，从表面看，甲公司违背合同约定，未按期办理房地产所有权移转登记手续，已构成违约；而乙公司也违背了合同约定，在合同约定付款日期7日后，仍然没有付款，构成了履行迟延。但是，在考虑其是否应当承担违约责任时，尚应考虑其是否享有法定的抗辩权。

从本案看，乙公司按期向甲公司支付了第一期、第二期款项共9千万元，并无违约情形，甲公司并无理由行使后履行抗辩权，因此，其未按期办理房产所有权移转登记手续属于违约行为，应当承担相应的违约责任。但对乙公司而言，由于其第三期款项的支付与甲公司交付房屋并办理房产所有权移转登记手续是应当同时履行的义务。由于本案中合同标的物是房屋，房屋属于不动产，与动产买卖合同不同，不动产的买卖中出卖人除负有交付标的物的义务之外，还应当完成产权移转登记，才真正履行完给付义务，由于不动产所有权的变动以登记为要件。尽管当事人未办理登记手续并不影响合同本身的效力，但是因为没有办理登记，房屋的所有权不能发生移转，买受人不能因出卖人的交付而获得房产的所有权。因此，办理登记是房屋买卖合同的主给付义务。可见，在本案中，由于甲公司的行为有可能导致乙公司的合同目的不能实现，根据《中华人民共和国民法典》第五百二十五条的规定，其有权拒绝支付剩余款项。

【案例知识拓展】本案的关键问题在于如何正确认识同时履行抗辩权，并将其与双方违约加以正确区分。

同时履行抗辩权是指双务合同的当事人一方在他方未为对等给付之前，有权拒绝自己的履行。行使同时履行抗辩权必须符合以下构成条件：

第一，须由同一双务合同互负债务，即双方当事人所负的债务是基于同一双务合同产生的。所谓双务合同是指当事人双方互负对等给付义务的合同，这种合同中一方当事人所享有的权利即为他方当事人所负的义务，如买卖合同、租赁合同等。如果双方的债务是基于两个或多个合同产生的，即使双方在事实上联系密切，也不能适用同时履行抗辩权。同时，双方当事人所负的债务之间必须具有对价或者牵连关系。对价或者牵连关系强调的是履行和对等履行之间的互为条件、互为牵连的关系，要求二者在义务的负担上大体相等，并不强调二者在经济上完全等价。对价问题原则上应当由当事人的意志来决定，同时法律要求双方在财产的交换上力求公平合理，履行和对待履行在价值上大致相当即可。

第二，须双方所负的债务都已届清偿期。

第三，须对方未履行其与己方债务有牵连关系的债务。

第四，须对方的对等履行是可以履行的，如果一方的履行已经不可能，则不能适用同时履行抗辩权，而应当考虑追究对方的违约责任。

同时履行抗辩权属于延期的抗辩权，没有消灭对方请求权的效力，仅使对方请求权延期。在对方当事人未为对等给付前，抗辩权人的债务即使已届清偿期而没有清偿，抗辩权人也不负迟延履行的违约责任。

同时履行抗辩权依其性质应由当事人自己行使，法院或者仲裁机构不能依职权主动适用。另外，值得注意的是，应当把同时履行抗辩权的行使与双方违约区别开来。双方违约是指合同双方当事人分别违背了自己的合同义务，应当各自承担自己的责任。其构成要件是：其一，双方当事人依据法律和合同规定，必须履行一定的义务，可见双方违约常常适用于双务合同。其二，当事人双方而不是一方违背了其负有的合同义务，也就是说，双方当事人都分别违反了合同规定。其三，双方当事人违背了合同规定的义务。如果仅仅是违反了法律义务而不是合同义务，可能构成过错，但不一定构成双方违约。例如一方违约后，另一方违反了法律规定的减轻损失的义务，造成了损失的扩大，从狭义的违约概念出发，这主要是一个过错问题，由此将导致对方的责任被减轻或免除，但不能认为是双方违约。当然，从广义的违约概念上考虑，也可以包括在违约之中。其四，双方均无正当理由，如果一方是行使同时履行抗辩权或不安抗辩权，则不能认为是双方违约。如果当事人在对方违约后采取适当的自我补救措施，如对方拒不收货时，将标的物转卖等不能认定为违约，即使这种补救措施不够适当，也主要是一个过错的问题，不可作为双方违约对待。

复习思考题

一、选择题

1. 下列不能作为合同主体的是（　　）。

A. 自然人　　B. 法人

C. 其他组织　　D. 无民事行为能力人

2. 根据《中华人民共和国民法典》“第三编 合同，第二分编”，不属于有名合同分类的是（　　）。

A. 买卖合同　　B. 建设工程合同

C. 中介合同　　D. 旅游合同

3.（　　）是当事人为了重复使用而预先拟定，并在订立合同时未与对方协商的条款。

A. 格式条款　　B. 合同示范文本

C. 权利与义务条款　　D. 通用条款

4. 不安抗辩权是指（　　）。

A. 先履行抗辩权　　B. 后履行抗辩权

C. 同时履行抗辩权　　D. 无条件抗辩权

5. 关于要约和承诺说法错误的是（　　）。

A. 要约可以撤回　　B. 要约不能撤销

C. 承诺可以撤回　　D. 承诺不能撤销

二、简答题

1. 简述合同的三要素并举例说明。

2. 简述要约和承诺的概念，以及它们是否能够撤回或撤销。

3. 简述合同履行的原则。

4. 简述格式条款与合同示范文本的区别。

5. 无效合同和可撤销的合同有什么区别？

三、实　训

1. 实训目的：熟悉合同三要素，能够拟定简单的合同文本。

2. 实训步骤：

（1）团队训练，完成团队组建。

（2）以买卖合同和租赁合同为实训题目，通过收集、查阅、归纳、整理各种资料，每个小组合作完成一份合同的拟定和签订。

（3）学生讨论，教师提问和点评。

项目7 建设工程合同管理

案例导入

某施工单位根据某两层厂房工程项目招标文件和全套施工图纸，采用低价策略编制了投标文件，并获得中标。该施工单位（乙方）与建设单位（甲方）签订了该工程项目的固定价格施工合同。合同工期为八个月。甲方在乙方进入施工现场后，因资金短缺，无法如期支付工程款，口头要求乙方暂停施工一个月，乙方亦口头答应。工程按合同规定期限验收时，甲方发现工程质量有问题，要求返工。两个月后，返工完毕。结算时甲方认为乙方迟延交付工程，应按合同约定偿付逾期违约金。乙方认为临时停工是甲方要求的。乙方为抢工期，加快施工进度才出现了质量问题，因此延迟交付的责任不在乙方。甲方则认为临时停工和不顺延工期是当时乙方答应的。乙方应履行承诺，承担违约责任。

提出问题

1. 该工程采用固定价格合同是否合适？
2. 该施工合同的变更形式是否妥当？合同争议依据合同法律规定范围应如何处理？

分析问题

1. 因为固定价格合同适用于工程量不大且能够较准确计算、工期较短、技术不太复杂、风险不大的项目。该工程基本符合这些条件，故采用固定价格合同是合适的。

2. 根据《中华人民共和国民法典》中的“合同法”部分，和《建设工程施工合同（示范文本）》的有关规定，建设工程合同应当采取书面形式，合同变更应当采取书面形式。若在应急情况下，可采取口头形式，但事后应以书面形式确认。否则，在合同双方对合同变更内容有争议时，往往因口头协议形式很难取证，只能以书面协议约定的内容为准。本案中甲方要求临时停工，乙方亦答应，是甲、乙双方的口头协议，且事后并未以书面的形式确认，所以该合同变更形式不妥当。在竣工结算时双方发生了争议，对此只能以原书面合同规定为准。

项目导学

微课："建设工程合同管理"导学

1. 学习内容

建设工程合同的概念、分类和特点，以及建设工程施工合同管理的内容。

2. 知识目标

掌握建设工程合同的概念、分类和特点，并明确工程施工合同管理的重点。

3. 能力目标

能够依据建设工程项目特点正确地选择合同形式，能够拟定建设工程合同。

4. 素养目标

引导学生树立合同契约精神，培养学生发现问题、分析问题和解决问题的能力，引导学生形成团队协作、精益求精、知行合一的工作态度。

7.1 建设工程合同概述

7.1.1 建设工程合同的概念

建设工程合同是指勘察单位、设计单位、施工单位为建设单位完成某项工程项目的勘察、设计、施工工作，建设单位接收工作成果并支付相应价款的协议。从不同的角度，或根据其不同的特点，建设工程合同有不同的分类。

7.1.2 建设工程合同的分类

1. 根据建设工程承发包的工程范围和承发包关系划分

建设工程合同根据承发包的不同范围和承发包关系，可分为建设工程总承包合同、建设工程承包合同和建设工程分包合同。

1）建设工程总承包合同

建设工程总承包合同（一般称为"交钥匙工程"），是指建设项目发包人在建设项目的实施之初，将建设项目全过程的工程任务，包括工程设计、施工、供应、管理等，全部委托给一个承包商而签订的合同。

2）建设工程承包合同

建设工程承包合同是指发包人将建设工程的勘察、设计、施工等各项任务分别发包给具有相应资质的承包人所签订的合同。即建设工程勘察合同、建设工程设计合同、建设工程施工合同等。

3）建设工程分包合同

建设工程分包合同是指经建设工程合同约定和发包人认可，由分包部分工程而订立的合同。

2. 根据工程建设的不同阶段划分

1）建设工程勘察合同

建设工程勘察合同是承包方进行工程勘察，发包人支付价款的合同。建设工程勘察单位称为承包方，建设单位或者有关单位称为发包方（也称为委托方）。建设工程勘察合同必须符合国家规定的基本建设程序，由建设单位或有关单位提出委托，经与勘察部门协商，双方取得一致意见即可签订。任何违反国家规定的建设程序的勘察合同均是无效的。

建设工程勘察合同的标的是为建设工程需要而完成的勘察成果。工程勘察是工程建设的第一个环节，也是保证建设工程质量的基础环节。为了确保工程勘察的质量，勘察合同的承包方必须是经国家或省级主管机关批准，持有“勘察许可证”，具有法人资格的勘察单位。

2）建设工程设计合同

建设工程设计合同是承包方进行工程设计，委托方支付价款的合同。建设单位或有关单位为委托方，建设工程设计单位为承包方。

建设工程设计合同是为建设工程需要而作的设计成果。工程设计是工程建设的第二个环节，是保证建设工程质量的重要环节。工程设计合同的承包方必须是经国家或省级主要机关批准，持有“设计许可证”，具有法人资格的设计单位。只有具备了上级批准的设计任务书，建设工程设计合同才能订立；小型单项工程必须具有上级机关批准的文件方能订立。如果单独委托施工图设计任务，应当同时具有经有关部门批准的初步设计文件方能订立。

3）建设工程施工合同

建设工程施工合同是建设单位与施工单位以完成商定的建设工程为目的，明确双方相互权利义务的协议。建设工程施工合同的发包方可以是法人，也可以是依法成立的其他组织或公民，而承包方必须是法人。

4）建设工程监理合同

建设工程委托监理合同是指委托人与监理单位就对工程建设参与者的行为进行监督、控制、督促、评价和管理而达成的协议。

3. 根据建设工程价格形式划分

按照价格形式，建设工程合同可以分为单价合同、总价合同和成本加酬金合同。

1）总价合同

总价合同是指在合同中确定一个完成项目的总价，承包单位依此来完成合同的全部工作。它是将一个单位工程按照定额以及各种费用一次性包死，中间不再增加费用的承包方式。这种类型合同有利于建设单位确定最低报价的承包商，并有利于支付进度款及结算。适用于工程量不太大且能精确计算，工期较短的项目。建设单位必须具备详细的设计图纸，一般要求详尽到施工图，使承包人能够计算出工程量。

总价合同可分为固定总价合同和可调总价合同。

（1）固定总价合同

在图纸及工程要求不变的情况下，总价不变。而当施工中图纸或工程质量或工期有变动，则总价也应相应变动。这种合同中承包人承担了绝大部分风险，因此标价较高，因此对建设方也并不完全有利。

（2）可调总价合同

可调价总价合同是指在报价及签订合同时，以招标文件的要求及当时的物价计算总价合同，并在约定的风险范围内价款不再调整，合同总价是一个相对固定的价格。在合同执行过程中，如果由于通货膨胀而使工料成本大大增加，则可对合同总价进行相应的调整。但需在合同专用条款中增加调价条款：由于通货膨胀引起工程成本增加达到某一限度时，合同总价应相应调整。

2）单价合同

单价合同亦称单价不变合同。发承包双方约定以工程量清单及综合单价进行合同价款计算、调整和确认的建设工程施工合同。单价合同形式被国际承包市场广为采用。

单价合同可以分为固定单价合同和可调单价合同。

（1）固定单价合同

固定单价是经常采用的合同形式，特别是在设计或其他建设条件（如地质条件）还未完全落实的情况下（计算条件应明确），而以后又需增加工程内容或工程量时，可以按单价适当地追加合同内容。在每月（或每阶段）工程结算时，根据实际完成的工程量结算，在工程全部完成时以竣工图的工程量来最终结算工程总价款。

（2）可调单价合同

合同单价可调，一般是在工程招标文件中规定。在合同中签订的单价，根据合同约定的条款，如在工程实施过程中物价发生变化等，可作调整。有的工程在招标或签约时，因某些不确定因素而在合同中暂定某些分部分项工程的单价，在工程结算时，再根据实际情况和合同约定合同单价进行调整，确定实际结算单价。

3）成本加酬金合同

成本加酬金合同是由业主向承包人支付工程项目的实际成本，并按照事先约定的某一种方式支付酬金的合同类型。这类合同的缺点是业主对工程总造价不易控制，承包人也往往不注意降低项目成本，除因迫于形势须立即开展工作的项目或风险很大的项目外，一般不适用这种承包方式。成本加酬金合同可以分为以下几种情况：

（1）成本加固定费用合同

根据双方讨论同意的工程规模、估计工期、技术要求、工作性质及复杂性、涉及的风险等来考虑确定一笔固定数目的报酬金额作为管理费及利润，对人工、材料、机械台班等直接成本则实报实销。如果设计变更或增加新项目，当直接费超过原估算成本的一定比例（如 10%）时，固定的报酬也要增加。在工程总成本开始估价不准，可能变化不大的情况下，可采用此合同形式，有时可分几个阶段谈判付给固定报酬。这种方式虽然不能鼓励承包商降低成本，但为了尽快得到酬金，承包商会尽快缩短工期。有时也可在固定费用之外根据工程质量、工期和节约成本等因素，给承包商另加奖金，以鼓励承包商积极工作。

（2）成本加固定比例费用合同

工程成本中直接费加上一定比例的报酬费，报酬部分的比例在签订合同时由双方确定。这种方式的报酬费用总额随成本加大而增加，不利于缩短工期和降低成本。一般在工程初期很难描述工作范围和性质，或工期紧迫，无法按常规编制招标文件招标时采用。

（3）成本加奖金合同

奖金是根据报价文件中的成本估算指标制定的，在合同中对这个估算指标规定一个底点和顶点，分别为成本估算的 60%～75%和 110%～135%。承包商在估算指标的顶点以下完成工程则可得到奖金，超过顶点则要对超出部分支付罚款。如果成本在底点之下，则可加大酬金值或酬金百分比。采用这种方式通常规定，当实际成本超过顶点对承包商罚款时，最大罚款限额不超过原先商定的最高酬金额。在招标时，当图纸、规范等准备不充分，不能据以确定合同价格，而仅能制定一个估算指标时采用这种方式。

（4）最大成本加费用合同

在工程成本总价合同基础上加固定酬金费用的方式，即当设计深度达到可以报总价的深度，投标人报一个工程成本总价和一定固定的酬金（包括各项管理费、风险费和利润）。如果实际成本超过合同中规定的工程成本总价，由承包商承担所有的额外费用，若实施过程中节约成本，节约的部分归业主，或者由业主与承包商分享，在合同中要确定节约分成比例。

7.1.3 合同选择的参考因素

施工合同有多种类型。合同类型不同，合同双方的义务和责任不同，各自承担的风险也不尽相同。建设单位应综合考虑以下因素来选择适合的合同类型。

1. 工程项目复杂程度

建设规模大且技术复杂的工程项目，承包风险较大，各项费用不易准确估算，因而不宜采用固定总价合同。最好是对有把握的部分采用固定总价合同，估算不准的部分采用单价合同或成本加酬金合同。有时，在同一施工合同中采用不同的计价方式，是建设单位与施工承包单位合理分担施工风险的有效办法。

2. 工程项目设计深度

工程项目的设计深度是选择合同类型的重要因素。如果已完成工程项目的施工图设计，施工图纸和工程量清单详细而明确，则可选择总价合同；如果实际工程量与预计工程量可能有较大出入时，应优先选择单价合同；如果只完成工程项目的初步设计，工程量清单不够明确时，则可选择单价合同或成本加酬金合同。

3. 施工技术先进程度

如果在工程施工中有较大部分采用新技术、新工艺，建设单位和施工承包单位对此缺乏经验，又无国家标准时，为了避免投标单位盲目地提高承包价款，或由于对施工难度估计不足而导致承包亏损，不宜采用固定总价合同，而应选用成本加酬金合同。

4. **施工工期紧迫程度**

对于一些紧急工程（如灾后恢复工程等），要求尽快开工且工期较紧时，可能仅有实施方案，还没有施工图纸，施工承包单位不可能报出合理的价格，选择成本加酬金合同较为合适。

总之，对于一个工程项目而言，究竟采用何种合同类型不是固定不变的。在同一个工程项目中不同的工程部分或不同阶段，可以采用不同类型的合同。招标人在进行招标策划时，必须依据实际情况，权衡各种利弊，然后再做出最佳决策。

7.1.4 建设工程合同的特点

由于建筑产品是特殊的商品，建筑产品的单件性、建设周期长、施工生产和技术复杂、工程付款和质量论证具备阶段性、受外界自然条件影响大等特点，决定了施工合同不同于其他经济合同，具有自身的特点，具体介绍如下：

1. **合同标的物的特殊性**

施工合同的“标的物”是特定的各类建筑产品，不同于其他一般商品，其标的物的特殊性主要表现在：

（1）建筑产品的固定性（不动产）和施工生产的流动性，是其区别于其他商品的根本特征。

（2）由于建筑产品各有其特定的功能要求，其实物形态千差万别，种类繁多，这也就形成了建筑产品的个体性和生产的单件性。

（3）建筑产品体积庞大，消耗的人力、物力、财力多，一次性投资额大。

2. **合同履行期限的长期性**

由于建筑产品体积大、结构复杂、施工周期长，施工工期少则几个月，多则几年甚至十几年，在合同实施过程中不确定影响因素多，受外界自然条件影响大，合同双方承担的风险高。当主观和客观情况变化时，就有可能造成施工合同的变化。因此，施工合同的变更较频繁，施工合同争议和纠纷也比较多。

3. **合同涉及面的广泛性**

签订施工合同，首先必须遵守国家的法律法规和国家、行业标准，还有政府部门的规定和管理办法，如地方法规。另外，定额及相应预算价格、取费标准、调价办法等也是签订施工合同要涉及的内容。因此，承、发包双方要熟悉和掌握与施工合同相关的法律、法规和各种规定。此外，施工合同在履行过程中，不仅是建设单位和施工单位两方面的事，还涉及监理单位、施工单位的分包商、材料设备供应商、保险公司、保证单位等众多参与方。从施工合同监督管理上，还会涉及工商行政管理部门、建设主管部门、合同双方的上级主管部门以及负责拨付工程款的银行、解决合同纠纷的仲裁机关或人民法院，还有税务部门、审计部门及合同公证机关等机构和部门。

7.2 建设工程合同管理

7.2.1 建设工程合同管理

7.2.1.1 工程勘察设计合同

工程勘察设计合同是指建设单位与工程勘察设计单位为完成工程勘察设计任务，明确双方义务和责任的协议。根据工程勘察设计合同，勘察人、设计人应完成建设单位委托的工程勘察、设计任务；建设单位作为发包人，应为勘察人、设计人提供相关资料和必要的工作条件，并支付报酬。

建设单位通过招标、设计方案竞选等方式确定勘察设计单位后，需要通过谈判明确勘察设计合同相关内容，就合同各项条款进行协商并取得一致意见。勘察设计合同应采用书面形式约定双方的义务和违约责任，且通常会参照国家推荐使用的示范文本。

7.2.1.2 工程勘察合同示范文本

根据国家发展改革委等九部委联合发布的《标准勘察招标文件》(2017 年版)中的合同条款及格式，勘察合同条款由通用合同条款和专用合同条款两部分组成，同时规定了合同协议书、履约保证金格式。

1. 通用合同条款

通用合同条款包括，一般约定、发包人义务、发包人管理，勘察人义务、勘察要求、开始勘察和完成勘察、暂停勘察、勘察文件、勘察责任与保险、设计和施工期间配合、合同变更、合同价格与支付、不可抗力、违约、争议解决，共计 15 个方面。

2. 专用合同条款

专用合同条款是对通用合同条款的细化、完善、补充、修改或另行约定的条款。合同当事人可根据不同工程特点及具体情况，通过谈判、协商对相应通用合同条款进行修改、补充。

3. 合同文件解释顺序

合同协议书与下列文件一起构成合同文件：

(1) 中标通知书；

(2) 投标函及投标函附录；

(3) 专用合同条款；

(4) 通用合同条款；

(5) 发包人要求；

(6) 勘察费用清单；

(7) 勘察纲要；

（8）其他合同文件。

上述合同文件互相补充和解释。如果合同文件之间存在矛盾或不一致之处，以上述文件的排列顺序在先者为准。

7.2.1.3 工程设计合同示范文本

根据国家发展改革委等九部委联合发布的《标准设计招标文件》（2017 年版）中的合同条款及格式，设计合同条款由通用合同条款和专用合同条款两部分组成，同时规定了合同协议书、履约保证金格式。

1. 通用合同条款

通用合同条款包括：一般约定、发包人义务、发包人管理、设计人义务、设计要求、开始设计和完成设计、暂停设计、设计文件、设计责任与保险、施工期间配合、合同变更、合同价格与支付、不可抗力、违约、争议解决，共计 15 个方面。

2. 专用合同条款

专用合同条款是对通用合同条款的细化、完善、补充、修改或另行约定的条款。合同当事人可根据不同工程特点及具体情况，通过双方谈判、协商对相应通用合同条款进行修改、补充。

3. 合同文件解释顺序

合同协议书与下列文件一起构成合同文件：

（1）中标通知书；

（2）投标函及投标函附录；

（3）专用合同条款；

（4）通用合同条款；

（5）发包人要求；

（6）设计费用清单；

（7）设计方案；

（8）其他合同文件。

上述合同文件互相补充和解释。如果合同文件之间存在矛盾或不一致之处，以上述文件的排列顺序在先者为准。

7.2.1.4 工程勘察设计合同履行

1. 工程勘察合同履行

1）发包人义务

发包人应履行的一般义务如下：

（1）遵守法律。发包人在履行合同过程中遵守法律，并保证勘察人免于承担因发包人违反法律而引起的任何责任。

（2）发出开始勘察通知。符合专用合同条款约定的开始勘察条件的，发包人应提前 7 天向勘察人发出开始勘察通知。勘察服务期限自开始勘察通知中载明的开始勘察日期起计算。

（3）办理证件和批件。法律规定和（或）合同约定由发包人负责办理的工程建设项目必须履行的各类审批、核准或备案手续，发包人应当按时办理，勘察人应给予必要的协助。法律规定和（或）合同约定由勘察人负责办理的勘察所需的证件和批件，发包人应给予必要的协助。

（4）支付合同价款。发包人应按合同约定向勘察人及时支付合同价款。

（5）提供勘察资料。发包人应按专用合同条款约定向勘察人提供勘察资料，包括基础资料、勘察任务书等。发包人应按约定的数量和期限交给勘察人。由于发包人未按时提供文件造成勘察服务期限延误的，应当延长勘察服务期限并增加勘察费用。

2）勘察人义务

勘察人应履行的一般义务如下：

（1）遵守法律。勘察人在履行合同过程中应遵守法律，并保证发包人免于承担因勘察人违反法律而引起的任何责任。

（2）依法纳税。勘察人应按有关法律规定纳税，应缴纳的税金（含增值税）包括在合同价格之中。

（3）完成全部勘察工作。勘察人应按合同约定以及发包人要求，完成合同约定的全部工作，并对工作中的任何缺陷进行整改、完善和修补，使其满足合同约定的目的。勘察人应按合同约定提供勘察文件，以及为完成勘察服务所需的劳务、材料、勘察设备、实验设施等，并应自行承担勘探场地临时设施的搭设、维护、管理和拆除。

（4）保证勘察作业规范、安全和环保。勘察人应按法律、规范标准和发包人要求，采取各项有效措施，确保勘察作业操作规范、安全、文明和环保。在风险性较大的环境中作业时应当编制安全防护方案并制订应急预案，防止因勘察作业造成人身伤害和财产损失。

（5）避免勘探对公众与他人的利益造成损害。勘察人在进行合同约定的各项工作时，不得侵害发包人与他人使用公用道路、水源、市政管网等公共设施的权利，避免对邻近的公共设施产生干扰，保证勘探场地的周边设施、建（构）筑物、地下管线、架空线和其他物体的安全运行。勘察人占用或使用他人的施工场地，影响他人作业或生活的，应承担相应责任。

（6）其他义务。勘察人应履行合同约定的其他义务。

3）违约责任

（1）发包人违约。发包人在合同履行中发生下列情形之一的，属发包人违约：

① 未按合同约定支付勘察费用；

② 自身原因造成勘察停止；

③ 无法履行或停止履行合同；

④ 不履行合同约定的其他义务。

发包人发生违约情况时，勘察人可向发包人发出暂停勘察通知，要求其在限定期限内纠正；逾期仍不纠正的，勘察人有权解除合同并向发包人发出解除合同通知。发包人应当承担由于违约所造成的费用增加、周期延误和勘察人损失等。

（2）勘察人违约。勘察人在合同履行中发生下列情形之一的，属勘察人违约：

① 勘察文件不符合法律及合同约定；

② 转包、违法分包或者未经发包人同意擅自分包勘察任务；

③ 未按合同计划完成勘察，从而造成工程损失；

④ 无法履行或停止履行合同；

⑤ 不履行合同约定的其他义务。

勘察人发生违约情况时，发包人可向勘察人发出整改通知，要求其在限定期限内纠正；逾期仍不纠正的，发包人有权解除合同并向勘察人发出解除合同通知。勘察人应当承担由于违约所造成的费用增加、周期延误和发包人损失等。

2. 工程设计合同履行

1）发包人义务

发包人应履行的一般义务如下：

（1）遵守法律。发包人在履行合同过程中应遵守法律，并保证设计人免于承担因发包人违反法律而引起的任何责任。

（2）发出开始设计通知。符合专用合同条款约定的开始设计条件的，发包人应提前 7 天向设计人发出开始设计通知。设计服务期限自开始设计通知中载明的开始设计日期起计算。

（3）办理证件和批件。法律规定和（或）合同约定由发包人负责办理的工程建设项目必须履行的各类审批、核准或备案手续，发包人应当按时办理，设计人应给予必要的协助。法律规定和（或）合同约定由设计人负责办理的设计所需的证件和批件，发包人应给予必要的协助。

（4）支付合同价款。发包人应按合同约定向设计人及时支付合同价款。

（5）提供设计资料。发包人应按专用合同条款约定向设计人提供设计资料，包括基础资料、勘察报告、设计任务书等。发包人应按约定的数量和期限交给设计人。由于发包人未按时提供文件造成设计服务期限延误的，延误的，应当延长设计服务期限并增加设计费用。

（6）其他义务。发包人应履行合同约定的其他义务。

2）设计人义务

设计人应履行的一般义务如下：

（1）遵守法律。设计人在履行合同过程中应遵守法律，并保证发包人免于承担因设计人违反法律而引起的任何责任。

（2）依法纳税。设计人应按有关法律规定纳税，应缴纳的税金（含增值税）包括在合同价格之中。

（3）完成全部设计工作。设计人应按合同约定以及发包人要求，完成合同约定的全部工作，并对工作中的任何缺陷进行整改，完善和修补，使其满足合同约定的目的。设计人应按合同约定提供设计文件及相关服务等。

（4）其他义务。设计人应履行合同约定的其他义务。

3）违约责任

（1）发包人违约。发包人在合同履行中发生下列情形之一的，属发包人违约：

① 未按合同约定支付设计费用；

② 自身原因造成设计停止；

③ 无法履行或停止履行合同；

④ 不履行合同约定的其他义务。

发包人发生违约情况时，设计人可向发包人发出《暂停设计》通知，要求其在限定期限内纠正；逾期仍不纠正的，设计人有权解除合同并向发包人发出《解除合同》通知。发包人应当承担由于违约所造成的费用增加、周期延误和设计人损失等。

（2）设计人违约。设计人在合同履行中发生下列情形之一的，属设计人违约：

① 设计文件不符合法律及合同约定；

② 转包、违法分包或者未经发包人同意擅自分包设计任务；

③ 未按合同计划完成设计，从而造成工程损失；

④ 无法履行或停止履行合同；

⑤ 不履行合同约定的其他义务。

设计人发生违约情况时，发包人可向设计人发出整改通知，要求其在限定期限内纠正；逾期仍不纠正的，发包人有权解除合同并向设计人发出《解除合同》通知。设计人应当承担由于违约所造成的费用增加、周期延误和发包人损失等。

7.2.2 施工合同管理

7.2.2.1 建设工程施工合同订立

建设工程施工合同是指建设单位与施工单位之间为完成工程施工任务，明确双方义务和责任的协议。根据工程施工合同，施工单位作为承包人，应完成合同约定的工程施工、设备安装任务；建设单位作为发包人，应提供必要的施工条件并支付工程价款。

建设单位通过招标等方式确定工程施工单位后，需要通过谈判明确工程施工合同相关内容，就合同各项条款进行协商并取得一致意见。工程施工合同也应采用书面形式约定双方的义务和违约责任，且通常也会参照国家推荐使用的示范文本。

7.2.2.2 施工合同示范文本

工程施工合同示范文本有多种，其中影响较大、应用广泛的是国家发改委等九部委联合发布的《标准施工招标文件》（2007 年版）中的合同条款及格式。该合同条款格式明确，施工合同条款由通用合同条款和专用合同条款两部分组成，同时规定了合协议书、履约担保和预付款担保的文件格式。

1. 通用合同条款

通用合同条款是以发包人委托监理人管理工程合同的模式设定合同当事人的义务和责任，区别于由发包人和承包人双方直接进行约定和操作的合同管理模式。通用合同条款同时适用于单价合同和总价合同，合同条款中涉及单价合同和总价合同的，招标人在编制招标文件时，应根据各行业和具体工程的不同特点和要求，进行修改和补充。

通用合同条款参考国际咨询工程师联合会（FIDIC）有关合同条件，明确规定了24个方面内容，包括：一般约定；发包人义务；监理人；承包人；材料和工程设备；施工设备和临时设施；交通运输；测量放线；施工安全、治安保卫和环境保护；进度计划；开工和竣工；暂停施工；工程质量；试验和检验；变更；价格调整；计量与支付；竣工验收；缺陷责任与保修责任；保险；不可抗力；违约；索赔；争端解决。

2. 专用合同条款

专用合同条款是发包人和承包人双方根据工程具体情况对通用合同条款的补充、细化，除通用合同条款中明确专用合同条款可作出不同约定外，补充和细化的内容不得与通用合同条款规定的内容相抵触。

3. 合同文件的优先解释顺序

组成合同的各项文件应互相解释、互为说明。除专用合同条款另有约定外，解释合同文件的优先顺序如下：

（1）合同协议书；

（2）中标通知书；

（3）投标函及投标函附录；

（4）专用合同条款；

（5）通用合同条款；

（6）技术标准和要求；

（7）图纸；

（8）已标价工程量清单；

（9）其他合同文件。

上述各项合同文件包括：合同当事人就该项合同文件所作出的补充和修改，属于同一类内容的文件，应以最新签署的为准；在合同订立及履行过程中形成的与合同有关的文件。合同文件组成部分，并根据其性质确定优先解释顺序。

7.2.2.3　工程施工合同履行

1. 发包人义务

发包人在合同履行过程中的一般义务包括：

（1）在履行合同过程中应遵守法律，并保证承包人免于承担因发包人违反法律而引起的任何责任。

（2）应委托监理人按合同约定的时间向承包人发出开工通知。

（3）应按专用合同条款的约定向承包人提供施工场地，以及施工场地内地下管线和地下设施等有关资料，并保证资料的真实、准确、完整。

（4）应协助承包人办理法律规定的有关施工证件和批件。

（5）应根据合同进度计划，组织设计单位向承包人进行设计交底。

（6）应按合同约定向承包人及时支付合同价款。

（7）应按合同约定及时组织竣工验收。

（8）应履行合同约定的其他义务。

2. 承包人义务

承包人在合同履行过程中的一般义务包括：

（1）在履行合同过程中应遵守法律，并保证发包人免于承担因承包人违反法律而引起的任何责任。

（2）应按有关法律规定纳税，应缴纳的税金包括在合同价格内。

（3）应按合同约定以及监理人的指示，实施、完成全部工程，并修补工程中的任何缺陷，除专用合同条款另有约定外，承包人应提供为完成合同工作所需的劳务、材料、施工设备、工程设备和其他物品，并按合同约定负责临时设施的设计、建造、运行、维护、管理和拆除。

（4）应按合同约定的工作内容和施工进度要求，编制施工组织设计和施工措施计划，并对所有施工作业和施工方法的完备性和安全可靠性负责。

（5）应按合同约定采取施工安全措施，确保工程及其人员、材料、设备和设施的安全，防止因工程施工造成的人身伤害和财产损失。

（6）应按合同约定负责施工场地及其周边环境与生态的保护工作。

（7）在进行合同约定的各项工作时，不得侵害发包人与他人使用公用道路、水源、政管网等公共设施的权利，避免对邻近的公共设施产生干扰。承包人占用或使用他人施工场地，影响他人作业或生活的，应承担相应责任。

（8）应按监理人的指示为他人在施工场地或附近实施与工程有关的其他各项工作提供可能的条件。除合同另有约定外，提供有关条件的内容和可能发生的费用，由监理人按合同约定商定或确定。

（9）工程接收证书颁发前，承包人应负责照管和维护工程。工程接收证书颁发时尚有部分未竣工工程的，承包人还应负责该未竣工工程的照管和维护工作，直至竣工后移交给发包人为止。

（10）应履行合同约定的其他义务。

3. 违约情形

1）发包人违约情形

在合同履行中发生下列情形的，属发包人违约：

（1）发包人未能按合同约定支付预付款或合同价款，或拖延、拒绝批准付款申请和支付凭证，导致付款延误。

（2）发包人原因造成停工。

（3）监理人无正当理由没有在预定期限内发出复工指示，导致承包人无法复工。

（4）发包人无法继续履行或明确表示不履行或实质上已停止履行合同。

（5）发包人不履行合同约定的其他义务。

2）承包人违约情形

在合同履行中发生下列情形的，属承包人违约：

（1）承包人违反合同约定，私自将合同的全部或部分权利转让给其他人，或私自将合同的全部或部分义务转移给其他人。

（2）承包人违反合同约定，未经监理人批准，私自将已按合同约定进入施工场地的施工设备、临时设施或材料撤离施工场地。

（3）承包人违反合同约定，使用了不合格材料或工程设备，工程质量达不到标准要求，又拒绝清除不合格工程。

（4）承包人未能按合同进度计划及时完成合同约定的工作，已造成或预期造成工期延误。

（5）承包人在缺陷责任期内，未能对工程接收证书所列的缺陷清单内容或缺陷责任期内发生的缺陷进行修复，而又拒绝按监理人指示再进行修补。

（6）承包人无法继续履行或明确表示不履行或实质上已停止履行合同。

（7）承包人不按合同约定履行义务的其他情形。

7.3 工程施工合同法律解释

为了更好地审理建设工程施工合同纠纷案件，最高人民法院分别于2004年发布《最高人民法院关于审理建设工程施工合同纠纷案件适用法律问题的解释》[法释〔2020〕25号]（以下简称《施工合同法律解释一》和2018年发布《最高人民法院关于审理建设工程施工合同纠纷案件适用法律问题的解释（二）》[法释〔2018〕20号]（以下简称《施工合同法律解释二》，其中有很多条款与工程造价管理密切相关。

7.3.1 《施工合同法律解释一》相关规定

1. 无效合同的价款结算

建设工程施工合同无效，但建设工程经竣工验收合格，承包人请求参照合同约定支付工程价款的，应予支持。建设工程施工合同无效，且建设工程经竣工验收不合格的，按照以下情形分别处理：

（1）修复后的建设工程经竣工验收合格，发包人请求承包人承担修复费用的，应予支持。

（2）修复后的建设工程经竣工验收不合格，承包人请求支付工程价款的，不予支持。因建设工程不合格造成的损失，发包人有过错的，也应承担相应的民事责任。

2. 工程价款利息计付

当事人对欠付工程价款利息计付标准有约定的，按照约定处理；没有约定的，按照中国人民银行发布的同期同类贷款利率计息。对于无效合同，当事人对垫资和垫资利息有约定，承包人请求按照约定返还垫资及其利息的，应予支持，但是约定的利息计算标准高于中国人民银行发布的同期同类贷款利率的部分除外；当事人对垫资利息没有约定，承包人请求支付利息的，不予支持。利息从应付工程价款之日计付。当事人对付款时间没有约定或者约定不明的，下列时间视为应付款时间：建设工程已实际交付的，为交付之日；建设工程没有交付的，为提交竣工结算文件之日；建设工程未交付，工程价款也未结算的，为当事人起诉之日。

3. 工程竣工日期确定

当事人对建设工程实际竣工日期有争议的，按照以下情形分别处理：建设工程经竣工验收合格的，以竣工验收合格之日为竣工日期；承包人已经提交竣工验收报告，发包人拖延验收的，以承包人提交验收报告之日为竣工日期；建设工程未经竣工验收，发包人擅自使用的，以转移占有建设工程之日为竣工日期。

4. 计价标准与方法确定

当事人对建设工程的计价标准或者计价方法有约定的，按照约定结算工程价款。因设计变更导致建设工程的工程量或者质量标准发生变化，当事人对该部分工程价款不能协商一致的，可以参照签订建设工程施工合同时当地建设行政主管部门发布的计价标准或者计价方法结算工程价款。

5. 工程量确定

当事人对工程量有争议的，按照施工过程中形成的签证等书面文件确认。承包人能够证明发包人同意其施工，但未能提供签证文件证明工程量发生的，可以按照当事人提供的其他证据确认实际发生的工程量。

6. 工程价款结算

发包人收到竣工结算文件后，在约定期限内不予答复，视为认可竣工结算文件的，按照约定处理。承包人请求按照竣工结算文件结算工程价款的，应予支持。当事人就同一建设工程另行订立的建设工程施工合同与经过备案的中标合同实质性内容不一致的，应当以备案的中标合同作为结算工程价款的根据。当事人约定按照固定价结算工程价款，一方当事人请求对建设工程造价进行鉴定的，不予支持。

7.3.2 《施工合同法律解释二》相关规定

1. 开工日期争议确定

当事人对建设工程开工日期有争议的，人民法院应当分别按照以下情形予以认定：

开工日期为发包人或者监理人发出的开工通知载明的开工日期；开工通知发出后，尚不具备开工条件的，以开工条件具备的时间为开工日期；因承包人原因导致开工时间推迟的，以开工通知载明的时间为开工日期。承包人经发包人同意已经实际进场施工的，以实际进场施工时间为开工日期。发包人或者监理人未发出开工通知，亦无相关证据证明实际开工日期的，应当综合考虑开工报告、合同、施工许可证、竣工验收报告或者竣工验收备案表等载明的时间，并结合是否具备开工条件的事实，认定开工日期。

2. 合同约定与投标文件等不一致

当事人签订的建设工程施工合同与招标文件、投标文件、中标通知书载明的工程范围、建设工期、工程质量、工程价款不一致，一方当事人请求将招标文件、投标文件、中标通知书作为结算工程价款的依据的，人民法院应予支持。

3. 已经达成结算协议请求鉴定的处理

当事人在诉讼前已经对建设工程价款结算达成协议，诉讼中一方当事人申请对工程造价进行鉴定的，人民法院不予准许。

4. 咨询意见的效力

当事人在诉讼前共同委托有关机构、人员对建设工程造价出具咨询意见，诉讼中一方当事人不认可该咨询意见申请鉴定的，人民法院应予准许，但双方当事人明确表示受该咨询意见约束的除外。

5. 鉴定意见的效力

当事人对工程造价、质量、修复费用等专门性问题有争议，人民法院认为需要鉴定的，应当向负有举证责任的当事人释明。当事人经释明未申请鉴定，虽申请鉴定但未支付鉴定费用或者拒不提供相关材料的，应当承担举证不能的法律后果。一审诉讼中负有举证责任的当事人未申请鉴定，虽申请鉴定但未支付鉴定费用或者拒不提供相关材料，二审诉讼中申请鉴定，人民法院认为确有必要的，应当依照《中华人民共和国民事诉讼法》第一百七十条第一款第三项的规定处理。人民法院准许当事人的鉴定申请后，应当根据当事人申请及查明案件事实的需要，确定委托鉴定的事项、范围、鉴定期限等，并组织双方当事人对争议的鉴定材料进行质证。人民法院应当组织当事人对鉴定意见进行质证。鉴定人将当事人有争议且未经质证的材料作为鉴定依据的，人民法院应当组织当事人就该部分材料进行质证。经质证认为不能作为鉴定依据的，根据该材料做出的鉴定意见不得作为认定案件事实的依据。

知识拓展：

在使用专用合同条款时，应注意以下事项：

（1）专用合同条款的编号应与相应的通用合同条款的编号一致。

（2）合同当事人可以通过对专用合同条款的修改，满足具体建设工程的特殊要求，避免直接修改通用合同条款。

（3）在专用合同条款中有横道线的地方，合同当事人可针对相应的通用合同条款进行细化、完善、补充、修改或另行约定；如无细化、完善、补充、修改或另行约定，则填写“无”或划“/”。

复习思考题

一、选择题

1. 按照工程建设阶段分，合同的类型不包括（　　）。

A. 建设工程勘察合同　　B. 建设工程设计合同

C. 建设工程施工合同　　D. 建设工程监理合同

2. 在合同解释中优先于其他文件的是（　　）。

A. 合同条件　　B. 投标人须知

C. 合同补遗或合同谈判纪要　　D. 合同价格条款

3. 按照施工合同示范文本规定，承包人的义务包括（　　）。

A. 协调处理施工现场周围地下管线保护工作

B. 按工程需要提供非夜间施工使用的照明

C. 办理临时停电、停水、中断道路申报批准手续

D. 组织设计交底

4. 按照施工合同示范文本规定，当组成施工合同的各文件出现含糊不清或矛盾时，应按（　　）顺序解释。

A. 施工合同协议书、工程量清单、中标通知书

B. 中标通知书、投标书及附件、合同履行中的变更协议

C. 合同履行中的洽商协议、中标通知书、工程量清单

D. 施工合同专用条款、施工合同通用条款、中标通知书

5. 当工程内容明确、工期较短时，宜采用（　　）。

A. 总价可调合同　　B. 总价不可调合同

C. 单价合同　　D. 成本加酬金合同

二、简答题

1. 简述建设工程施工合同的特点。
2. 简述固定总价合同适用的范围。
3. 简述建设工程施工合同中发包人的义务。
4. 简述按照计价方式不同，施工合同有哪些分类？
5. 简述施工合同中专用条款的编制重点有哪些？

三、实　训

1. 实训目的：熟悉《建设工程施工合同（示范文本）》的内容，能够进行简单文本的编制。

2. 实训步骤：

（1）团队训练，完成团队组建。

（2）合同双方参照《建设工程施工合同（示范文本）》，以某工程项目为背景，通过分析工程项目概况，商务标、技术标等资料，完成协议书、通用条款、专用条款的编写。

（3）模拟合同签订。

（4）学生讨论，教师提问或点评。

项目 8 建设工程施工索赔管理

案例导入

某工厂土方施工工程中，承包商在合同中标明有松软石的地方没有遇到松软石，因此工期提前 1 个月。但在合同中另一未标明有坚硬岩石的地方遇到更多的坚硬岩石，开挖工作变得更加困难，由此造成了实际生产率比原计划低得多，经测算影响工期 3 个月。由于施工速度减慢，使得部分施工任务拖到雨季进行，按一般公认标准推算，又影响工期 2 个月。为此承包商准备提出索赔。

提出问题

1. 该案施工索赔能否成立？为什么？
2. 在该索赔事件中，应提出的索赔内容包括哪两方面？
3. 在工程施工中，通常可以提供的索赔证据有哪些？
4. 承包商应提供的索赔文件有哪些？请协助承包商拟定一份索赔通知。

分析问题

1. 该案施工索赔能成立。施工中在合同未标明有坚硬岩石的地方遇到更多的坚硬岩石，属于施工现场的施工条件与原来的勘察有很大差异，属于甲方的责任范围。

2. 本事件使承包商由于意外地质条件造成施工困难，导致工期延长，相应产生额外工程费用，因此，应包括费用索赔和工期索赔。

3. 可以提供的索赔证据有：

（1）招标文件、工程合同及附件、业主认可的施工组织设计、工程图纸、技术规范等；

（2）工程各项有关设计交底记录，变更图纸，变更施工指令等；

（3）工程各项经业主或监理工程师签认的签证；

（4）工程各项往来信件、指令、信函、通知、答复等；

（5）工程各项会议纪要；

（6）施工计划及现场实施情况记录；

（7）施工日报及工长工作日志、备忘录；
（8）工程送电、送水、道路开通、封闭的日期及数量记录；
（9）工程停水、停电和干扰事件影响的日期及恢复施工的日期；
（10）工程预付款、进度款拨付的数额及日期记录；
（11）工程图纸、图纸变更、交底记录的送达份数及日期记录；
（12）工程有关施工部位的照片及录像等；
（13）工程现场气候记录，有关天气的温度、风力、降雨雪量等；
（14）工程验收报告及各项技术鉴定报告等；
（15）工程材料采购、订货、运输、进场、验收、使用等方面的凭据；
（16）工程会计核算资料；
（17）国家、省、市有关影响工程造价、工期的文件、规定等。

4. 承包商应提供的索赔文件有：
（1）索赔信；
（2）索赔报告；
（3）索赔证据与详细计算书等附件。

索赔通知的参考形式如下：

索 赔 通 知

致甲方代表（或监理工程师）：

我方希望你方对工程地质条件变化问题引起重视：在合同文件未标明有坚硬岩石的地方遇到了坚硬岩石。致使我方实际生产率降低，而引起进度拖延，并不得不在雨季施工。

上述施工条件变化，造成我方施工现场设计与原设计有很大不同，为此向你方提出工期索赔及费用索赔要求，具体工期索赔及费用索赔依据与计算书在随后的索赔报告中。

承包商：×××
××年××月××日

项目导学

微课："建设工程施工索赔管理"导学

1. 学习内容

施工索赔的概念、起因和处理程序，以及索赔报告的撰写、施工索赔计算的方法等。

2. 知识目标

了解施工索赔的概念、起因和作用，施工索赔的程序。

3. 能力目标

掌握撰写索赔报告的方法，能进行索赔费用的计算。

4. 素养目标

培养学生不怕苦、不怕累的精神，引导学生做"敢于斗争、善于斗争、迎难而上、攻坚克难，做到不信邪、不怕鬼、骨头硬"的新时代中国青年。

8.1 索赔概述

8.1.1 施工索赔的概念

索赔是在合同实施过程中，根据法律、合同规定及惯例，对不应由自己承担责任的情况造成的损失，向合同的另一方当事人提出给予赔偿或补偿要求的行为。索赔是双向的，既可以是承包商向业主的索赔，也可以是业主向承包商提出的索赔，一般后者为反索赔。

8.1.2 索赔的分类

1. 按索赔发生的原因分

按索赔发生的原因可以分为施工准备、进度控制、质量控制、费用控制及管理等原因引起的索赔，这种分类能明确指出每一项索赔的根源所在，使业主和工程师便于审核分析。

2. 按索赔的目的分

按索赔的目的可以分为工期索赔和费用索赔。工期索赔就是要求业主延长施工时间，使原规定的工程竣工日期顺延，从而避免了违约罚金的发生。费用索赔就是要求业主或承包商双方补偿费用损失，进而调整合同价款。

3. 按索赔的依据分

按索赔的依据可以分为合同规定的索赔、非合同规定的索赔。

合同规定的索赔是指索赔涉及的内容在合同文件中能够找到依据，业主或承包商可以据此提出索赔要求。这种索赔不太容易发生争议。非合同规定的索赔是指索赔涉及的内容在合同文件中没有专门的文字叙述，但可以根据该合同某些条款的含义，推论出一定的索赔权。

4. 按索赔的有关当事人分

按索赔的有关当事人可以分为承包商同业主之间的索赔、总承包商同分承包商之间的索赔、承包商同供应商之间的索赔、承包商向保险公司和（或）运输公司的索赔等。

5. 按索赔的业务性质分

按索赔的业务性质可以分为工程索赔和商务索赔。工程索赔是指涉及工程项目建设中施工条件或施工技术、施工范围等变化引起的索赔，一般发生频率高，索赔费用大。商务索赔是指实施工程项目过程中的物资采购、运输、保管等方面活动引起的索赔事项。

6. 按索赔事件的性质分

1）工程延误索赔

因发包人未按合同要求提供施工条件，如未及时交付设计图纸、施工现场、道路等；因发包人指令工程暂停或不可抗力事件等原因造成工期拖延的，承包人对此提出索赔。这是工程中较常见的一类索赔。

2）工程变更索赔

由于发包人或监理工程师指令增加或减少工程量或增加附加工程、修改设计、变更工程顺序等，造成工期延长和费用增加，承包人对此提出索赔。

3）合同被迫终止的索赔

发包人或承包人违约以及不可抗力事件等原因造成合同非正常终止，无责任的受害方因其蒙受经济损失而向对方提出索赔。

4）工程加速索赔

由于发包人或工程师指令承包人加快施工速度，缩短工期，引起承包人人、财、物的额外开支而提出的索赔。

5）意外风险和不可预见因素索赔

在工程实施过程中，因人力不可抗拒的自然灾害、特殊风险以及一个有经验的承包人通常不能合理预见的不利施工条件或外界障碍，如地下水、地质断层、溶洞、地下障碍物等引起的索赔。

6）其他索赔

如因货币贬值、汇率变化、物价、工资上涨、政策法令变化等原因引起的索赔。

7. 按索赔的处理方式分

按索赔的处理方式可以分为单项索赔和总索赔。

单项索赔就是采取一事一索赔的方式，即按每一件索赔事项发生后，报送索赔通知书，编报索赔报告，要求单项解决支付，不与其他的索赔事项混在一起。总索赔又称综合索赔或一揽子索赔，即对整个工程（或某项工程）中所发生的数起索赔事项，综合在一起进行索赔。

8.1.3 索赔的作用

1. 索赔有助于双方的管理与履约

索赔可以促进双方内部管理，保证合同正确、完全履行。

索赔的权利是施工合同的法律效力的具体体现，索赔的权利可以对施工合同的违约行为起到制约作用。索赔有利于促进双方加强内部管理，更加紧密地合作，严格履行合同，有助于提高管理素质，加强合同管理，维护市场正常秩序。

2. 索赔有助于对外承包工作的开展

工程索赔的健康开展，能促使双方迅速掌握索赔和处理索赔的方法和技巧，有利于他们熟悉国际惯例，有助于对外开放，有助于对外承包工作的开展。

3. **索赔有助于政府转变职能**

工程索赔的健康开展，可使双方依据合同和实际情况实事求是地协商调整工程造价和工期，有助于政府转变职能，从微观管理到宏观管理。

4. **索赔促使工程造价更加合理**

工程索赔的健康开展，有助于降低工程报价，使工程造价更加合理。

8.1.4 工程索赔的处理原则

按照我国住房和城乡建设部、财政部下达的通用条款，规定按以下原则进行索赔：

1. **索赔必须以合同为依据**

遇到索赔事件时，工程师必须以完全独立的身份，站在客观公正的立场上审查索赔要求的正当性，以合同为依据来公平处理合同双方的利益纠纷。根据我国有关规定，合同文件能互相解释、互为说明，除合同另有约定外，其组成和解释顺序如下：

（1）本合同协议书；

（2）中标通知书；

（3）投标书及其附件；

（4）本合同专用条款；

（5）本合同通用条款；

（6）标准、规范及有关技术文件；

（7）图纸；

（8）工程量清单；

（9）工程报价单或预算书。

2. **必须注意资料的积累**

积累一切可能涉及索赔论证的资料，做到处理索赔时以事实和数据为依据。

3. **及时、合理地处理索赔**

索赔发生后，必须依据合同的准则及时地对索赔进行处理，尽量将单项索赔在执行过程中陆续加以解决。

4. **加强索赔的前瞻性**

在工程的实施过程中，应对可能引起的索赔进行预测，及时采取补救措施，避免过多索赔事件的发生。

8.1.5 工程索赔的步骤

建设工程按施工合同索赔的基本程序如图 8-1 所示。

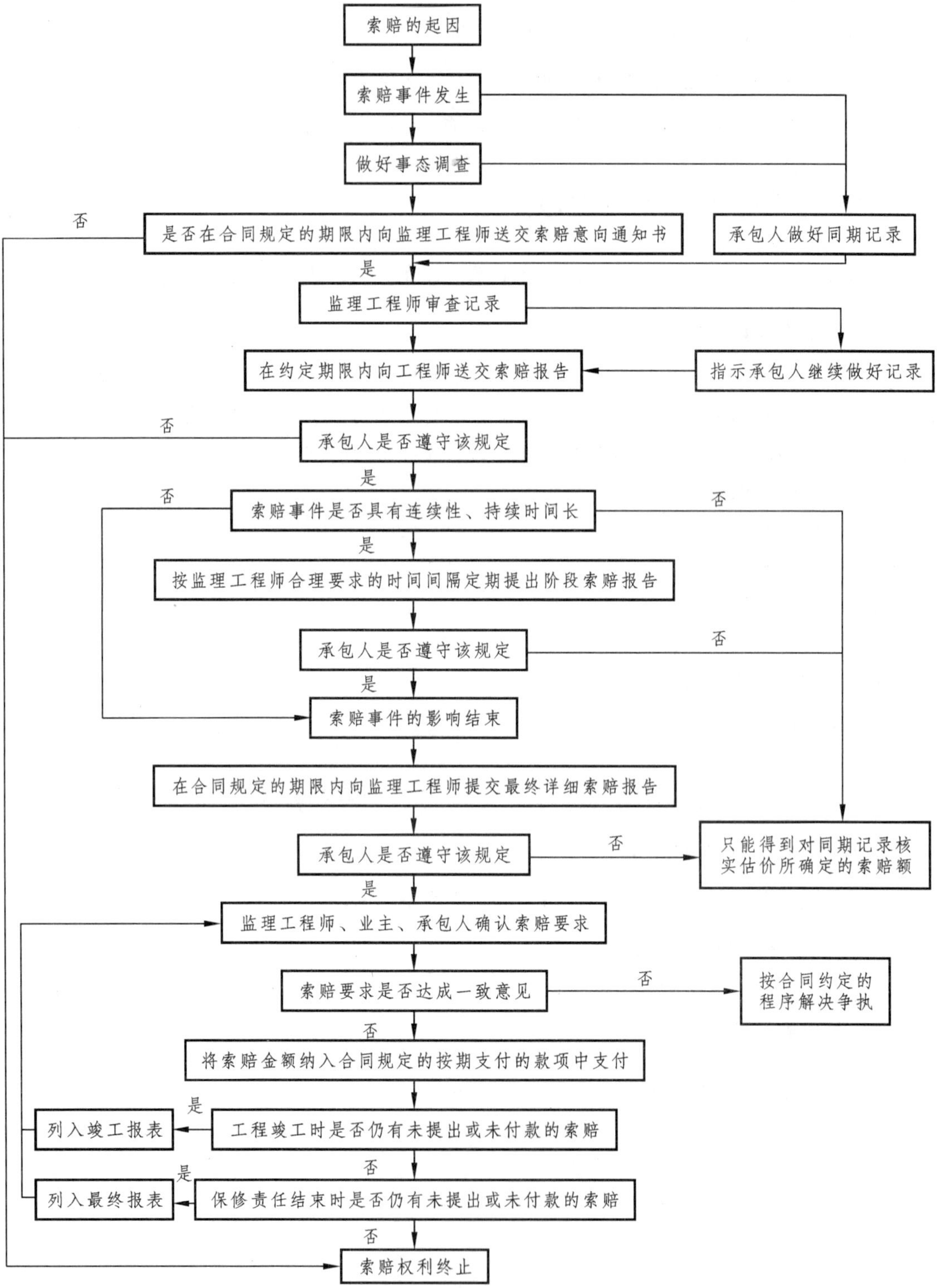

图 8-1　工程索赔的基本程序

8.2 索赔的处理

8.2.1 索赔成立的原则

工程师判定承包人索赔成立的条件为：

（1）与合同相对照，事件已造成了承包人施工成本的额外支出或总工期延误；

（2）造成费用增加或工期延误的原因，按合同约定不属于承包人应承担的责任，包括行为责任或风险责任；

（3）承包人按合同规定的程序提交了索赔意向通知和索赔报告。

上述三个条件没有先后主次之分，应当同时具备。只有工程师认定索赔成立后，才处理应给予承包人的补偿额。

8.2.2 索赔处理程序

承包人的索赔程序常可分为以下几个步骤：

根据国家九部委发布的《标准施工招标文件》，施工承包单位认为有权得到追加付款和（或）延长工期的，应按以下程序向建设单位提出索赔：

（1）施工承包单位应在知道或应当知道索赔事件发生后 28 天内，向监理人递交索赔意向通知书，并说明发生索赔事件的事由。施工承包单位未在前述 28 天内发出索赔意向通知书的，丧失要求追加付款和（或）延长工期的权利。

（2）施工承包单位应在发出索赔意向通知书后 28 天内，向监理人正式递交索赔通知书。索赔通知书应详细说明索赔理由以及要求追加的付款金额和（或）延长的工期，并附必要的记录和证明材料。

（3）索赔事件具有连续影响的，施工承包单位应按合理时间间隔继续递交延续索赔通知，说明连续影响的实际情况和记录，列出累计的追加付款金额和（或）工期延长天数。在索赔事件影响结束后的 28 天内，施工承包单位应向监理人递交最终索赔通知书，说明最终要求索赔的追加付款金额和延长的工期，并附必要的记录和证明材料。

索赔意向通知书的格式没有统一的要求，索赔意向通知一般包括下述内容：

① 事件发生的时间、地点或工程部位；

② 事件发生时的双方当事人或其他有关人员；

③ 事件发生的原因及性质，应特别说明是非承包人的责任或过错；

④ 承包人对事件发生后的态度，应说明承包人为控制事件对工程的不利发展、减少工程及其他相关损失所采取的行动；

⑤ 写明事件的发生将会使承包人产生额外经济支出或其他不利影响；

⑥ 注明提出该项索赔意向的合同条款依据。

索赔意向通知书的内容不一定非常复杂，只要说明索赔事项的名称，引证相应的合同条款，提出自己的索赔要求即可。索赔款额和工期延长的天数及有关证据资料，则可以后再报。

（4）报送索赔资料和索赔报告。

按照我国《建设工程施工合同（示范文本）》的规定，承包人应在发出索赔意向通知书后28天内，向监理人正式递交索赔报告；索赔报告应详细说明索赔理由以及要求追加的付款金额和（或）延长的工期，并附必要的记录和证明材料，监理人应在收到索赔报告后14天内完成审查并报送发包人，当索赔事件具有持续影响的，承包人应按合理时间间隔继续递交延续索赔通知，说明持续影响的实际情况和记录，列出累计的追加付款金额和（或）工期延长天数，在索赔事件影响结束后28天内，承包人应向监理人递交最终索赔报告，说明最终要求索赔的追加付款金额和（或）延长的工期，并附必要的记录和证明材料。

承包人应按月递交进一步的中间索赔报告，说明累计索赔的延误时间和金额，以及工程师可能合理要求的此类进一步详细资料；以及承包商在索赔的事件和情况产生影响结束后28天内，或在承包商可能建议并经工程师认可的此类其他期限内，递交一份最终索赔报告。在正式提出索赔要求以后，承包商应抓紧准备索赔资料，计算索赔款额和必需的工期延长天数，编写索赔报告，并在下一个28天以内正式报出。如果索赔事项的影响继续存在，事态还在发展时，则每月向工程师报送一次补充资料，说明事态发展情况。最后，当索赔事项结束后，在28天以内报送此项索赔的最终报告，并附上最终账单和全部证据资料，提出具体的索赔款额和工期延长天数，要求工程师和业主审定。

（5）监理人收到施工承包单位提交的索赔通知书后，应按以下程序进行处理：

① 监理人收到施工承包单位提交的索赔通知书后，应及时审查索赔通知书的内容、查验施工承包单位的记录和证明材料，必要时监理人可要求施工承包单位提交全部原始记录副本。

② 监理人应商定或确定追加的付款和（或）延长的工期，并在收到上述索赔通知书或有关索赔的进一步证明材料后的42天内，将索赔处理结果答复施工承包单位。

③ 施工承包单位接受索赔处理结果的，建设单位应在做出索赔处理结果答复后28天内完成赔付。施工承包单位不接受索赔处理结果的，按合同中争议解决条款的约定处理。

④ 施工承包单位提出索赔的期限。施工承包单位接受竣工付款证书后，应被认为已无权再提出在合同工程接收证书颁发前所发生的任何索赔。施工承包单位提交的最终结清申请单中，只限于提出工程接收证书颁发后发生的索赔。提出索赔的期限自接受最终结清证书时终止。

（6）仲裁或诉讼

按照我国《建设工程施工合同（示范文本）》的规定，因合同及合同有关事项产生的争议，合同当事人可以在专用合同条款中约定以下一种方式解决争议：① 向约定的仲裁委员会申请仲裁；② 向有管辖权的人民法院起诉。

当合同争端不能通过调解达成一致时，可按工程项目合同文件的规定，将争端提交仲裁机构解决。仲裁作为正规的法律程序，其裁决对争议双方均有法律上的约束力。工程项目合同文件中通常规定了仲裁机构、仲裁地点及仲裁使用的语言等。至于具体的仲裁规则、程序及费用支付等问题，则按照该仲裁机构的章程办理。

承包人索赔的基本程序如图 8-2 所示。

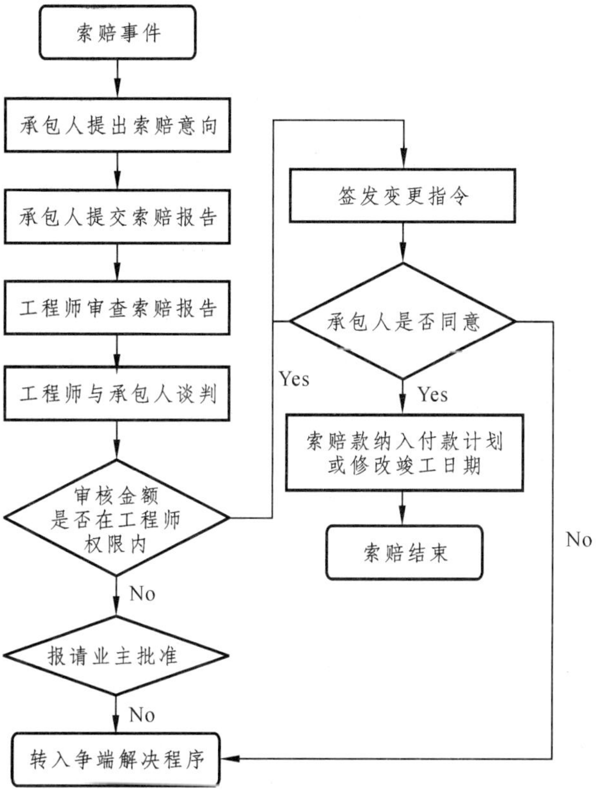

图 8-2　承包人索赔的基本程序

8.2.3　索赔报告

索赔报告是具有法律效力的正规文件的内容，其结构及表达方式对索赔的解决有重大的影响。索赔报告应充满说服力，合情合理，有根有据，逻辑性强，能说服工程师、业主、调解人和仲裁人。索赔报告如果撰写不当，会使承包商失去在索赔事件中的有利地位和条件，使正当的索赔要求得不到应有的妥善解决。索赔报告的具体内容，应根据索赔事件的性质和特点而有所不同。但从报告的必要内容与文字结构方面而论，一个完整的索赔报告应包括以下四个部分：

1. 索赔事件总论

总论部分的阐述要求简明扼要，说明问题。它一般包括序言、索赔事项概述、具体索赔要求、索赔报告编写及审核人员名单。文中首先应概要地叙述索赔事件的发生日期与过程，承包商为该索赔事件所付出的努力和附加开支，以及承包商的具体索赔要求。在总论部分末尾，附上索赔报告编写组主要成员及审核人员的名单，注明有关人员的职称、职务及施工经验，以表示该索赔报告的严肃性及权威性。

2. 索赔根据

索赔根据主要是说明自己具有的索赔权利，这是索赔能否成立的关键。索赔根据的主要内容来自该工程的合同文件，并参照有关法律规定。承包商的索赔要求有合同文件的支持，应直接引用合同中的相应条款。强调这些是为了使索赔理由更充足，使业主和仲裁人在感情上易于接受承包商的索赔要求，从而获得相应的经济补偿或工期延长。在写法结构上，按照索赔事件发生、发展、处理和最终解决的过程编写，并明确全文引用有关的合同条款，使业主和监理工程师能够历史地、逻辑地了解索赔事件的始末，并充分认识该项索赔的合理性和合法性。

3. 索赔费用及工期计算

（1）索赔款的要求总额。

（2）各项索赔款的计算，如额外开支的人工费、材料费、管理费和所损失的利润。

（3）指明各项开支的计算依据及证据资料。承包商应注意采用合适的计价方法，至于采用哪一种计价法，应根据索赔事件的特点及自己所掌握的证据资料等因素来确定。其次，应注意每项开支款的合理性，并指出相应的证据资料的名称及编号。切忌采用笼统的计价方法和不实的开支款额。

4. 索赔证据

索赔证据可以是包括工程项目施工过程中所涉及的有关政治、经济、技术、财务等资料，具体可进行作如下分类：

（1）政治经济资料：重大新闻报道记录，如罢工、动乱、地震以及其他重大灾害等；重要经济政策文件，如税收决定、海关规定、外币汇率变化、工资调整等；政府官员和工程主管部门领导视察工地时的讲话记录；权威机构发布的天气和气温预报，尤其是异常天气的报告等。

（2）施工现场记录报表及来往函件：

① 监理工程师的指令；

② 与业主或监理工程师的来往函件和电话记录；

③ 现场施工日志；

④ 每日出勤的工人和设备报表；

⑤ 完工验收记录；

⑥ 施工事故详细记录；

⑦ 施工会议记录；

⑧ 施工材料使用记录本；

⑨ 施工进度实况记录；

⑩ 工地风、雨、温度、湿度记录；

⑪ 索赔事件的详细记录本或摄影、摄像；

⑫ 施工效率降低的记录等。

（3）工程项目财务报表：

① 施工进度月报表及收款录；

② 索赔款月报表及收款记录；

③ 工人劳动记事卡及工资历表；

④ 材料、设备及配件采购单；

⑤ 付款收据；收款收据；

⑥ 工程款及索赔款迟付记录；

⑦ 迟付款利息报表；

⑧ 向分包商付款记录；

⑨ 现金流动计划报表；

⑩ 通用货币汇率变化等；

⑪ 会计日报表、会计总账、财务报告、会计来往信件及文件等。

8.2.4 编写索赔报告的要求

编写索赔报告的一般要求有以下几个方面：

1. 索赔事件应是真实的

对索赔事件的叙述，必须明确、肯定，不含任何的估计和猜测，也不可用估计和猜测式的语言，诸如“可能、大概、也许”等，这会使索赔要求显得苍白无力。

2. 责任分析应清楚、准确、有根据

索赔报告应仔细分析事件的责任，明确指出索赔所依据的合同条款或法律条文，并且应说明承包商的索赔完全按照合同规定程序进行的。一般索赔报告中所针对的干扰事件都是由对方引起的责任，应将责任全部归于对方。不可用含混的字眼和自我批评式的语言，否则会丧失自己在索赔中的有利地位。并且应特别强调干扰事件的不可预见性和突然性，即使一个有经验的承包商对它也不可能有预见和准备，对它的发生承包商无法制止，也不可能影响。

3. 充分论证事件造成承包商的实际损失

索赔的原则是赔偿由事件引起的承包商所遭受的实际损失，所以索赔报告中应强调由于事件影响与实际损失之间的直接因果关系，报告中还应说明承包商在干扰事件发生后已立即将情况通知了工程师，听取并执行工程师的处理指令，或承包商为了避免、减轻事件的影响和损失已尽了最大的努力，采用能够采用的措施，在报告中详细叙述所采取的措施以及效果。

4. 索赔计算必须合理、正确

要采用合理的计算方法和数据，正确计算出应取得的经济补偿款额或工期延长数额。计算中应力求避免漏项或重复计算，不得出现计算上的错误。

8.3 建设工程施工索赔的计算

工期索赔及计算有如下几种常用方法。

1. 网络分析法

网络分析法是通过分析索赔事件发生前后网络计划工期的差异（必须是关键线路的时间差值）计算索赔工期的。这是一种科学、合理的计算方法，适用于各类工期索赔。

2. 对比分析法

对比分析法比较简单，适用于索赔事件仅影响单位工程，或分部分项工程的工期，需由此而计算对总工期的影响。其计算公式为：

$$总索赔工期=\frac{原合同总工期\times 额外或新增工程量价格}{原合同价格}$$

3. 劳动生产率降低计算法

因索赔事件干扰正常施工导致劳动生产率降低，而使工期拖延时，索赔工期可按下式计算：

$$索赔工期=\frac{计划工期\times(预期劳动生产率-实际劳动生产率)}{预期劳动生产率}$$

4. 简单累加法

在施工过程中，由于恶劣气候、停电、停水及意外风险造成全面停工而导致工期拖延，可以一一列举各种原因引起的停工天数，累加结果，即可作为索赔天数。应该注意的是由多项索赔事件引起的总工期索赔，最好用网络分析法计算索赔工期。

复习思考题

一、选择题

1. 下列关于施工索赔的说法中错误的是（　　）。

   A. 索赔是一种合法的正当权利要求，不是无理争利

   B. 索赔是单向的

   C. 索赔的依据是签订的合同和有关法律、法规和规章

   D. 在工程施工中，索赔的目的是补偿索赔方在工期和经济上的损失

2. 在索赔的分类中，可分为单项索赔和总索赔，对总索赔方式说法正确的（　　）。

A. 特定情况下，被迫采用的一种方式

B. 通常采用的一种方式

C. 解决起来较容易的一种方式

D. 容易取得索赔成功的一种方式

3. 单项索赔（　　）。

A. 指在工程实施过程中，出现了干扰原合同的索赔事件，承包商为此事件提出的索赔

B. 指承包商在工程竣工前后，将施工过程中已提出但未解决的索赔汇总一起，向业主提出一份总索赔

C. 指对合同中规定工作范围的变化而引起的索赔

D. 以合同条款为依据，在合同中有明文规定的索赔

4.《建筑工程施工合同示范文本》规定，工程师收到承包人递交的索赔报告和相关资料后应在（　　）天内给予答复。

A. 28　　　　B. 29

C. 30　　　　D. 15

5. 施工合同约定，风力超过 8 级的停工应给予工期顺延。某承包人在 5 月份一水塔高空作业的施工中遇 7 级风，按照安全施工管理规定的要求，停工 5 天，为此提出工期索赔的要求。其理由是当地多年气候资料表明 5 月份没有大风，此次连续大风属于不可预见的情况。该承包人的索赔理由属于（　　）。

A. 工程变更索赔　　　　B. 工程加速索赔

C. 合同被迫终止索赔　　　　D. 合同中默示的索赔

二、简答题

1. 什么是索赔？按照索赔的目的有哪些分类？
2. 索赔的处理程序是什么？
3. 可以索赔的费用项目有哪些？
4. 承包人索赔技巧有哪些？
5. 简述索赔管理的意义。

三、案例分析

【案例 1】某厂房建设场地原为农田。按设计要求在厂房建造时，厂房地坪范围内的耕植土应予清除，基础必须埋在老土层下 2.00 m 处。为此，业主在“三通一平”阶段就委托土方施工公司清除了耕植土并用黏土回填压实至一定设计标高，故在施工招标文件中指出，施工单位无须再考虑清除耕植土问题。某施工单位中标后，与业主签订了固定价格合同。然而，在开挖基坑时发现，相当一部分基础开挖深度虽已达到设计标高，但仍未见老土，且在基坑和场地范围内仍有一部分深层的耕植土和池塘淤泥等必须清除。

问题：

1. 在工程中遇到地基条件与原设计所依据的地质资料不符时，承包商应该怎么处理？

2. 根据修改的设计图纸，基坑开挖要加深加大，造成土方工程量增加，施工工效降低。请问承包商如何处理？

3. 在施工中又发现了较有价值的出土文物，造成承包商部分施工人员和机械窝工，同时承包商为保护文物付出了一定的措施费用。请问承包商应如何处理此事？

【分析】

1. 在工程中遇到地基条件与原设计所依据的地质资料不符时，承包商应根据《建设工程施工合同（示范文本）》的相关规定，及时通知甲方，要求对工程地质重新勘察并对原设计进行变更。

2. 在接到设计变更图纸后 14 天内，向承包商提出变更工程价款和工期顺延的报告。甲方应在收到书面报告 14 天内予以答复，若同意该项报告，则调整合同；若不同意，应进一步与甲方协商，修改合同。如果不能达成一致，按工程承包合同规定的争议处理方式解决。

3. 发现出土文物后，首先应在 4 小时内，以书面形式通知甲方，同时采取妥善的保护措施；其次向甲方提出措施费用补偿和顺延工期的要求，并提供相应的计算书和索赔报告。

【案例 2】某公司新建住宅楼，通过公开招标确定了施工单位，合同价款形式为可调价格合同，施工进度计划已经达成一致意见。合同规定由于甲方责任造成施工窝工时，窝工费用按原人工费、机械台班费 60%计算。在专用条款中明确 6 级以上大风、大雨、大雪、地震等自然灾害按不可抗力因素处理。工程师应在收到索赔报告之日起 28 天内予以确认，工程师无正当理由不确认时，自索赔报告送达之日起 28 天后视为索赔已经被确认。

在施工过程中出现下列事件：

事件 1：因业主不能及时提供图纸，使工期延误 20 天，10 人窝工。

事件 2：因施工机械故障，使工期延误 10 天，5 人窝工。

事件 3：因外部供电故障，使工期延误 2 天，20 人窝工。

事件 4：因下大雨，工期延误 3 天，20 人窝工。

根据双方商定，人工费定额为 32 元/工日，机械台班费为 2 000 元/台班。

根据上述约定乙方提出工期补偿 35 天，费用 13 056 元（所有事件窝工费用及机械费用之和）索赔的要求。

问题：

1. 乙方上述要求是否合理？为什么？

2. 经工程师认定的索赔工期为多少天？

3. 如果工程师在收到报告后 28 天内未给予答复意见或确认，工期延长多少天？结算时费用补偿为多少？

项目 9 国际合同条件及管理

案例导入

某国际工程为非洲某国政府建设一所学校，资金由国际复兴开发银行提供。工程建设准备工作中，业主通过工程师向承包商递交了一份有工程师签字的图纸，在实施中，工程师发现与该国工程技术规范要求不一致，要求承包商按照该国技术规范返工实施。与此同时，在该工程的实施中，承包商根据经验提出了很多合理化建议，经工程师研究采用后为业主节约了一大笔成本，但是承包商的工作内容相应减少。对此，承包商提出索赔。

提出问题

1. 什么是国际工程?
2. 在国际工程合同管理中，出现索赔和争端，解决方式有哪几种?
3. 国际工程比国内工程的风险高在哪里?

分析问题

1. 国际工程通常是指由多个国家的公司参与工程项目筹建、咨询、采购、承包、管理等各个阶段的，并且按照国际通用的项目管理模式进行管理的建设工程项目。国际工程包括咨询和承包等行业。

2. 在国际工程合同管理中，出现索赔和争端，一般选协商、调解、仲裁或诉讼和 DAB 方式解决。

3. 国际工程受到了各方面因素的影响，因此与国内工程相比，国际工程的复杂性和风险性尤为明显。国际工程承包因工程环境的复杂性而比国内工程承包具有更大的风险。国际工程工程的实施，受到国际政治和经济形势变化、国际材料来源的制约，以及不同的社会文化环境和地理气候条件等因素的影响，远比国内工程复杂得多。同时，在国际工程中，不同国家的技术标准以及各个国家客户的要求不同，要求承包商必须熟悉并适应相应的法律法规和国际标准，这便对承包商提出了更高的要求。

项目导学

微课："国际合同条件及管理"导学

1. 学习内容

国际工程的概念和特点；FIDIC 土木工程施工合同条件主要条款。

2. 知识目标

了解 FIDIC 土木工程施工条件的构成及相应条款；掌握国际工程合同中专业名词的含义。

3. 能力目标

能够运用国际合同条款进行国际工程项目的争议处理。

4. 素养目标

引导学生增强“四个意识”，坚定“四个自信”，做到“两个维护”，激励学生将“个人梦”和“中国梦”相结合，坚守初心，勇于担当，自觉担负起新时代赋予的历史使命。

9.1 国际工程概述

国际工程通常是指由多个国家的公司参与工程项目筹建、咨询、采购、承包、管理等各个阶段的，并且按照国际通用的项目管理模式进行管理的建设工程项目。国际工程包括咨询和承包等行业。

9.1.1 国际工程咨询

国际工程咨询包括对工程项目前期的投资机会研究、可行性研究、项目评估、勘察设计、招标文件编制、工程监理、项目管理、项目后评估等，是以智力型劳动为主的服务工作，大多都是受建设单位（业主）委托提供相关工程咨询服务，也可为承包人提供咨询服务，进行施工管理、成本管理等。

9.1.2 国际工程承包

国际工程承包是指参与国际工程的不同国家企业对工程项目进行投标、施工、设备供货、分包、提供劳务等。国际工程招标方式可归纳为 4 种类型：国际竞争性招标（国际公开招标）、国际有限招标（有限竞争招标）、两阶段招标和议标（邀请协商）。国际工程承包与国内工程相比，具有以下一些特点：

（1）在国际工程参与主体订立合同的过程中，双方签订的合同要受到有关缔约方国家的法律或国际惯例的制约、保护与监督。

（2）国际工程咨询和承包在国际上都有上百年历史，已经具备一批比较完善的合同范本以供使用，如 FIDIC 合同条件、ICE 合同条件、AIA 合同条件等。这些国际工程承包合同包括合同协议书、投标书、中标函、合同条件、技术规范、图纸、工程量表等多个文件，内容全面且还在不断地修订和完善，可供参与国际工程的各个国家学习和借鉴。

（3）国际工程承包合同通常采用总价合同或单价合同，有时也可采用成本加酬金合同。

9.1.3 国际工程招标

国际工程招标，是指在国际工程项目中，招标人通过国内和国际的新闻媒体发布招标信息，有意愿且符合招标文件要求的投标人均可参与投标竞争，通过评标择优选择承包人达成交易的一种经济活动。而国际工程投标则是对应国际工程招标的一种经济活动。多数国家都制定了适合本国特点的招标法规，以统一其国内招标办法，但还没有形成一种各国都应遵守的带有强制性的招标规定。国际工程招标，也都根据国家或地区的习惯选用一种具有代表性，适用范围广，并且适用本地区的某一国家的招标法规。如世界银行贷款项目招标和采购法规、英国招标法规和法国使用的工程招标制度等。

9.1.4 国际工程投标

国际工程招投标是特殊类型的国际贸易，这种综合性较高的交易方式受到了各方面因素的影响，因此与国内工程相比，国际工程的复杂性和风险性尤为明显。国际工程承包因工程环境的复杂性而比国内工程承包具备更大的风险。国际工程的工程实施，受到国际政治和经济形势变化、国际资金来源的制约，以及不同的社会文化环境和地理气候条件等因素的影响，远比国内工程复杂得多。同时，在国际工程中，不同国家的技术标准以及各个国家客户的要求不同，要求承包商必须熟悉并适应相应的法律法规和国际标准，这便对承包商提出了更高的要求。

国际工程投标需要注意以下几点：

（1）广泛获取信息：通过国际金融机构的出版物获取项目信息；通过公开发行的国际刊物获得项目信息；借助公共关系网提早获取项目信息；通过驻外使馆、驻外机构、外经贸部、公司驻外机构、国外驻我国机构等获取项目信息；通过国际信息网络获取项目信息。

（2）投标准备：在工程所在国登记注册；选择合适的咨询机构或代理人；择优选择合作伙伴；组织投标小组。

（3）现场踏勘及标前会议需要了解的情况：政治经济形势是否稳定，治安状况如何；外汇管理制度和货币稳定状态；当地的市场状况、施工材料采购来源、运输条件和价格水平；项目所在地的地理环境、水文地质、气候条件等；有关劳务输入、设备材料进出口的规定；项目所在地的其他相关法律法规。

9.1.5 国际常用的几种建设工程承包合同条件

（1）FIDIC 合同条件。

（2）ICE 合同条件。

（3）美国 AIA 系列合同条件。

本项目以 FIDIC 合同条件为主进行讲述，针对 ICE 合同条件和 AIA 系列合同条件进行简述。

9.2 FIDIC 概述

9.2.1 FIDIC 组织简介

FIDIC 是“国际咨询工程师联合会”的法文名 Fédération lnternationale Des lngénieurs Conseils 的缩写，其英文名为 International Federation of Consulting Engineers。

FIDIC 于 1913 年成立，现总部设在瑞士的洛桑。该联合会是被世界银行认可的咨询服务机构，是国际上具有权威性的咨询工程师组织。在创立之初，FIDIC 组织的职业道德准则之一就是咨询工程师的行为必须独立于承包商、制造商和供应商之外，他必须以独立的身份向委托人提供工程咨询服务，为委托人的利益尽责，并仅以此获得报酬。它的会员每一个国家只有一个，中国工程师协会于 1996 年正式加入该组织。

FIDIC 组织作为行业最大的协会，其成立一百多年来，对国际工程建设项目的招投标、合同管理、造价管理等活动起到了重要作用，其影响力遍布全球。它的成员来自于全球各个地区的六十多个国家，代表着全世界大多数私营的咨询工程师。FIDIC 制定的通用标准合同条件也在国际上得到了广泛应用和普遍认可。这些合同和协议范本，条款内容严谨，对履约各方和实施人员的职责义务作了明确的规定；对实施项目过程中可能出现的问题也都有较合理的规定。这些协议性文件为项目进行科学管理提供了可靠的依据，有利于保证工程质械、工期和控制成本，使业主、承包人以及咨询工程师等有关人员的合法权益得到保证。

作为一个国际性的非官方组织，FIDIC 的宗旨是将各个国家独立的咨询工程师行业联合成一个国际性的行业组织;促进还没有建立起这个行业组织的国家也能够建立起这样的组织;鼓励制订咨询工程师应遵守的职业行为准则，以提高为业主和社会服务的质量；研究和举办各类研讨会、会议及其他活动；坚持高水平的道德和职业标准；交流观点和信息；讨论成员协会和国际金融机构代表共同关心的问题；以及促进发展中国家工程咨询业的发展。

该会编制的《业主与咨询工程师标准服务协议书》（白皮书）、《土木工程施工合同条件》（红皮书）、《电气与机械工程合同条件》（黄皮书）、《工程总承包合同条件》（桔黄皮书）等文件被世界银行、亚洲开发银行等国际和区域发展援助金融机构作为实施项目的合同协议范本。目前我国的外资贷款项目均普遍采用 FIDIC 合同条件。

FIDIC 下设 5 个专业委员会：业主与咨询工程师关系委员会（CCRC）、合同委员会（CC）、风险管理委员会（RMC）、质量管理委员会（QMC）、环境委员会（ENVC）。

我国各部委、行业颁布的合同范本均大量参考 FIDIC 文本的编制原则和条款责任的规定，很多大型复杂工程项目的建设直接应用 FIDIC 的文本。FIDIC 编制的合同文本涵盖了施工中可能发生的正常情况和非正常情况责任的划分，以及合同履行过程中参与项目施工有关各方的规范化管理程序。

9.2.2 FIDIC 合同条件

1957 年，FIDIC 与国际房屋建筑和公共工程联合会在英国咨询工程师联合会（ACE）颁布的《土木工程合同文件格式》的基础上出版了《土木工程施工合同条件（国际）》（第 1 版）（俗称“红皮书”），常称为 FIDIC 条件。该条件分为两部分，第一部分是通用合同条件，第二部分为专用合同条件。

FIDIC 出版的各类合同条件先后有：

（1）《土木工程施工合同条件》（1987 年第 4 版，1992 年修订版）（红皮书）；

（2）《电气与机械工程合同条件》（1988 年第 2 版）（黄皮书）；

（3）《土木工程施工分包合同条件》（1994 年第 1 版）（与红皮书配套使用）；

（4）《设计——建造与交钥匙工程合同条件》（1995 年版）（桔皮书）；

（5）《施工合同条件》（1999 年第 1 版）；

（6）《生产设备和设计——施工合同条件》（1999 年第 1 版）；

（7）《设计采购施工（EPC）/交钥匙工程合同条件》（1999 年第 1 版）；

（8）《简明合同格式》（1999 年第 1 版）；

（9）多边开发银行统一版《施工合同条件》（2005 年版），等等。

FIDIC 合同条件经过多年数次修改和完善，于 1999 年 9 月出版了一套 4 本全新的标准合同条件，四种新版的合同条件及其适用范围如下：

（1）《施工合同条件》

《施工合同条件》（Conditions of Contract for Construction），简称“新红皮书”。该文件推荐用于有雇主或其代表——工程师设计的建筑或工程项目，主要用于单价合同。在这种合同形式下，通常由工程师负责监理，由承包商按照雇主提供的设计施工，但也可以包含由承包商设计的土木、机械、电气和构筑物的某些部分。

（2）《生产设备和设计——施工合同条件》

《生产设备和设计——施工合同条件》（Conditions of Contract for Plant and Design-Build），简称“新黄皮书”。该文件推荐用于电气和（或）机械设备供货和建筑或工程的设计与施工，通常采用总价合同。由承包商按照雇主的要求，设计和提供生产设备和（或）其他工程，可以包括土木、机械、电气和建筑物的任何组合，进行工程总承包。但也可以对部分工程采用单价合同。

（3）《设计采购施工（EPC）/交钥匙工程合同条件》

《设计采购施工（EPC）/交钥匙工程合同条件》（Conditions of Contract for EPC/Turnkey Projects），简称“银皮书”该文件可适用于以交钥匙方式提供工厂或类似设施的加工或动力设备、基础设施项目或其他类型的开发项目，采用总价合同。这种合同条件下，项目的最终价格和要求的工期具有更大程度的确定性；由承包商承担项目实施的全部责任，雇主很少介入。即由承包商进行所有的设计、采购和施工，最后提供一个设施配备完整、可以投产运行的项目。

（4）《简明合同格式》

《简明合同格式》（Short Form of Contract），简称“绿皮书”。该文件适用于投资金额较小的建筑或工程项目。根据工程的类型和具体情况，这种合同格式也可用于投资金额较大的工程，特别是较简单的、或重复性的、或工期短的工程。在此合同格式下，一般都由承包商按照雇主或其代表——工程师提供的设计实施工程，但对于部分或完全由承包商设计的土木、机械、电气和（或）构筑物的工程，此合同也同样适用。

9.2.3 FIDIC 协议范本

FIDIC 出版的协议书也是一种合同格式，通常适用于应用功能比较单一、条款比较简单的合同。目前常用的协议书范本有：

（1）客户/咨询工程师（单位）服务协议书范本（1998 年第 3 版）（白皮书）；

（2）客户/咨询工程师（单位）服务协议书；

（3）代表性协议范本（新）；

（4）EIC 的施工-运营-转让/公共民营合作制项目白皮书；

（5）联营（联合）协议书；

（6）咨询分包协议书。

其中，《客户/咨询工程师（单位）服务协议书范本》（白皮书第 3 版），用于建设项目业主同咨询工程师签订服务协议书时参考使用。文本适用于由咨询工程师提供项目的投资机会研究、可行性研究、工程设计、招标评标、合同管理、生产准备和运营等涉及建设全过程的各种咨询服务内容。

在该协议书中，对客户和工程咨询单位的职责、义务、风险分担和保险等方面在条款内容上做了更加明确的规定，增加了反腐败条款和友好解决争端等条款，更好地适应了当前工程市场的需要。这对加强工程咨询市场的规范化，提高工程咨询质量，进而提升项目决策和管理水平有较大的帮助。

9.3 FIDIC《施工合同条件》主要内容

9.3.1 通用条款

FIDIC 建议在国际范围内招标时使用上述格式作为合同基础。FIDIC 是按照官方语言为英语的情况编写的，因此在某些国家和地区，特别是当合同条件用于其国内合同时，可能需要对这些格式进行一些改动。

在编写本施工合同条件的过程中 FIDIC 发现，有许多条款是普遍适用的，但也有一些条款必须根据特定合同的具体情况予以变动。因此将那些对大多数合同都适用的条款编入了通用条件中，以方便使用者将其纳入合同文件。通用条件和专用条件共同构成了制约合同各方权利和义务的条件。对于每一份具体的合同，都必须编制专用条件，并且必须考虑到通用条件中提到的专用条件中的条款。

新红皮书的通用条件共包括 20 条，其内容包括：一般规定、业主、工程师、承包商、指定分包商、职员与劳工、工程设备、材料和工艺；开工、延误及暂停、竣工检验、业主的接收；缺陷责任、计量与估价、变更与调整、合同价格与支付、业主提出终止、承包商提出的暂停或终止、风险与责任、保险、不可抗力；索赔、争端与仲裁等。这 20 条分别从合同文件管理、工期管理、支付管理、质量管理、风险分担以及索赔和争端的解决等方面，对合同各方在实施项目过程中的职责、义务和权利作出了全面规定。

随着国际工程市场的发展和变化以及工程项目管理水平的提升，FIDIC 认为有必要针对已使用多年的 1999 版合同条件在应用过程中产生的问题进行修订，以使其能更好地反映国际工程实践，更具代表性和普遍意义。此次修订过程中，FIDIC 征求并吸纳了国际工程业界各方用户和相关组织（包括 CICA、EIC、ICAK 和 OCAJI 等承包商协会）的意见和建议，并借鉴了 FIDIC 2008 年出版的生产设备与设计-建造-运营合同条件（Conditions of Contract for Plant and Design-Build-Operation，DBO）（金皮书）的编写理念和经验。

2017 修订版系列合同条件追求更加清晰、透明和确定（clarity，transparency and certainty），以减少合同双方争端的发生，使项目更加成功。合同条件加强了项目管理工具和机制的运用；进一步平衡了合同双方的风险及责任分配，更强调合同双方的对等关系，力求反映当今国际工程最佳实践做法，同时解决了 1999 版使用过程中产生的问题。

2017 修订版与 1999 版相比，各本相对应合同条件的应用和适用范围，业主和承包商的权利、职责和义务，业主与承包商之间的风险分配原则，合同价格类型和支付方式，合同条件的总体结构都基本保持不变。以下内容结合 1999 版和 2017 修订版进行讲述。

1. 一般规定

新红皮书第一条首先对该合同条件中涉及的 58 个术语分为 6 大类进行了定义，包括了各种合同文件、项目参与方、日期与竣工、款项与支付、工程和货物以及其他定义，基本覆盖了合同文件中使用的核心术语。此外，本条还对通信联络、法律与语言、文件的优先顺序、合同协议书、合同的转让、保密事项、各方共同的及各自的责任等作出了明确规定。

其中需要特别注意一些关于资金运用的术语，例如“暂列金额”和“保留金”：“暂定金额”指合同中指明为暂定金额的一笔金额（如有时），用于实施工程的任何部分或提供永久设备、材料和服务的一笔金额（如有时）。而“保留金”指业主按照第 14.3 款“期中支付证书的申请”扣留并按第 14.9 款“保留金的支付”支付的累计的保留金。

还需要注意，构成合同的各个文件应被视作互为说明的文件，其优先次序如下：

（1）合同协议书（如有时）；

（2）中标函；

（3）投标函；

（4）专用条件；

（5）本通用条件；

（6）规范；

（7）图纸和附录；

（8）资料表以及其他构成合同一部分的文件。

如果在合同文件中发现任何含混或矛盾之处，工程师应颁发任何必要的澄清或指示。

2. 业主（雇主）

本条对业主的权利和义务进行了详细规定，包括进入现场的权利、许可执照和批准、业主的人员、业主的资金安排、业主的索赔等，而且新红皮书首次提出承包商对业主的资金安排有知情权。2017修订版特别强调业主资金安排需要在合同数据中列明，如果有实质性改变业主应马上通知承包商并提供详细的支持资料，如果业主没有遵守此规定承包商甚至可以终止合同，该项规定与承包商向业主提供履约担保对等。

最后，该条规定了业主的索赔程序，要求当业主意识到某事件或情况可能导致索赔时应尽快地发出通知，涉及任何延期的通知应在相关缺陷通知期期满前发出。（缺陷责任期指建设工程质量不符合工程建设强制性标准、设计文件以及承包合同的约定。缺陷责任期一般为1年，最长不超过2年，具体由发承包双方在管理合同中约定。缺陷责任期从工程通过竣（交）工验收之日起计。由于承包人原因导致工程无法按规定期限进行竣（交）工验收的，缺陷责任期从实际通过竣（交）工验收之日起计。由于发包人原因导致工程无法按规定期限进行竣（交）工验收的，在承包人提交竣（交）工验收报告90天后，工程自动进入缺陷责任期。）

3. 工程师

在新红皮书中明确规定工程师不再是独立的第三方，工程师是受雇于业主来管理工程项目的，应按照业主与承包商签订的合同中授予的权利来履行职责。本条对工程师的职责和权利，工程师的授权，工程师的指示，对业主更换工程师以及工程师作决定时应遵循的程序等作了详细规定。

2017修订版对工程师人员的资质提出了更高、更详细的要求，也只有高水平、权威、专业且敬业的工程师才有可能做到中立。同时，增加了工程师代表这个角色，并要求工程师代表常驻现场，且工程师不能随意更换其代表。

2017修订版对工程师作出回复的时间给予了很多限制，促使其在合同管理过程中不能随意拖延回复承包商发出的通知或请求，主要体现在“视为”规定（deem/deemed provisions）上，如：承包商提交的初始进度计划如果工程师没有在21天内（修订的进度计划为14天）回复，则视为其同意了此计划。

2017修订版工程师无需经业主同意即可根据“商定或决定”条款做出决定。与1999版不同，2017版要求工程师在处理合同事务时使用“商定或决定”条款，尤其是处理索赔问题时要保持中立，并强调此时工程师不应被视为代表业主行事。2017版关于“商定或决定”一个二级子条款有近3页，规定非常详细，具有较强的可操作性。

4. 承包商

本条主要规定了承包商在施工过程中的一般义务，对承包商提出了总体要求，并规定了某些特殊情况下承包商可以获得的权利。本条的内容主要有承包商在合同中的一般义务、履约保证的相关规定、对承包商代表的要求、对分包商的要求、分包合同利益的转让、合作以及现场放线的规定；关于现场作业、安全、质量保证、环保的规定；关于现场数据、现场条件、道路通行权、运输等方面承包商的责任和享有的权利；关于进度报告的内容以及提交程序的规定等。特别规定，在开始竣工检验之前，承包商应按照规范规定向工程师提交竣工文件以及操作和维修手册，且应足够详细，以使雇主能够操作、维修、拆卸、重新安装、调整和修理该部分工程。同时对不可预见的外界条件的规定中特别指出，“外界条件”是指承包商在实施工程中遇见的外界自然条件及人为的条件和其他外界障碍和污染物，包括地表以下和水文条件，但不包括气候条件。

2017 修订版对承包商“满足合同规定的工程预期目的”[Fit For the Purpose (s)，FFP] 的义务更加重视和明确且与保障和保险条款联系在一起，强调承包商要对其设计中出现的所有错误导致的业主的直接损失负责（但受责任限额的约束），同时也要求业主将工程预期目的写入“业主要求”文件（红皮书没有此文件）。

5. 指定分包商

指定分包商是指合同中说明为指定分包商或者在工程实践中，工程师依据业主的要求按照第 13 条“变更与调整”指示承包商雇用的分包商。本条对承包商在什么情况下可以拒绝接受指定分包商，以及承包商对指定分包商的支付和支付依据时应注意的问题作详细规定。与旧红皮书相比，新红皮书删除了“在承包商不能提供对指定分包商的支付证明时，业主对承包商支付扣减的单方面行动”的规定。

6. 职员与劳工

工程管理领域的一些研究发现,项目人力资源管理水平的高低对项目的执行有很大影响。在国际工程合同中，业主方要从保证项目顺利实施的角度出发，对承包商在雇用和管理其项目的职员和劳工提出了一些要求。

本条主要围绕这一问题作了相关规定，主要包括：职员和劳工的雇用、工资标准和劳动条件、为他人提供服务的人员、劳动法、工作时间，以及承包商应为职员和劳工提供的设施，并保障他们的健康和安全等。

7. 设备、材料和工艺

质量是工程的生命。在国际工程中，业主对工程质量的管理和控制主要体现在规范、图样以及合同条件的规定中。承包商根据合同的各项规定，编制自己的内部质量控制程序，在工程实施中执行。

本条给出了设备材料验收与工艺检验的有关规定。主要包括：承包商实施工程各个环节的总体要求；材料量控制的方法；业主方的现场检验内容和程序以及承包商配合的义务；工程师的拒收与不合格工程的返工；工程设备和材料的使用权问题以及承包商在施工过程中可能使用的矿产费用问题等。本条包括：实施方法、样本、检查、检验、拒收、补救工作、对永久设备和材料的拥有权、矿区使用费等。

8. 开工、延误及暂停

进度管理是项目管理的主要内容之一，无论是业主，还是承包商，通常将费用、进度、和质量 3 个指标作为判断项目管理的重点。从工程实施进程来看，与工期管理密切相关的内容有开工、进度计划、竣工、缺陷通知期以及工程延期。

本条基本上包括了开工、进度、暂停、工期延长、复工等方面的内容，具体包括关于开工的具体规定，尤其是开工日期的确定；承包商的进度计划的编制与提交；承包商索赔工期的权利和条件；业主方对承包商延误工期的管理方法以及收取延期赔偿费的规定；工程暂停的条件以及暂停的后果等。

9. 竣工检验

工程竣工检验是工程已基本完成的一个标志，也是业主控制质量的一个关键手段。对于竣工检验，合同通常规定的内容包括：承包商在竣工检验中的义务，竣工检验如果出现延误的责任划分和处理方法，如何进行重新检验，以及未能通过竣工检验将如何处理。

10. 业主的接收

在工程实施过程中，当工程的实施到达验收阶段，业主能够即将享用投资成果，承包商即将卸下肩上的重担。虽然工程的验收不需要投入大量的工作，但由于责任重大，备受项目各方的重视。因而，应该给出一个清晰的验收程序来使双方顺利完成这一工作。

本条的具体内容包括:业主接收工程和区段的前提条件以及承包商获得接收证书的程序；业主接收部分工程的限制条件和处理方法；业主阻碍承包商按时进行竣工检验的后果和责任以及在业主接收后承包商的一些其他责任等。

11. 缺陷责任

业主接收了工程后，工程实施进入“收尾”阶段。建设工程虽然是一项特殊的产品，但与其他产品类似，它也有质批保证期，新红皮书中称为“缺陷通知期”。本条的具体内容主要包括：承包商在缺陷通知期的主要责任；修复缺陷费用由谁承担；缺陷通知期的延长条件；履约证书签发的条件及签发人；收到履约证书后承包商还应注意的事项等。同时还包括：未能补救缺陷如何处理、清除有缺陷的部分工程与履约保证的重置、现场的清理工作等。

12. 计量与估价

施工合同一般为单价合同，工程量表中的工程量只是估算工程量，因此投标价格只是一个名义价格，而最终的合同款额由承包商完成的实际工程量确定。

本条的主要内容包括：需计量的工程，实际工程的计量程序和计量方法；工程量的估价原则和估价方法；消减工程量估价的处理方法等。

13. 变更和调整

国际工程项目的复杂性决定了业主在投标阶段所确定的方案往往存在随着工程的进展和对工程本身认识的加深，以及其他外部因素的影响，业主常常在工程施工期间需要对工程的范围、技术要求等进行修改。如何恰当处理这些修改对工程实施造成的影响，是工程合同的一个重要内容，本条对此进行了明确规定。在颁发工程接收证书前的任何时间，工程师可通过发布指示或以要求承包商递交建议书的方式，提出变更。承包商应执行每项变更并受每项变更的约束，除非承包商马上通知工程师（并附具体的证明资料）并说明承包商无法得到变更所需的货物。在接到此通知后，工程师应取消、确认或修改指示。

本条的具体内容包括：工程师变更工程的权利范围；承包商提出变更建议的权利以及变更

被采纳后应获得的收益；变更的处理程序和对变更进行支付的规定；暂定金额覆盖的工作范围以及计日工实施和支付的方法；因物价变动和立法变动原因导致的费用和工期的调整方法等。

14. 合同价格和支付

工程项目的特点决定了工程款的支付与一般的交易付款有所不同，主要表现在工程完成之前合同价格的不确定性与支付程序的复杂性。因此，合理的支付规定，清晰而完整的支付程序，是高水平合同条件的体现，也是承包商获得工程款的一项重要保证。支付条款是工程合同中的核心条款，并且在专用条款里会有补充约定。

本条的具体内容主要包括：本合同条件下合同价格的性质；工程预付款的支付与扣回及相关规定；期中支付证书和最终支付证书的申请和签发程序；材料和永久设备款的支付方法；支付时间安排以及延误支付的处理办法；保留金的退还；各支付货币之间的兑换率规定；业主责任终止的规定等。

15. 业主提出终止

工程是一种特殊的“产品”，工程的建设也是工程各合作方的一个履约过程。对业主而言，虽然一般采用资格预审来排除不合格的承包商，但合同履行过程中仍有可能发生承包商严重违约的情况。如果任其发展，将给业主带来极大的损失。为保护业主的利益，工程合同通常编制这一条款，规定业主在什么条件下有权终止合同。

本条的具体内容包括：承包商哪些违约情况会导致业主有权终止合同；业主终止合同的程序；业主终止合同后对承包商已经完成的工作进行估价和支付的方法；业主出于自身原因终止合同的权利和相关规定等。

2017 修订版，合同终止条款中增加了一些新的触发条件，如超过误期损害赔偿费的限额、收到中标函后 84 天承包商仍未能收到开工通知等，关于业主自便终止合同后的处理增加了一些有利于承包商的规定。

16. 承包商提出暂停和终止

在国际工程投标决策时，承包商应考虑的一个重要内容就是业主的资信和支付能力。业主自身资金出现危机，造成其拖延工程款的支付，从而给承包商带来极大的财务困难，影响项目的执行。在国际工程中，发生此类问题后，合同是如何保护承包商利益的呢？本条对此进行了明确规定。

本条的具体内容包括：业主的哪些行为会导致承包商有权暂停工作；业主的哪些行为将导致承包商有权终止合同；承包商终止合同后的义务；承包商在终止合同后可以获得哪些支付和赔偿，以及相关的其他规定等。

17. 风险和责任

国际工程项目建设周期较长，技术难度较大，受外部环境和国际政治经济形势等各方面因素影响，使得工程实施过程风险性较高。风险分担是合同中一项十分重要的内容，对承包商的投标报价和工程实施都会产生很大影响。清晰的分担条款是优秀合同条件的一个具体体现。

新红皮书专门对限制承包商责任作出了规定。

本条对国际工程施工合同双方的风险安排进行了规定，具体内容包括：业主与承包商互为保障的内容；工程照管责任问题；业主的风险以及对风险发生后果的处理办法；工程所涉及的知识产权和工业产权的保护问题；合同双方的赔偿责任限度等。

18. 保　险

风险贯穿国际工程实施的整个过程中。因此，风险管理就是整个工程管理的一个重要组成部分，而工程保险则是风险管理的一项重要措施。本条主要对工程保险进行了明确规定。

本条的具体内容包括：国际工程合同对保险的一般要求即投保条件、投标单性质、非投保方的知情权、双方遵守保险的义务等；工程、永久设备及承包商设备的保险要求；对第三方人员以及财产的保险要求；对承包商人员的保险要求等。

19. 不可抗力

国际工程项目具有时间跨度大、复杂性强、不可预料因素多的特点，使得在工程实施过程中易出现人力无法控制的“天灾人祸”，法律上称为“不可抗力”。本条对不可抗力进行了明确界定，并就处理不可抗力事件作出了规定。关于不可抗力，大陆法系主要有两种学说：主观学说和客观学说。

主观学说认为，当事人主观上已经尽最大的注意，但仍不能防止阻碍合同履行事件的发生，则已经发生的事件便属于不可抗力。客观学说认为，不可抗力是与当事人主观因素无关，发生在当事人外部的、非经常发生的事件。新红皮书采纳了主观学说不可抗力的概念。

本条的具体内容包括：不可抗力的定义；不可抗力发生后合同双方的责任；合同双方对不可抗力造成的后果各自应承担的责任；不可抗力导致终止合同时的处理方法；不可抗力对分包商影响的处理方法；由法律规定导致履约解除时的处理方法等。

20. 索赔、争端与仲裁

合同中对风险进行了分担，意味着承包商在报价及工期安排时应将自己一方承担的风险考虑进去，而对业主承担的风险，则一般不会考虑。如果这些风险发生，承包商可以向业主索赔。在前面的很多条款中，都明确规定或隐含了承包商索赔的权利。而如果双方对索赔的费用和工期意见不一致，就会出现争端。本条对争端的解决办法也作了相应规定，新红皮书在争端解决机制中引入了 DAB（争端裁决委员会）的争端解决方式。

本条的具体内容包括：承包商进行索赔的程序，包括发出索赔通知以及时间方面的限制；争端裁决委员会的构成、性质与运行机制；友好解决的规定；仲裁的前提条件以及仲裁的规定。

9.3.2　一般权利与义务条款

建筑 FIDIC 施工合同条件中涉及权利与义务的条款主要包括业主的权利与义务、工程师的权利与义务、承包商的权利与义务。

9.3.2.1　业主的权利与义务

1. 业主的权利

（1）业主是指在投标函附录中指定为雇主的当事人及取得此当事人资格的合法继承人

（在 FIDIC 原文中称雇主），业主是建设工程项目的所有人，也可以是合同的当事人，在合同履行过程中享有大量的权利并承担相应的义务。

（2）FIDIC 施工合同条件中定义的业主人员包括工程师、工程师的助理人员、工程师和业主的雇员、工程师和业主通知承包商为业主方工作的人员。

（3）承包商违约时业主有权采取补救措施。施工期间出现的质量事故，如果承包商无力修复，或业主工程师考虑工程安全，要求承包商紧急修复，而承包商不愿意或不能修复，此时，业主有权雇用其他人完成修复工作，所支付的费用从承包商处扣回。

（4）承包商构成合同规定的违约事件时，业主有权终止合同。在发生下述事件后，业主有权向承包商发出终止合同的书面通知，终止对承包商的雇用。

（5）承包商的各种贿赂行为。在发出终止合同的书面通知 14 天后终止合同，将承包商逐出现场。业主可以自行完成该工程或雇用其他承包商完成该工程。业主或其他承包商为了完成该工程，有权使用他们认为合适的原承包商的设备、临时工程和材料。

2. 业主的义务

雇主的义务主要包括：向承包商提供完整、准确、可靠的信息资料和图纸，并对这些资料的准确性负完全的责任；承担由雇主风险所产生的损失或损坏，确保承包商免于承担属于承包商风险以外的一切索赔，诉讼、损害赔偿费、诉讼费、指控费及其他费用；在多家独立的承包商受雇于同一工程或属于分阶段移交的工程情况下，雇主负责办理保险，支付相关款项，为承包商办理各种许可，承担工程竣工移交后的任何调查费用，支付超过一定限度的工程变更所导致的费用增加部分，承担因法规所导致的工程费用增加额等。

（1）业主应在投标函附录规定的时间内向承包商提供施工现场。业主应随时给予承包商占有和使用现场各部分的范围及各部分的顺序。业主提供的施工现场应能够使承包商根据工程进度计划开始并进行施工，如果业主没有在规定的时间内提供施工现场，导致承包商受到损失，包括经济和工期两个方面，承包商可提出经济和工期索赔，费用应加上合理的利润。

（2）业主应在合理的时间内向承包商提供图纸和有关的辅助资料。业主应向承包商提供根据有关该项工程勘察所取得的水文及地表以下包括环境方面的资料。开工后，随着工程进度的进展，业主应随时提供施工图纸。特别是工程变更时，业主应避免因图纸提供不及时而影响工程施工进度。

（3）业主应按合同规定的时间向承包商付款。FIDIC 施工合同条件对业主向承包商付款有很多具体的规定在工程师签发首期预付款、期中支付证书、最终支付证书后，业主应按合同规定的利率，从应付日期起计算利息付给承包商。

（4）业主应协助承包商做好与工程施工相关的工作，如帮助承包商获得工程所在国家的法律文本，申请法律中要求的各项许可和批准等，为工程项目的建设顺利开展提供协助。

9.3.2.2 工程师的权利与义务

FIDIC 采用的是以工程师为核心的三位一体的项目管理模式，FIDIC 施工合同条件中的工程师是指业主为实现合同规定的目的而指定的工程师，他与业主签订委托协议书、受雇于业主，是业主管理工程的具体执行者。工程师虽然不是工程承包合同的当事人，但他为雇主代为管理工程建设和行使合同规定的或合同中必然隐含的权利，主要包括：有权拒绝承包商的代表；有权要求承包商撤走不称职人员；有权决定工程量的增减及相关费用；有权决定增加工程成本或延长工期；有权确定费率；有权下达开工令、停工令、复工令；有权对工程的各个阶段进行检查，包括已掩埋覆盖的隐蔽工程；有权拒绝接收不合格的工程；有权拒绝接受不符合规定标准的材料和设备等。工程师在行使权利的同时必须承担相对应的义务。这些义务包括公平公正合理地处理问题，以书面的形式发出指示，对工程进行检查和验收等。工程师是一个比较特殊的角色，虽然称为工程师（自然人），但在多数情况下指的是一个咨询公司（法人）。工程师是按照业主与承包商签订的合同中授予他的权利。以施工合同为依据，对工程的质量、进度和费用进行控制和监督，以保证工程项目的建设能满足合同的要求。

1. 工程师的权利

1）工程师在质量管理方面的权利

① 对现场材料及设备有检查和拒收的权利。对工程所需要的材料和设备，工程师随时有权利检查或检验，对不合格的材料和设备，工程师有权拒收。

② 有权监督承包商的施工。监督承包商的施工是工程师最主要的工作。一旦发现施工质量不合格，工程师有权指令承包商改正、返工或停工。

③ 对任何已完工程应由工程师进行验收并确认。对不合格的工程，工程师有权拒收。

④ 有权对工程采取紧急补救措施。一旦发生事故、故障或其他事件，如果工程师认为进行任何补救或其他工作是工程安全的紧急需要，则工程师有权采取紧急补救措施。

⑤ 有权要求解雇承包商的雇员。对于承包商的任何人员，如果工程师认为在履行职责中其不能胜任或出现玩忽职守、不遵守合同中的规定等行为，有权要求承包商予以解雇。

⑥ 有权批准分包商。如果承包商准备将工程一部分分包出去，必须向工程师提出申请报告。未经工程师批准的分包商不能进入施工现场施工。

2）工程师在进度管理方面的权利

① 工程延期，必须经过工程师的批准。

② 有权发出开工令、停工令和复工令。承包商应当在接到工程师发出的开工通知后开工。如果由于种种原因需要停工，工程师有权发布停工令。当工程师认为施工条件已经达到合同要求时，可以发出复工令。

③ 有权控制施工进度。如果工程师认为工程或其他任何区段在任何时候的施工进度太慢，不符合竣工期限的要求，则工程师有权要求承包商采取必要的措施，加快工程进度，使其符合竣工期限的要求。

3）工程师在费用管理方面的权利

① 有权确定变更价格。任何因为工作性质、工程数量、施工时间或施工顺序的变更而发出的变更指令，其变更的价格应由监理工程师确定。工程师确定变更价格时应充分和承包商协商，尽可能达成一致意见。

② 有权批准使用暂定金额。暂定金额只有在工程师的指示下才能动用。

③ 有权批准使用计日工。对于数量少而保证工程正常施工所必需的零散工作，工程师可以根据工程变更的形式指示承包商实施，并按合同中的计日工表进行估价和支付。

④ 有权批准向承包商付款。所有按照合同规定的、应由业主向承包商支付的款项，均须由工程师签发支付证书，业主再据此向承包商付款。工程师还可以通过任何临时支付证书对他所签发的任何原有支付证书进行修正或更改。如果工程师认为有必要，他有权停止对承包商付款。

4）工程师在合同管理方面的权利

① 有权批准工程延期。

② 有权发布工程变更指令。包括有关工程性质、数量、时间的变更，必须经工程师的批准，由工程师发出变更指令。

③ 颁发接收证书和履约证书。经工程师检查验收后，达到合同规定的标准即颁发接收证书和履约证书。

④ 有权解释合同中有关文件。对于合同文件的内容出现歧义或阐述不清楚的地方，则由工程师对此作出澄清或更正，并以书面形式公布给承包商。

特别需要说明的是，工程师可以随时将他的职责和权利委托给助理，并可撤回此类委托或授权。这些助理包括现场工程师和（或）指定的对设备和（或）材料进行检查和（或）检验的独立检查人员。助理必须是合适的合格人员，有能力履行这些职责以及行使这种权利。被委托职责或授予权利的每个助理只有权利在其被授权范围内对承包商发布指示。由助理按照授权作出的任何批准、审查、证书、同意、审核、检查、指示、通知、建议、请求、检验或类似行为，应与工程师作出的具有同等的效力。

2. 工程师的义务

（1）认真执行合同。这是工程师的根本职责。根据 FIDIC 施工合同条件的规定，工程师的职责是在合同实施过程中向承包商发布信息和指示、保证建筑材料和施工工艺符合合同规定与相应规范标准；批准已完成工作的工程量与复核，并向业主送交支付证书等工作。

（2）协调施工相关事宜。工程师应对工程项目的施工进度负责，工程师应当与业主、承包商保持良好的工作关系，就施工过程发生的各种事宜进行协调沟通，并及时处理施工中出现的问题，以确保施工的顺利进行。

9.3.2.3 承包商的权利与义务

承包商是指其标书已被业主接受的当事人以及取得该当事人资格的合法继承人，但不指该当事人的任何受让人（除非业主同意）。承包商是合同的当事人，负责工程的施工。承包商的代表是指受承包商委派的对项目进行组织和实施的管理者，在我国被称为承包商的项目经理。承包商的人员包括承包商代表及为承包商在现场工作的一切人员。

1. 承包商的权利

（1）有权获得工程款和提前竣工等奖励。这是承包商的最主要权利。在合同履行过程中，承包商完成了他的义务后，他有权得到业主支付的各类款项，并在未得到业主按期支付时有收款权和索赔权。

（2）有权提出索赔。对于不是由承包商自身的原因造成工程费用的增加或工期的延误，承包商有权提出费用索赔和工期索赔。承包商提出索赔，是主张自己的正当权利。

（3）有权拒绝接受指定的分包商。不承担雇主的风险、反对或拒不接受指定的分包商、特定情况下的合同转让与工程分包、特定情况下有权要求延长工期、特定情况下有权要求补偿损失。

（4）有权要求进行合同价格调整，有权要求工程师书面确认口头指示、有权反对雇主随意更换监理工程师。

（5）有权终止受雇和暂停工作。如果业主违约，或因工程变更超过合同规定的限值而享有补偿权、暂停施工或延缓工程进展、停工或终止受雇的权利。

2. 承包商的义务

（1）承包商应遵守合同规定，保质保量完成合同范围内的各项工程任务，并负责保修期内的各种维修、提交各种要求的担保。合同范围内的工程包括合同的工程量清单以内及清单以外的全部工程和工程师要求完成的与其有关的任何工程。

（2）承包商应对现场的安全负责。承包商在施工现场，有义务保证施工人员的安全和健康，有义务提供包括一切照明、防护、围栏及看守条件，并应避免由其施工方法而引起的污染，直到工程顺利完成验收并移交业主为止。2017 修订版更加重视健康、安全和环境保护问题，明确规定承包商应按合同要求在开工日期之后 21 天内，向工程师提交健康和安全手册，并对手册的内容提出了具体要求。

（3）承包商应遵照执行工程师发布的指令。对工程师发布的指令，无论是口头还是书面的，承包商都必须遵照执行。但对于口头指令，承包商应在 2 天内以书面形式要求工程师确认。承包商对有关工程施工的进度、质量、安全、工程变更等内容方面的指示，应当只从工程师及其授予相应权限的工程师代表处获得。

（4）承包商应负责清理现场。在施工现场，承包商应随时进行清理，保证施工井然有序。在颁布接收证书时，承包商应对接收证书所涉及的工程现场进行清理，并使原施工用地恢复原貌，达到工程师满意的状态。

（5）承包商应提交进度计划和现金流通量的估算。这样有利于工程师对工程施工进度的监督，有利于业主能够保证在承包商需要时提供资金。

（6）承包商应保护工程师提供的坐标点和水准点。承包商除了对由工程师书面给定的原始坐标点和水准点进行准确地放线外，有义务对上述各类地面桩进行仔细保护。

（7）承包商对工程及材料、设备保险。承包商必须以业主和承包商共同的名义，以全部重置成本对工程连同材料和工程配套设备进行保险。保险期限从现场开始起到工程竣工移交为止。如为部分工程或单项工程投保时，保险金额则应为除重置成本外，另加 15%的附加金额，用以包括拆除和运走工程某些部分废弃物等的附加费用和临时费用。

（8）承包商应保障业主免于承受人身或财产的损害。承包商应保障业主免受任何人员的死亡或受伤及财产（除工程外）的损失及其他产生的索赔。

（9）承包商应按时投保各种强制险，并按时参加各种检查和验收。

（10）承包商应遵守工程所在地的一切法律和法规，同时应保证业主免于承担由于违反法律法规的罚款和责任。由于违反法律、法规而导致费用的增加，由承包商自己承担。

9.3.2.4 分包商的权利和义务

分包商分位两大类：一类是由业主或工程师指定的分包商（指定分包商）；另一类是由承包商任命的分包商。指定分包商可以是业主在合同中指定，也可以是在工程实施过程中，业主让承包商雇用某公司作为指定分包商。当业主指定承包商雇用某分包商时，如果承包商提出合理的理由拒绝接受时，业主不能强迫承包商接受。对于承包商接受的分包商，指定分包商的工作由承包商作为责任人向业主负责，指定分包商款项由工程师签证承包商支付，然后由业主支付给承包商，并且要在此基础上增加承包商应从暂定金额中收取的其他费用。

9.3.3 成本控制条款

FIDIC 施工合同条件中涉及成本控制的条款范围很广，其直接或间接与成本控制有关。概括起来，条款大致包括有关工程计量的规定、有关合同价格与支付的规定、暂列金额的使用、保留金的支付、竣工报表及呈交、最终支付证书、承包商对指定分包商的支付、有关合同被迫终止时结算与支付的规定等方面内容。

9.3.3.1 有关工程计量的规定

1. 工程量

投标报价中工程量清单中的工程量是在图纸和规范的基础上对该工程的估算工程量，不能作为承包商履行合同过程中应予完成的实际和确切的工程量。

承包商在实施合同中完成的实际工程量要通过测量来核实，以此作为结算工程价款的依据。由于 FIDIC 合同是固定单价合同，承包商报出的单价是不能随意变动的，因此工程价款的支付额是单价与实际工程量的乘积之和。

2. 工程量的计算

为了付款，工程师应根据合同通过计量来核实和确定工程的价值。工程师计量时应通知承包商派人参加，并提供工程师所需的一些详细资料。如果承包商未参加计量，他应承认工程师的计量结果。

在对永久工程进行计量需要记录时，工程师应准备此类记录。承包商应按照要求对记录进行审查，并就此类记录和工程师达成一致时双方共同签名。如果承包商不出席此类记录的审查和承认时，则应认为这些记录是正确的。

如果承包商在审查后认为记录是不正确的，则必须在审查后 14 天内向工程师发出通知，说明上述记录中不正确的部分。工程师则应在接到这一通知后复查这些记录，或予以确认或予以修改。

3. 工程计量的方法

工程计量方法应事先在合同中作出约定。如果合同中没有约定，应测量永久工程各项内容的实际净数量，测量的方法应按照工程量表或资料表中的规定。

9.3.3.2 有关合同价格与支付的规定

1. 合同价格

合同价格要通过对实际完工工程量的测量和估价来商定或决定，并且包括因法规变化、物价变化等原因对其进行的调整。承包商应支付根据合同应付的各类关税和税费，合同价格不因此类费用而调整，但法规变化引起的调整除外。开工日期开始 28 天内，承包商应向工程师提交资料表中每个包干项目的价格分解表，供工程师在支付时参考。

2. 预付款

预付款是由雇主在项目启动阶段支付给承包商用于工程启动和动员的无息贷款。预付款总额、支付的次数和时间等在投标书附录中规定，一般为合同额的 10%～30%。雇主支付预付款的条件是承包商提交必须履约保函和预付款保函。预付款从开工后一定期限到工程竣工期前的一定期限，从每月向承包商的支付款中扣回，不计利息。具体的扣回方式有很多种，例如可由开工后累计支付款达到合同总价的某一百分数的下一个月开始扣还，扣还额为每月期中支付证书总额的 25%，直到将预付款扣完为止。

3. 中期付款

承包商应在每个月月末向工程师提交一式六份的报表，详细地说明他认为自己到该月月末有权得到的款额，同时提交证明文件（包括月进度报表），作为对期中支付证书的申请。此报表应包括如下内容：

（1）截至该月月末已实施的工程及完成的估算合同价值（包括变更）；

（2）由于法规变化和费用涨落应增加和扣减的金额；

（3）作为保留金扣减的金额；

（4）因预付款的支付和偿还应增加和扣减的金额；

（5）根据合同规定，应付的作为永久工程的设备和材料的任何应增加和扣减的金额；

（6）根据合同或其他规定（包括对索赔的规定）应增加和扣减的金额；

（7）以前所有的支付证书中已经证明的扣减款额。

如果合同中包括支付表，规定了合同价格的分期付款数额，则截至该月月末已实施的工程及完成的估算合同价值（包括变更）中所属估算合同价值即为支付表中对应的分期付款额，并且不拨付工程设备和材料运抵工地的预支款。如果实际进度落后于支付表中分期支付所依据的进度，则工程师可根据落后的情况决定修正分期支付款。

只有在业主收到并批准了承包商提交的履约保证之后，工程师才能为任何付款开具支付证书，付款才能得到支付；在收到承包商的报表和证明文件后 28 天内，工程师应向业主签发中期支付证书，列出他认为应支付给承包商的金额，并提交详细证明材料。在颁发工程的接收证书之前，若该月应付的净金额（扣除保留金和其他应扣款额之后）少于投标函附录中对支付证书的最低限额的规定，工程师可暂不开具支付证书，而将此金额累计至下月应付金额中；若工程师认为承包商的工作或提供的货物不完全符合合同要求，可以从应付款项中扣留用于修理或替换的费用，直至修理或替换完毕，如果他对某项工作的执行情况不满意时，也有权在证书中删除或减少该项工作的价值，但不得因此而扣发中期支付证书。监理工程师在签发每月支付证书时，有权对以前签发的证书进行修正。支付证书不代表工程师对工程的接受、批准、同意或满意。中期付款支付时间应在工程师收到报表和证明文件后 56 天内。

4. 保留金

保留金是为了确保在施工阶段，或在缺陷责任期间，由于承包商未能履行合同义务，由雇主（或工程师）指定他人完成应由承包商承担的工作所发生的费用。FIDIC 施工合同条件规定，保留金的款额为合同总价的 5%，从第一次付款证书开始，按期中支付工程款的 10% 扣留，直到累计扣留达到合同总额的 5%止。保留金的退还一般分两次进行。当颁发整个工程的移交证书时，将一半保留金退还给承包商；当工程的缺陷责任期满时，另一半保留金将由工程师开具证书付给承包商。如果签发的移交证书仅是永久工程的某一区域或部分的移交证书时，则退还的保留金仅是移交部分的保留金，并且也只是一半。如果工程的缺陷责任期满时，承包商仍有未完成的工作，则工程师有权在剩余工程完成之前扣发他认为与需要完成的工程费用相应的保留金余款。

5. 最终支付和结清单

颁发工程接受证书后 56 天内承包人提交最终报表，最终报表是指工程接受证书指明的竣工日以前完成的合同价款，包括与工程量清单相应项目结算额、调价、变更、索赔、违约和风险等补偿额等，实际支付了多少，还有多少未支付。最终报表由工程师核定并与发包人和承包人反复协商，在取得一致的情况下，由工程师在 28 天内发出最终付款证书，发包人在 28 天内作最终支付。

9.3.3.3 暂列金额的使用

暂列金额是指在工程量清单中暂定并包括在合同价款中的一笔款项。中标的合同金额包含暂列金额。根据合同中暂列金额的使用规定，暂列金额用于工程任何部分的施工或用于提供材料设备或服务。暂列金额按照工程师的指示可全部或部分地使用，也可根本不予动用。暂列金额的使用范围如下：

（1）承包商按工程师的指令进行的变更部分估价；

（2）包括在合同价格中的，要由承包商从指定分包商或其他单位购买的工程设备、材料或服务。

9.3.3.4 竣工报表及呈交

颁发整个工程的接收证书之后 84 天内，承包商应向工程师呈交一份竣工报表，并应附有按工程师批准的格式所编写的证明文件。竣工报表应详细说明以下几点：

（1）到接收证书证明的日期为止，根据合同所完成的所有工作的最终价值；

（2）承包商认为应该支付的任何增加的款项；

（3）承包商认为根据合同将支付给他的任何其他款项的估算数额。

9.3.3.5 最终支付证书

承包商在收到履约证书后 56 天内，应向工程师提交按照工程师批准的格式编制的最终报表草案并附证明文件一式六份，该草案应详细说明以下问题：

（1）根据合同所完成的所有工作的价值；

（2）承包商认为根据合同或其他规定应支付给他的任何其他的款项。

如果工程师不同意或无法核实该草案的任何部分，则承包商应根据工程师的合理要求提交补充的资料，并按照可能商定的意见对草案进行修改。随后，承包商应按已商定的意见编制最终报表并提交给工程师。当最终报表递交后，承包商根据合同向业主索赔的权利就终止了。

1. 结清证明

在提交最终报表时，承包商应给业主一份书面结清证明，进一步证实最终报表的总额，代表了由合同引起的或与合同有关的全部和最后确定应支付给承包商的所有金额，但结清证明只有当最终证书中的款项得到支付和业主退还履约保证书以后才能生效。

2. 最终支付证书的颁发

工程师在接到最终报表及书面结清证明后 28 天内，应向业主发出一份最终付款证书，应说明以下问题：

（1）最终应支付的款项；

（2）确认业主先前已支付的所有金额及业主有权得到的金额，业主还应支付给承包商或承包商还应支付给业主的余额（如有）。

9.3.3.6 承包商对指定分包商的支付

承包商在获得业主实际完成工程量的付款后，扣除分包合同规定的承包商应得款（如税款、协调管理费等）。

9.3.3.7 有关合同被迫终止时结算与支付的规定

1. 由于承包商的违约终止合同时的结算和支付

（1）业主终止对承包商的雇用后，工程师应尽快对工程、货物和承包商的文件的价值做出估价，并决定承包商所有应得的款项。

（2）终止合同时的结算和支付。终止通知生效后，业主有以下权利和义务：

① 要求索赔。

② 在确定施工、竣工和修补工程缺陷的费用、误期损害赔偿费及自己花费等所有其他费用之前，停止对承包商的一切支付。

③ 从工程师估算的合同终止日承包商所有应得款项中扣除因承包商违约对业主造成的损失、损害赔偿费和完成工程时所需要的额外费用外，余额应支付给承包商。

2. 由于不可抗力而终止合同的结算和支付

1）不可抗力的定义

不可抗力是某种异常事件和情况，但这种事件或情况必须同时满足以下四个条件。

① 一方无法控制；

② 在签订合同时该方无法防范；

③ 情况发生后，该方不能合理避免或克服；

④ 情况的发生不是因另一方的责任造成的，如战争、入侵、叛乱、暴乱、军事政变、内战、瘟疫、地震、飓风、台风、火山爆发等都属于不可抗力的范围。

2）终止合同的结算和支付

如果因不可抗力而终止合同时，业主除应以合同规定的单价和价格向承包商支付尚未支付的已完成工程量的费用外，还应支付以下几种费用：

① 工程量表中涉及的任何施工准备项目，只要这些项目的准备工作或服务已经进行或部分进行，则应支付该项费用或适当比例的金额。

② 为工程需要而订货的各种材料、设备或物资中，已交给承包商或承包商有法定的义务要接收的那一部分订购所需的费用，业主支付此项费用后，上述物资、设备即成为业主财产。

③ 承包商撤离自己设备的迁移费，但这部分费用应该是合理的，应该是撤回基地或费用更低的目的地所需费用。

④ 承包商雇用的所有与工程施工有关的职员、工人，在合同终止时的合理遣返费。

另外，业主也有权要求索还任何有关承包商的设备、材料等的预付款的未估算余额，以及在合同终止时按合同规定应由承包商偿还的任何其他金额。上述应支付的金额均应由工程师在同业主和承包商适当协商后确定，并应相应地通知承包商同时将一份副本呈交业主。

3. 因业主违约终止合同时的结算和支付

由于业主违约而终止合同时，业主对承包商的义务除与因不可抗力因素而终止合同时的付款条件一样外，还应付给承包商由于该项合同终止而造成的损失赔偿费。

4. 有关工程变更和价格调整时的结算与支付

1）工程变更的范围

如果工程师认为有必要对工程的形式、质量或数量做出任何变更，他有权指示承包商进行下列任何工作：

① 增加或减少合同中所包括的任何工作的数量。

② 删减任何工作（交与他人实施的工作除外）。

③ 改变任何工作的性质、质量。

④ 改变工程任何部分的标高、基线、位置和尺寸。

⑤ 任何永久工程需要的附加工作、工程设备、材料或服务。

⑥ 改变实施工程的施工顺序或时间安排。

承包商应遵守并执行工程师提出的每一项变更，如果承包商无法获得变更所需的货物，应立即停止通知工程师，工程师应取消、确认、修改指示。

2）工程变更的估价

① 使用工程量表中的费率和价格。对变更的工作进行估价，如果工程师认为适当，可以使用工程量表中的费率和价格。

② 制定新的费率和价格。如果合同中未包括用于该变更工作的费率或价格，则应在合理的范围内使用合同中的费率和价格作为估价的基础。如做不到这一点，则要求工程师与业主、承包商适当协商后，再由工程师和承包商商定一个合适的费率或价格。当双方意见不一致时，工程师有权确定一个他认为合适的费率或价格。在费率或价格确定之前，工程师应确定临时费率或价格，以便用于中期付款。

5. 有关索赔支付的规定

在工程师核实了承包商的索赔报告、同期记录和其他有关资料之后，应根据合同规定决定承包商是否有权获得延期和附加金额。经证实的索赔款额应在该月的中期支付证书中给予支付。如果承包商提供的报告不足以证实全部索赔，则已经证实的部分应被支付，不应将索赔款额全部拖到工程结束后再支付。

9.3.4 进度控制条款

FIDIC 施工合同条件中涉及工程进度控制的条款主要包括有关工程进度计划管理的规定，有关工程延误的规定，有关接收证书和履约证书的规定等方面的内容。

9.3.4.1 有关工程进度计划管理的规定

1. 提交工程进度计划

承包商应在收到工程开工日期的通知后 28 天内，根据要求向工程师递交一份详细的工程进度计划，以取得工程师的同意并有计划地展开工作。当进度计划与实际进度不符时，或工程师根据合同发出指令时，承包商需要修改原进度计划并提交给工程师。

进度计划的内容包括：承包商计划实施工作的次序和各项工作的预期时间；每个指定分包商工作的各个阶段；合同中规定的检查和检验的次序和时间；承包商拟采用的施工方法和各主要阶段的概括性描述，以及对各个主要阶段现场所需要的承包商人员和承包商设备的数量的合理估算和说明。

此外，当承包商预料到工程将受某事件或情况的不利影响时，应及时通知工程师，并按要求说明估计的合同价格的增加额及工程延误天数，并提交变更建议书。

2. 工程师对工程进度计划的管理

1）审查、批准工程进度计划

工程师在收到承包商提交的工程进度计划后，应根据合同的规定、工程实际情况及其他方面的因素进行审核。其中如果有不符合合同要求的部分，应在 21 天内通知承包商，承包商应对计划进行修订。否则承包商应立即按进度计划执行。

2）监督工程进度计划的实施

监督工程进度计划实施的依据是被确认的承包商的工程进度计划。如果工程师发现工程的实际进度不符合工程进度计划，或者进度计划某些内容不符合合同的要求，则承包商应根据工程师的要求提出一份修订进度计划，修改后的工程进度计划也应重新交工程师确认。由此引起的风险和开支，包括由此导致业主产生的附加费用（如工程师的报酬等），均由承包商承担。

3. 承包商对延误工期所应承担的责任

如果由于承包商自身的原因造成工期延误，而承包商又未能按照工程师的指示改变这一状况，则由承包商承担以下责任：

1）误期损失赔偿

如果承包商未能在合同规定的竣工日期前完成工程，则由承包商向业主支付误期损害赔偿费。误期损害赔偿费应按投标书附件中注明的每天应付的金额与合同中原定的竣工时间到接收证书中注明的实际竣工日期之间的天数乘积计算。但损失赔偿费应限制在投标书附件中注明的限额内。这笔金额是承包商为这种过失所应支付的唯一款项。这些赔偿费不应解除承包商对完成该项工程的义务或合同规定的承包商的任何其他义务和责任。

2）终止对承包商的雇用

如果承包商严重违约，包括拖延工期又固执地不采取补救措施，业主有权终止对他的雇用。而且承包商还要承担由此而造成的业主的损失费用。

9.3.4.2 有关工程延误的规定

1. 工程延误

由于非承包商的原因造成施工工期的延长，不能按竣工时期竣工，称为工期延误。

2. 工程延误的原因

（1）变更或合同范围内某些工程的工作量的实质性的变化。

（2）无法预见的公共当局的干扰引起的延误。

（3）异常不利的气候条件。

（4）传染病、法律变更或其他政府行为导致承包商不能获得充足的人员或货物，而且这种短缺是不可预见的。

（5）业主、业主人员或业主的其他承包商延误、干扰或阻碍了工程的正常进行。

（6）非承包商的原因，由于工程师的暂时停工指示而延误。

得到工程师批准的工程延期，所延长的工期已经属于合同工期的一部分。因而，承包商可以免除由于延长工期而向业主支付误期损失赔偿费的责任。由于工程延期所增加的费用将由业主承担。

3. 工程延误的审批

1）承包商的通知

承包商应在引起工程延误的事件开始发生后 28 天内通知工程师，随后，承包商应提交延期的详情说明。

如果引起工程延期的事件具有持续性的影响，不可能在申请延期的通知书发出后 28 天内提供最终的详细说明报告，那么承包商以不超过 28 天的间隔向工程师提交阶段性的详情说明，并在事件影响结束后的 28 天内提交最终详情说明。

2）工程师做出的工程延期的决定

工程师在接到要求延期的通知书后应进行调查核实，在承包商提交详情说明后，应进一步调查核实，对其申诉的情况进行研究，并在规定的时间内做出工程竣工时间是否延长的决定。

9.3.4.3 有关接收证书和履约证书的规定

1. 接收证书

1）工程和分项工程的接收证书

承包商可以在他认为达到合同规定的竣工检验标准日期 14 天前,向工程师发出申领接收证书的通知。如果工程分成若干个分项工程时,承包商可类似地对每个分项工程申领接收证书。工程师在收到上诉申领通知书 28 天内，或者向承包商颁发一份工程或分项工程接收证书，注明工程或分项工程按照合同要求已基本完成的工期；或者拒绝申请，但要说明理由，并指出在能够颁发接收证书之前承包商需要做的工作。承包商应在再次申领接收证书前完成上述工作。

如果工程师在 28 天内既没有颁发接收证书，又无拒绝申请，而工程或分项工程实质上符合合同规定，接收证书应视为已在上述规定期限的最后一日签发。承包商应在收到接收证书之前或之后将地表恢复原状。

2）对部分工程的接收

这里所说的部分工程指合同中已规定的区段中的一个部分。只要业主同意，工程师就可对永久工程的任何部分颁发接收证书。除非合同中另有规定或合同双方有协议，在工程师颁发包括某部分工程的接收证书之前，业主不得使用该部分。否则，一经使用则可认为业主接收了该部分工程，对该部分要承担照管责任；如果承包商要求，工程师应为此部分颁发接收证书；如果因此导致承包商费用的增加，承包商有权索赔这笔费用及合理的利润。若对工程或某区段中的一部分颁发了接收证书，则该工程或该区段剩余部分的误期损害赔偿费的日费率将按相应比例减小，但最大限额不变。

3）对竣工检验的干扰

若因为业主的原因妨碍竣工检验已达 14 天以上,则认为在原定竣工检验之日已接收了工程或区段,工程师应颁发接收证书,工程师应在 14 天前发出通知,要求承包商在缺陷通知期满前进行竣工检验。若因延误竣工检验导致承包商的损失,则承包商可据此索赔损失的工期、费用和利润。

2. 履约证书

1）缺陷通知期的计算

从接收证书中注明的工程（或区段）的竣工日期开始，工程（或区段）进入缺陷通知期，投标书附录中规定了缺陷通知期的时间。

2）缺陷的修正、重建或补救

承包商在缺陷通知期内要完成接收证书中指明的扫尾工作，并按业主的指示对工程中出现的各种缺陷进行修正、重建或补救。

3）修补缺陷期的费用

如果这些缺陷的产生是由于承包商负责的设计有问题，或由于工程设备、材料或工艺不符合合同要求，或由于承包商未能完全履行合同义务，则由承包商自行承担风险和费用；否则按变更处理，由工程师考虑向承包商追加支付。承包商在工程师要求下进行缺陷调查的费用也按此原则处理。

4）缺陷通知期的延长

如果在业主接收后，整个工程或工程的主要部分由于缺陷或损坏不能达到原定的使用目的，业主有权通过索赔要求承包商延长工程或区段的缺陷通知期，但延长最多不得超过两年。

5）未能补救缺陷

如果承包商未能在业主规定的期限内完成他应自费修补的缺陷，业主可以自行或雇用他人修复并由承包商支付费用；或要求适当减少支付给承包商的合同价格；如果该缺陷使得全部工程或部分工程基本丧失了盈利能力，则业主可对此不能按期投入使用的部分工程终止合同，向承包商收回为此工程已支付的全部费用及融资费，以及拆除工程、清理现场等费用。

6）进一步的检验

如果工程师认为承包商对缺陷或损坏的修补可能影响工程运行时，可要求按原检验条件重新进行检验。检验的风险和费用及修补工作的费用由责任方承担。

7）履约证书的颁发

在最后一个区段的缺陷通知期期满后的28天内，或承包商提供了全部承包商文件并完成和通过了对全部工程（包括修补所有的缺陷）的检验后，工程师应向承包商颁发履约证书，以说明承包商已履行了合同义务并达到了令工程师满意的程度。

只有颁发履约证书才代表对工程的批准和接受。履约证书颁布后，每一方仍应负责完成届时尚未完成的义务。

3. 现场的清理

在接到履约证书后28天内，承包商应清理现场，运走他的设备、剩余材料、垃圾等。否则业主可自行出售或处理留下的物品，并扣下所花费的费用，如有余额应归还承包商。

接收证书并不是工程的最终批准，不解除承包商对工程质量及其他方面的任何责任。只有工程师颁发的，履约证书才是对工程的批准。

9.3.5 质量控制条款

建筑工程项目是特殊的“产品”，承包商应按照合同中规定的方式，按照公认的良好惯例，使用合适的设施以及安全的材料来制造工程设备，生产和制造材料及实施工程，以达到合同约定的质量标准。

FIDIC 施工合同条件中涉及质量控制的条款包括：有关承包商人员素质的规定，有关合同转让与工程分包的规定；有关施工现场的材料、工程设备和工艺的规定，有关施工质量及验收的规定等内容。

9.3.5.1 有关承包商人员素质的规定

1. 承包商人员的详细要求

承包商应按工程师批准的格式，每月向工程师提交说明现场各类承包商人员数量的详细报告。这能够使工程师对承包商人员的数量和质量有个大概的了解，这也是对承包商雇用劳务人员的一种约束。

2. 承包商应提供的人员

承包商向施工现场提供的人员都应是在他们各自行业或职业内具有相应资质、技能和经验的人员。

3. 承包商管理人员的能力

在工程施工过程中，承包商应安排一定的管理人员对工作的计划、安排、指导、管理、检验和试验提供一切必要的监督。此类管理人员应具备用投标书附录中规定的语言交流的能力，应具备进行施工管理所需的专业知识及防范风险和预防事故的能力。

4. 不合格承包商人员的撤换

工程师有权要求承包商立即从该工程中撤掉由承包商提供的受雇于工程的有下列行为的任何人员（包括承包商代表）：经常行为不当，或工作漫不经心；无能力履行义务或玩忽职守；不遵守合同规定或经常出现有损安全、健康、环境保护的行为。

5. 承包商代表

承包商应在开工期前任命承包商代表，授予他必需的一切权利，由他全权代表承包商履行合同并接受工程师的指示。承包商代表的任命和撤换要经工程师的同意。承包商代表应用其全部时间去实施合同，他可将权利、职责或责任委任给任何胜任的人员，并可随时撤回，但须事先通知工程师。

9.3.5.2 有关合同转让与工程分包的规定

1. 合同的转让

如果没有一方的事先同意，另一方不得将合同的任何部分、合同中的任何利益进行转让，但下列情况除外：

（1）任一方在他方完全自主决定的情况下，事先征得他人同意后，可以将合同或者合同的任何部分转让。

（2）可以作为以银行或金融机构为收款人的担保。

2. 工程分包

（1）承包商不得将整个工程分包出去。

（2）责任关系。虽然分包出去的部分工程由分包商来实施，但是对分包商、分包商的代理人及其人员的行为或违约要由承包商负全部责任。

（3）对分包的要求如下：

① 雇用分包商（材料供应商和合同中已注明的分包商除外），必须经工程师事先同意；

② 承包商要提前28天将分包商的开工日期通知工程师；

③ 分包合同中必须规定：如果分包商履行其分包合同义务的期限超过了本合同相应部分的缺陷通知期，承包商应将此分包合同的利益转让给业主。

9.3.5.3 有关施工现场的材料、工程设备和工艺的规定

施工现场的材料、工程设备是确保工程质量的物质基础，工程师必须对此严格控制。

1. 对材料、工程设备和工艺的检查和检验

1）检　查

业主人员在一切合理时间内，有权进入所有现场和获得天然材料的场所；有权在生产、制造和施工期间，对材料、工艺进行检查，对工程设备及材料的生产制造进度进行检查。承包商应向业主人员提供进行上述工作的一切方便。在工程即将覆盖、隐蔽之前，承包商应通知工程师。工程师应随即进行审核、检查、测量或检验，不得无故拖延，或立即通知承包商无需进行上述工作。未经工程师的检查和批准，工程的任何部分不得覆盖、掩蔽或包装。否则，工程师有权要求承包商打开这部分工程供检验并自费恢复原状。对于承包商未通知工程师检验而自行隐蔽的任何工程部位，当工程师要求进行剥露或穿孔检查时，无论检验结果是否合格，均由承包商承担全部费用。

2）检　验

工程师应提前至少24小时将其参加检验的意图通知承包商。如果工程师未在商定的时间和地点参加检验，除非工程师另有指示，承包商可着手进行检验，并且此检验应被视为是在工程师在场的情况下进行的。

对于合同中有规定的检验（竣工后的检验除外），由承包商提供所需的一切用品和人员。检验的时间和地点由承包商和工程师商定。工程师可以通过变更改变规定的检验的位置和详细内容，或指示承包商进行附加检验。检验时，工程师应提前24小时通知承包商，如果工程师未能如期前往（工程师另有指示除外），承包商可以自行进行检验，工程师应确认此检验结果。承包商要及时按工程师的指示对某项工作进行检验，由于工程师的延误导致承包商遭受了工期、费用及合理的利润损失，承包商可以提出索赔。工程师可以变更规定检验的位置或细节，或指示承包商进行附加检验。如果此变更或附加检验证明被检验的永久设备、材料或工艺不符合合同规定，则此变更费用由承包商承担，不论合同中是否有其他规定。

2. 对不合格的材料和工程设备的拒收

如果经检查或检验，工程师发现任何工程设备、材料或工艺有缺陷或不符合合同的其他规定，可以对其拒收。承包商应立即进行修复。工程师可要求对其修复后的工程设备、材料和工艺按相同条款和条件再次进行检验直到其合格为止。

9.3.5.4 有关施工质量及验收的规定

1. 工程师对施工过程的检查

1）工程师检查的内容

① 承包商应按合同的要求建立质量保证体系，该体系应符合合同的详细规定。工程师应

对承包商的质量保证体系进行审查，使其发挥良好的作用。

② 工程师应在施工过程中监察和监督承包商的各项活动，包括施工中的材料、设备、工艺、人员等每一个环节。

2）工程师对覆盖前工程的检查

没有工程师的批准，工程的任何部分均不得覆盖或使之无法查看。

承包商应在规定的时间内通知工程师参加工程的此类部分检查，且不能无故拖延。如果工程师认为检查并无必要，则应通知承包商。

3）工程师对覆盖后工程的检查

如果承包商没有及时通知工程师，工程师可以要求对已覆盖的工程进行检查。承包商则应按工程师的指示，移去工程的任何部分的覆盖物，或在其内或贯穿其中开孔，并将该部分恢复原状使之完好，所需费用由承包商承担。

4）工程师有权指令暂时停工

由于承包商的违约或者为工程的合理施工或工程的安全，工程师有权指令暂时停工。承包商应按照工程师指示的时间和方式暂停工程，在暂停工程期间承包商应对工程进行必要的保护和安全保障。

2. 竣工验收

承包商应提前 21 天将某一确定日期通知工程师，说明在该日期后将准备好进行竣工检验。若检验通过，则承包商应向工程师提交一份有关此检验结果的证明报告；若检验未能通过，工程师可拒收工程或该区段，并责令承包商修复缺陷，修复缺陷的费用和风险由承包商自负。工程师或承包商可要求进行重新检验。如果雇主无故延误竣工检验，则承包商可根据合同中有关条款进行索赔；如果承包商无故延误竣工检验，工程师可要求承包商在收到通知后 21 日内进行竣工检验。若承包商未能在 21 日内进行，则雇主可自行进行竣工检验，其风险和费用均由承包商承担。当整个工程或某区段未能通过竣工检验时，工程师应有如下权利：

① 指示再进行一次重复的竣工检验。

② 如果由于该过失致使雇主基本上无法享用该工程或区段所带来的全部利益，工程师有权拒收整个工程或区段。在此情况下，对整个工程或不能按期投入使用的那部分主要工程终止合同。但不影响任何其他权利，依据合同或其他规定，雇主还应有权收回为整个工程或该部分工程所支付的全部费用以及融资费用。拆除工程清理现场及将永久设备和材料退还给承包商所支付的费用。

3. 工程师在颁发接收证书前对工程的检查

1）地表应恢复原状

在工程师颁发接收证书前，承包商应将现场或地表面恢复原状。在移交证书中未对此作出规定不能解除承包商自费进行恢复原状工作的责任。

2）颁发接收证书前的检验

工程师在颁发接收证书前，应对工程进行全面检验，接收证书将确认工程已基本竣工。

3）非承包商的原因造成的妨碍竣工检验的处理

如果由于业主、工程师、业主雇用的其他承包商的原因，使承包商不能进行竣工检查，如果工程符合合同要求，则应认为业主已在本该进行竣工检验的日期接收到了工程。但是，如果工程基本上不符合合同要求，则不能认为工程已被接收。

4. 缺陷通知期的质量控制

在工程的缺陷通知期满之前，工程出现任何缺陷或其他不合格之处，工程师可向承包商下达指示。承包商应该在移交证书注明的竣工日期之后，尽快地完成在当时尚未完成的工作；工程师指示承包商对工程进行修补、重建和补救缺陷时，承包商应在缺陷通知期内或期满后14天内实施这些工作。

当承包商未能在合理的时间内执行这些指示时，业主有权雇用他人从事该项工作，并付给报酬。颁发履约证书后，承包商对尚未履行的义务仍有承担的责任。

9.3.6 索赔、争端与仲裁

FIDIC 合同中对风险分担进行了规定，意味着承包商在报价及工期安排时应将自己一方承担的风险考虑进去，而对于业主承担的风险，则一般不会考虑。如果这些风险发生，承包商可以向业主索赔。在前面的很多条款中，都明确规定或隐含了承包商索赔的权利。而如果双方对索赔的费用和工期意见不一致，就会出现争端。本条对争端的解决办法也作了相应规定，新红皮书在争端解决机制中引入了 DAB（争端裁决委员会）的争端解决方式。本条的具体内容包括：承包商进行索赔的程序，包括发出索赔通知以及时间方面的限制；争端裁决委员会的构成、性质与运行机制；友好解决的规定；仲裁的前提条件以及仲裁的规定。

9.3.6.1 承包商的索赔

如果承包商根据本合同条件的任何条款或参照合同的其他规定，认为他有权获得任何竣工时间的延长和（或）任何附加款项，他应通知工程师，说明引起索赔的事件或情况。该通知应尽快发出，并应不迟于承包商开始注意到，或应该开始注意到，这种事件或情况之后28天。

如果承包商未能在28天内发出索赔通知，竣工时间将不被延长，承包商将无权得到附加款项，并且雇主将被解除有关索赔的一切责任。否则本款以下规定应适用。

承包商还应提交一切与此类事件或情况有关的任何其他通知（如果合同要求），以及索赔的详细证明报告。

承包商应在现场或工程师可接受的另一地点保持用以证明任何索赔可能需要的同期记录。工程师在收到根据本款发出的上述通知后，在不必事先承认雇主责任的情况下，监督此类记录的进行，并（或）可指示承包商保持进一步的同期记录。承包商应允许工程师审查所有此类记录，并应向工程师提供复印件（如果工程师指示的话）。

在收到索赔报告或该索赔的任何进一步的详细证明报告后42天内（或在工程师可能建议且由承包商批准的此类其他时间内），工程师应表示批准或不批准，不批准时要给予详细的评价。他可能会要求任何必要的进一步的详细报告，但他应在这段时间内就索赔的原则作出反应。

每一份支付证明应将根据相关合同条款应支付并已被合理证实的此类索赔金额纳入其中。如果承包商提供的详细报告不足以证明全部的索赔，则承包商仅有权得到已被证实的那部分索赔。

9.3.6.2 争端裁决委员会的委任

争端应由争端裁决委员会根据第 20.4 款【获得争端裁决委员会的决定】进行裁决。合同双方应在投标函附录规定的日期内，共同任命一争端裁决委员会。

该争端裁决委员会应由具有恰当资格的成员组成，成员的数目可为一名或三名（“成员”），具体情况按投标书附录中的规定。如果投标书附录中没有注明成员的数目，且合同双方没有其他的协议，则争端裁决委员会应包含三名成员。

如果争端裁决委员会由三名成员组成，则合同每一方应提名一位成员，由对方批准。合同双方应与这两名成员协商，并应商定第三位成员（作为主席）。

但是，如果合同中包含了意向性成员的名单，则成员应从该名单中选出，除非他不能或不愿接受争端裁决委员会的任命。

合同双方与唯一的成员（“裁决人”）或三个成员中的每一个人的协议书（包括各方之间达成的此类修正）应编入附在通用条件后的争端裁决协议书的通用条件中。

关于唯一成员或三个成员中的每一个人（包括争端裁决委员会向其征求建议的任何专家）的报酬的支付条件，应由合同双方在协商上述任命条件时共同商定。每一方应负责支付此类酬金的一半。

在合同双方同意的任何时候，他们可以共同将事宜提交给争端裁决委员会，使其给出意见。没有另一方的同意，任一方不得就任何事宜向争端裁决委员会征求建议。

在合同双方同意的任何时候，他们可以任命一合格人选（或多个合格人选）替代（或备有人选替代）争端裁决委员会的任何一个或多个成员。除非合同双方另有协议，只要某一成员拒绝履行其职责或由于死亡、伤残、辞职或其委任终止而不能尽其职责，该任命即告生效。

如果发生了上述情况，而没有可替换的人员，委任替换人员的方式与本款中规定的任命或商定被替换人员的方式相同。

任何成员的委任只有在合同双方同意的情况下才能终止，雇主或承包商各自的行动将不能终止此类委任。除非双方另有协议，在第 14.12 款【结清单】提及的结清单即将生效时，争端裁决委员会（包括每一个成员）的任期即告期满。

9.3.6.3 未能同意争端裁决委员会的委任

如果下列条件中任一条件适用，即：

① 合同双方未能在第 20.2 款第一段说明的日期，就争端裁决委员会的唯一成员的委任达成一致意见；

② 合同中任一方未能在此日期，为由三名成员组成的争端裁决委员会提名一名人员（可为另一方接受的）；

③ 合同双方未能在此日期，就第三位成员（担任主席）的委任达成一致意见，或者；

④ 合同双方在唯一成员或三名成员中的一名成员拒绝履行其职责，或由于死亡、伤残、辞职或其委任终止而不能尽其职责之日后 42 天内，未能就替代人选的任命达成一致意见。

则专用条件中指定的机构或官方应根据合同一方或双方的要求，并在与合同双方适当协商后，提名该争端裁决委员会成员。该任命应是最终的和具有决定性的。每一方应负责支付该指定的机构或官方的酬金的一半。

9.3.6.4 获得争端裁决委员会的决定

如果在合同双方之间产生起因于合同或实施过程或与之相关的任何争端（任何种类），包括对工程师的任何证书的签发、决定、指示、意见或估价的任何争端，任一方可以将此类争端事宜以书面形式提交争端裁决委员会，供其裁定，并将副本送交另一方和工程师。应说明争端的提交是根据本款作出的。

对于由三名成员组成的争端裁决委员会，当争端裁决委员会的主席收到此类提交时即认为争端裁决委员会收到了此类提交。

合同双方应立即向争端裁决委员会提供为对此类争端进行裁决的目的而可能要求的所有此类附加资料、进一步的现场通道和适当的设施。争端裁决委员不应被视作为仲裁人。

在争端裁决委员会收到上述争端事宜的提交后 84 天内，或在争端裁决委员会建议并由双方批准的此类其他时间内，争端裁决委员会应作出决定，该决定应是合理的，并应声明该决定是根据本款作出的。该决定对双方都有约束力，合同双方应立即执行争端裁决委员会作出的每项决定，除非此类决定按下文规定在友好解决或仲裁裁决中得以修改。除非合同已被放弃、撤销或终止，否则承包商应继续按照合同实施工程。

如果合同双方中任一方对争端裁决委员会的裁决不满意，则他可在收到该决定的通知后第 28 天内或此前将其不满通知对方。如果争端裁决委员会未能在其收到此类不满通知后 84 天（或其他批准的时间）内作出决定，那么合同双方中的任一方均可在上述期限期满后 28 天之内将其不满通知对方。

在上述任一情况下，表示不满的通知应说明是根据本款发出的，且该通知应指明争端事宜及不满的理由。除非依据本款发出此类通知，否则将不能对争端进行仲裁，但第 20.7 款【未能遵守争端裁决委员会的决定】和第 20.8 款【争端裁决委员会的委任期满】所述的情况除外。任何一方若未按本款发出表示不满的通知，均无权就该争端要求开始仲裁。

如果争端裁决委员会已将其对争端作出的决定通知了合同双方，而双方中的任一方在收到争端裁决委员会的决定的第 28 天或此前未将其不满事宜通知对方，则该决定应被视为最终决定并对合同双方均具有约束力。

9.3.6.5 友好解决

按上述第 20.4 款规定已发出表示不满的通知后，合同双方在仲裁开始前应尽力以友好的方式解决争端。规定，除非合同双方另有协议，否则，仲裁将在表示不满的通知发出后第 56 天或此后开始，即使双方未曾作过友好解决的努力。

9.3.6.6 仲　裁

除非通过友好解决，否则如果争端裁决委员会有关争端的决定（如有时）未能成为最终决定并具有约束力，那么此类争端应由国际仲裁机构最终裁决。除非合同双方另有协议，否则：

① 该争端应根据国际商会的仲裁规则被最终解决；

② 该争端应由按本规则指定的三位仲裁人裁决；

③ 该仲裁应以第 1.4 款【法律和语言】规定的日常交流语言作为仲裁语言。

仲裁人应有全权公开、审查和修改工程师的任何证书的签发、决定、指示、意见或估价，以及任何争端裁决委员会有关争端事宜的决定。无论如何，工程师都不会失去被作为证人以及向仲裁人提供任何与争端有关的证据的资格。

合同双方的任一方在上述仲裁人的仲裁过程中均不受以前为取得争端裁决委员会的决定而提供的证据或论据或其不满意通知中提出的不满理由的限制。在仲裁过程中，可将争端裁决委员会的决定作为一项证据。

工程竣工之前或之后均可开始仲裁。但在工程进行过程中，合同双方、工程师以及争端裁决委员会的各自义务不得因任何仲裁正在进行而改变。

9.3.6.7 未能遵守争端裁决委员会的决定

如果下述情况发生：

① 合同双方中的任一方均未在第 20.4 款【获得争端裁决委员会的决定】规定的期限内向争端裁决委员会发出表示不满的通知；

② 该争端裁决委员会的有关决定（如有时）已成为最终决定并且具有约束力；

③ 合同一方未遵守此类决定。

则合同的另一方在不损害其拥有的其他权利的情况下，可将不执行决定的行为提交第 20.6 款【仲裁】中规定的仲裁。并且此时，第 20.4 款【获得争端裁决委员会的决定】和第 20.5 款【友好解决】的各项规定均不适用。

9.3.6.8 争端裁决委员会的委任期满

如果合同双方之间产生了起因于或相关于合同或工程的实施过程的某一争端，而此时不存在一个争端裁决委员会（there is no DAB in place）（无论是因为争端裁决委员会的任命已到期还是因为其他原因）：

第 20.4 款【获得争端裁决委员会的决定】和第 20.5 款【友好解决】的各项规定均不适用，以及该争端应根据第 20.6 款【仲裁】，直接通过仲裁最终解决。

索赔与争端是工程项目合同执行过程中的主要“摩擦力”。因此，FIDIC 在 17 版系列合同条件的修订过程中，将索赔与争端作为重要议题来考虑，期望合理、及时地处理索赔问题，以尽量避免索赔升级为争端。

FIDIC 认为索赔仅仅是某一方依据合同对自己的权利提出的一种要求，不一定必然上升为争端，只有索赔部分或全部被拒绝时才可能会形成争端。2017 版对 1999 版的“索赔、争端与仲裁”条款进行了重组和扩展，拆分成了两个条款：第 20 条“业主和承包商的索赔”和第 21 条“争端和仲裁”。

9.4 其他国际合同条件

9.4.1 ICE 合同条件

ICE 是英国土木工程师学会（Institution of Civil Engineer）的英文名简写。ICE 是设于英国的国际性组织，已成为世界公认的学术中心、资质评定组织及专业代表机构。ICE 在土木工程建设合同方面具有高度的权威性，它编制的土木工程合同条件在土木工程中具有广泛的应用。

1991 年 1 月第六版的《ICE 合同条件（土木工程施工）》共计 71 条 109 款，主要内容包括：工程师及工程师代表；转让与分包；合同文件；承包商的一般义务；保险；工艺与材料质量的检查；开工，延期与暂停；变更、增加与删除；材料及承包商设备的所有权；计量；证书与支付；争端的解决；特殊用途条款；投标书格式。另外，《IEC 合同条件》的最后也附有投标书格式、投标书格式附件、协议书格式、履约保证等文件。于 1993 年出版新的合同文本，称为《新工程合同》(New Engineering Contract，NEC)。1995 年出版了第二版，更名为《工程设计与施工合同（ECC)》。ECC 合同具有灵活性、简洁性、体现伙伴关系理论、有利于项目的信息化管理特点。

9.4.2 AIA 系列合同条件

AIA 是美国建筑师学会（American Institute of Architects）的英文名简写。AIA 作为建筑师的专业社团，已经有近 140 年的历史，成员总数达 56 000 名，遍布美国及全世界。AIA 出版的系列合同文件在美国建筑业界及国际工程承包界，特别在美洲地区具有较高的权威性，应用广泛。

AIA 系列合同文件包括 A、B、C、D、G、INT 六个系列，其中 A 系列是用于业主与承包商的标准合同文件，不仅包括合同条件，还包括承包商资格申报表、保证标准格式；B 系列主要用于业主与建筑师之间的标准合同文件，其中包括专门用于建筑设计、室内装修工程等特定情况的标准合同文件；C 系列主要用于建筑师与专业服务的咨询机构之间的标准合同文件；D 系列是建筑师行业内部使用的文件；G 系列是合同和办公管理中使用的文件和表格；INT 系列是用于国际工程项目的合同文件（为 B 系列的一部分）。

AIA 合同条件主要用于私营的房屋建筑工程，在美洲地区具有较高的权威性，应用广泛。

9.4.3 JCT 系列合同条件

JCT（Joint Contracts Tribunal，中译：联合合同委员会）于 1931 年在英国成立，其前身是英国皇家建筑师协会，并于 1998 年成为一家在英国注册的有限公司。该公司共有八个成员机构，每个成员机构推荐一名人员构成公司董事会。至今为止，JCT 已经制订了多种为全世界建筑业普遍使用的标准合同文本、业界指引及其他标准文本。

JCT 章程对“标准合同文本”的定义为：“所有相互一致的合同文本组合，这些文本共同被使用，作为运作某一特定项目所必须的文件。”这些合同文本包括：顾问合同；发包人与主承包人之间的主合同；主承包人与分包人之间的分包合同；分包人与次分包人之间的次分包合同的标准格式；发包人与设计师之间的设计合同；标书格式，用于发包人进行主承包人招标、主承包人进行分包人招标以及分包人进行次分包人招标；货物供应合同格式；保证金和抵押合同格式。

JCT 的工作是制作这些标准格式的组合，用于各种类型的工程承接。

复习思考题

一、选择题

1. FIDIC 是（　　）的法文名缩写。

A. 国际咨询工程师联合会　　B. 英国咨询工程师联合会

C. 美国咨询工程师联合会　　D. 全球咨询工程师联合会

2.《施工合同条件》（Conditions of Contract for Construction），简称（　　）。

A. “红皮书”　　B. “新红皮书”

C. “绿皮书”　　D. “新绿皮书”

3. 组成 FIDIC 施工合同文件的各部分可以互为解释，互为说明，当出现含糊不清或矛盾时，具有第一优先解释顺序的文件是（　　）。

A. 合同专用条件　　B. 投标书

C. 合同协议书　　D. 合同通用条件

4. 下列情况不属于不可抗力的是（　　）。

A. 火山爆发　　B. 业主提供的材料运输延误

C. 战争　　D. 台风

5. 下列属于承包商可以索赔的事件是（　　）。

A. 承包商租赁的砂浆搅拌机出现故障

B. 工程师指令错误导致工程返工

C. 未按图施工导致安全事故

D. 季节性暴雨导致窝工 1 天

二、简答题

1. 简述国际工程的概念和特点。

2. 简述构成 FIDIC 合同条件的各个文件及其解释顺序。

3. 简述 FIDIC 合同中，工程师的主要职责。

4. 简述 FIDIC 合同中，承包商的一般权利和义务。

三、实　训

1. 实训目的：熟悉 FIDIC 合同解决争议的办法及如何处理索赔。

2. 实训步骤：

（1）以本章的案例导入为基础，将班级学生分为 4 组。

（2）任务分配与实施：

第 1 组：通过网络资料、教辅材料等对案例进行详细的改编，要求案例中至少出现 5 类事件；

第 2 组：查阅 FIDIC 合同条件相关资料，针对改编的案例编写合同条款，包括通用条款和专用条款的部分内容；

第 3 组：作为承包商，撰写索赔报告提交工程师，提出索赔；

第 4 组：作为工程师和业主，处理索赔报告，并与承包商辩论，直至达成一致。

（3）教师点评。

附录　招投标合同管理相关文件

中华人民共和国国家发展计划委员会令（第 4 号）
《招标公告发布暂行办法》[①]

第一条　为了规范招标公告发布行为，保证潜在投标人平等、便捷、准确地获取招标信息，根据《中华人民共和国招标投标法》，制定本办法。

第二条　本办法适用于依法必须招标项目招标公告发布活动。

第三条　国家发展计划委员会根据国务院授权，按照相对集中、适度竞争、受众分布合理的原则，指定发布依法必须招标项目招标公告的报纸、信息网络等媒介（以下简称指定媒介），并对招标公告发布活动进行监督。

指定媒介的名单由国家发展计划委员会另行公告。

第四条　依法必须招标项目的招标公告必须在指定媒介发布。

招标公告的发布应当充分公开，任何单位和个人不得非法限制招标公告的发布地点和发布范围。

第五条　指定媒介发布依法必须招标项目的招标公告，不得收取费用，但发布国际招标公告的除外。

第六条　招标公告应当载明招标人的名称和地址、招标项目的性质、数量、实施地点和时间、投标截止日期以及获取招标文件的办法等事项。

招标人或其委托的招标代理机构应当保证招标公告内容的真实、准确和完整。

第七条　拟发布的招标公告文本应当由招标人或其委托的招标代理机构的主要负责人签名并加盖公章。

招标人或其委托的招标代理机构发布招标公告，应当向指定媒介提供营业执照（或法人证书）、项目批准文件的复印件等证明文件。

第八条　在指定报纸免费发布的招标公告所占版面一般不超过整版的四十分之一，且字体不小于六号字。

第九条　招标人或其委托的招标代理机构应至少在一家指定的媒介发布招标公告。

指定报纸在发布招标公告的同时，应将招标公告如实抄送指定网络。

第十条　招标人或其委托的招标代理机构在两个以上媒介发布的同一招标项目的招标公告的内容应当相同。

第十一条　指定报纸和网络应当在收到招标公告文本之日起七日内发布招标公告。

---

① 注：已根据 2013 年 3 月 11 日《关于废止和修改部分招标投标规章和规范性文件的决定》（2013 年第 23 号令）修正。

指定媒介应与招标人或其委托的招标代理机构就招标公告的内容进行核实，经双方确认无误后在前款规定的时间内发布。

第十二条　拟发布的招标公告文本有下列情形之一的，有关媒介可以要求招标人或其委托的招标代理机构及时予以改正、补充或调整：

（一）字迹潦草、模糊，无法辨认的；

（二）载明的事项不符合本办法第六条规定的；

（三）没有招标人或其委托的招标代理机构主要负责人签名并加盖公章的；

（四）在两家以上媒介发布的同一招标公告的内容不一致的。

第十三条　指定媒介发布的招标公告的内容与招标人或其委托的招标代理机构提供的招标公告文本不一致，并造成不良影响的，应当及时纠正，重新发布。

第十四条　指定媒介应当采取快捷的发行渠道，及时向订户或用户传递。

第十五条　指定媒介的名称、住所发生变更的，应及时公告并向国家发展计划委员会备案。

第十六条　招标人或其委托的招标代理机构有下列行为之一的，由国家发展计划委员会和有关行政监督部门视情节依照《中华人民共和国招标投标法》第四十九条、第五十一条的规定处罚：

（一）依法必须招标的项目，应当发布招标公告而不发布的；

（二）不在指定媒介发布依法必须招标项目的招标公告的；

（三）招标公告中有关获取招标文件的时间和办法的规定明显不合理的；

（四）招标公告中以不合理的条件限制或排斥潜在投标人的；

（五）提供虚假的招标公告、证明材料的，或者招标公告含有欺诈内容的；

（六）在两个以上媒介发布的同一招标项目的招标公告的内容不一致的。

第十七条　指定媒介有下列情形之一的，给予警告；情节严重的，取消指定：

（一）违法收取或变相收取招标公告发布费用的；

（二）无正当理由拒绝发布招标公告的；

（三）不向网络抄送招标公告的；

（四）无正当理由延误招标公告的发布时间的；

（五）名称、住所发生变更后，没有及时公告并备案的；

（六）其他违法行为。

第十八条　任何单位和个人非法干预招标公告发布活动，限制招标公告的发布地点和发布范围的，由有关行政监督部门依照《中华人民共和国招标投标法》第六十二条的规定处罚。

第十九条　任何单位或个人认为招标公告发布活动不符合本办法有关规定的，可向国家发展计划委员会投诉或举报。

第二十条　各地方人民政府依照审批权限审批的依法必须招标的民用建筑项目的招标公告，可在省、自治区、直辖市人民政府发展计划部门指定的媒介发布。

第二十一条　使用国际组织或者外国政府贷款、援助资金的招标项目，贷款方、资金提供方对招标公告的发布另有规定的，适用其规定。

第二十二条　本办法自二〇〇〇年七月一日起执行。

中华人民共和国国家发展和改革委员会令
第 29 号

为了加强对评标专家和评标专家库的监督管理，健全评标专家库制度，根据《中华人民共和国招标投标法》，特制定《评标专家和评标专家库管理暂行办法》，经国家发展计划委员会审议通过，现予发布，自二〇〇三年四月一日起施行。

二〇〇三年二月二十二日

评标专家和评标专家库管理暂行办法

第一条 为加强对评标专家的监督管理，健全评标专家库制度，保证评标活动的公平、公正，提高评标质量，根据《中华人民共和国招标投标法》，制定本办法。

第二条 本办法适用于评标专家的资格认定、入库及评标专家库的组建、使用、管理活动。

第三条 评标专家库由省级（含，下同）以上人民政府有关部门或者依法成立的招标代理机构依照《招标投标法》的规定自主组建。

评标专家库的组建活动应当公开，接受公众监督。

第四条 省级以上人民政府有关部门和招标代理机构应当加强对其所建评标专家库及评标专家的管理，但不得以任何名义非法控制、干预或者影响评标专家的具体评标活动。

第五条 政府投资项目的评标专家，必须从政府有关部门组建的评标专家库中抽取。

第六条 省级以上人民政府有关部门组建评标专家库，应当有利于打破地区封锁，实现评标专家资源共享。

省级人民政府可组建跨部门、跨地区的综合性评标专家库。

第七条 入选评标专家库的专家，必须具备如下条件：

（一）从事相关专业领域工作满八年并具有高级职称或同等专业水平；

（二）熟悉有关招标投标的法律法规；

（三）能够认真、公正、诚实、廉洁地履行职责；

（四）身体健康，能够承担评标工作。

第八条 评标专家库应当具备下列条件：

（一）具有符合本办法第七条规定条件的评标专家，专家总数不得少于 500 人；

（二）有满足评标需要的专业分类；

（三）有满足异地抽取、随机抽取评标专家需要的必要设施和条件；

（四）有负责日常维护管理的专门机构和人员。

第九条 专家入选评标专家库，采取个人申请和单位推荐两种方式。采取单位推荐方式的，应事先征得被推荐人同意。

个人申请书或单位推荐书应当存档备查。个人申请书或单位推荐书应当附有符合本办法第七条规定条件的证明材料。

第十条 组建评标专家库的政府部门或者招标代理机构，应当对申请人或被推荐人进行评审，决定是否接受申请或者推荐，并向符合本办法第七条规定条件的申请人或被推荐人颁发评标专家证书。

评审过程及结果应做成书面记录，并存档备查。

组建评标专家库的政府部门，可以对申请人或者被推荐人进行必要的招标投标业务和法律知识培训。

第十一条 组建评标专家库的政府部门或者招标代理机构，应当为每位入选专家建立档案，详细记载评标专家评标的具体情况。

第十二条 组建评标专家库的政府部门或者招标代理机构，应当建立年度考核制度，对每位入选专家进行考核。评标专家因身体健康、业务能力及信誉等原因不能胜任评标工作的，停止担任评标专家，并从评标专家库中除名。

第十三条 评标专家享有下列权利：

（一）接受招标人或其招标代理机构聘请，担任评标委员会成员；

（二）依法对投标文件进行独立评审，提出评审意见，不受任何单位或者个人的干预；

（三）接受参加评标活动的劳务报酬；

（四）法律、行政法规规定的其他权利。

第十四条 评标专家负有下列义务：

（一）有《招标投标法》第三十七条和《评标委员会和评标方法暂行规定》第十二条规定情形之一的，应当主动提出回避；

（二）遵守评标工作纪律，不得私下接触投标人，不得收受他人的财物或者其他好处，不得透露对投标文件的评审和比较、中标候选人的推荐情况以及与评标有关的其他情况；

（三）客观公正地进行评标；

（四）协助、配合有关行政监督部门的监督、检查；

（五）法律、行政法规规定的其他义务。

第十五条 评标专家有下列情形之一的，由有关行政监督部门给予警告；情节严重的，由组建评标专家库的政府部门或者招标代理机构取消担任评标专家的资格，并予以公告：

（一）私下接触投标人的；

（二）收受利害关系人的财物或者其他好处的；

（三）向他人透露对投标文件的评审和比较、中标候选人的推荐以及与评标有关的其他情况的；

（四）不能客观公正履行职责的；

（五）无正当理由，拒不参加评标活动的。

第十六条 组建评标专家库的政府部门或者招标代理机构有下列情形之一的，由有关行政监督部门给予警告；情节严重的，暂停直至取消招标代理机构相应的招标代理资格：

（一）组建的评标专家库不具备本办法规定条件的；

（二）未按本办法规定建立评标专家档案或对评标专家档案作虚假记载的；

（三）以管理为名，非法干预评标专家的评标活动的。

第十七条 招标人或其委托的招标代理机构不从依法组建的评标专家库中抽取专家的，评标无效；情节严重的，由有关行政监督部门依法给予警告。

政府投资项目的招标人或其委托的招标代理机构不遵守本办法第五条的规定，不从政府有关部门组建的评标专家库中抽取专家的，评标无效；情节严重的，由政府有关部门依法给予警告。

第十八条 本办法由国家发展计划委员会负责解释。

第十九条 本办法自二〇〇三年四月一日起实施。

电子招标投标办法

第一章　总 则

第一条　为了规范电子招标投标活动，促进电子招标投标健康发展，根据《中华人民共和国招标投标法》、《中华人民共和国招标投标法实施条例》(以下分别简称招标投标法、招标投标法实施条例)，制定本办法。

第二条　在中华人民共和国境内进行电子招标投标活动，适用本办法。

本办法所称电子招标投标活动是指以数据电文形式，依托电子招标投标系统完成的全部或者部分招标投标交易、公共服务和行政监督活动。

数据电文形式与纸质形式的招标投标活动具有同等法律效力。

第三条　电子招标投标系统根据功能的不同，分为交易平台、公共服务平台和行政监督平台。

交易平台是以数据电文形式完成招标投标交易活动的信息平台。公共服务平台是满足交易平台之间信息交换、资源共享需要，并为市场主体、行政监督部门和社会公众提供信息服务的信息平台。行政监督平台是行政监督部门和监察机关在线监督电子招标投标活动的信息平台。

电子招标投标系统的开发、检测、认证、运营应当遵守本办法及所附《电子招标投标系统技术规范》(以下简称技术规范)。

第四条　国务院发展改革部门负责指导协调全国电子招标投标活动，各级地方人民政府发展改革部门负责指导协调本行政区域内电子招标投标活动。各级人民政府发展改革、工业和信息化、住房城乡建设、交通运输、铁道、水利、商务等部门，按照规定的职责分工，对电子招标投标活动实施监督，依法查处电子招标投标活动中的违法行为。

依法设立的招标投标交易场所的监管机构负责督促、指导招标投标交易场所推进电子招标投标工作，配合有关部门对电子招标投标活动实施监督。

省级以上人民政府有关部门对本行政区域内电子招标投标系统的建设、运营，以及相关检测、认证活动实施监督。

监察机关依法对与电子招标投标活动有关的监察对象实施监察。

第二章　电子招标投标交易平台

第五条　电子招标投标交易平台按照标准统一、互联互通、公开透明、安全高效的原则以及市场化、专业化、集约化方向建设和运营。

第六条　依法设立的招标投标交易场所、招标人、招标代理机构以及其他依法设立的法人组织可以按行业、专业类别，建设和运营电子招标投标交易平台。国家鼓励电子招标投标交易平台平等竞争。

第七条　电子招标投标交易平台应当按照本办法和技术规范规定，具备下列主要功能：

(一)在线完成招标投标全部交易过程；

(二)编辑、生成、对接、交换和发布有关招标投标数据信息；

(三)提供行政监督部门和监察机关依法实施监督和受理投诉所需的监督通道；

(四)本办法和技术规范规定的其他功能。

第八条　电子招标投标交易平台应当按照技术规范规定，执行统一的信息分类和编码标准，为各类电子招标投标信息的互联互通和交换共享开放数据接口、公布接口要求。

电子招标投标交易平台接口应当保持技术中立，与各类需要分离开发的工具软件相兼容对接，不得限制或者排斥符合技术规范规定的工具软件与其对接。

第九条　电子招标投标交易平台应当允许社会公众、市场主体免费注册登录和获取依法公开的招标投标信息，为招标投标活动当事人、行政监督部门和监察机关按各自职责和注册权限登录使用交易平台提供必要条件。

第十条　电子招标投标交易平台应当依照《中华人民共和国认证认可条例》等有关规定进行检测、认证，通过检测、认证的电子招标投标交易平台应当在省级以上电子招标投标公共服务平台上公布。

电子招标投标交易平台服务器应当设在中华人民共和国境内。

第十一条　电子招标投标交易平台运营机构应当是依法成立的法人，拥有一定数量的专职信息技术、招标专业人员。

第十二条　电子招标投标交易平台运营机构应当根据国家有关法律法规及技术规范，建立健全电子招标投标交易平台规范运行和安全管理制度，加强监控、检测，及时发现和排除隐患。

第十三条　电子招标投标交易平台运营机构应当采用可靠的身份识别、权限控制、加密、病毒防范等技术，防范非授权操作，保证交易平台的安全、稳定、可靠。

第十四条　电子招标投标交易平台运营机构应当采取有效措施，验证初始录入信息的真实性，并确保数据电文不被篡改、不遗漏和可追溯。

第十五条　电子招标投标交易平台运营机构不得以任何手段限制或者排斥潜在投标人，不得泄露依法应当保密的信息，不得弄虚作假、串通投标或者为弄虚作假、串通投标提供便利。

第三章　电子招标

第十六条　招标人或者其委托的招标代理机构应当在其使用的电子招标投标交易平台注册登记，选择使用除招标人或招标代理机构之外第三方运营的电子招标投标交易平台的，还应当与电子招标投标交易平台运营机构签订使用合同，明确服务内容、服务质量、服务费用等权利和义务，并对服务过程中相关信息的产权归属、保密责任、存档等依法作出约定。

电子招标投标交易平台运营机构不得以技术和数据接口配套为由，要求潜在投标人购买指定的工具软件。

第十七条　招标人或者其委托的招标代理机构应当在资格预审公告、招标公告或者投标邀请书中载明潜在投标人访问电子招标投标交易平台的网络地址和方法。依法必须进行公开招标项目的上述相关公告应当在电子招标投标交易平台和国家指定的招标公告媒介同步发布。

第十八条　招标人或者其委托的招标代理机构应当及时将数据电文形式的资格预审文件、招标文件加载至电子招标投标交易平台，供潜在投标人下载或者查阅。

第十九条　数据电文形式的资格预审公告、招标公告、资格预审文件、招标文件等应当标准化、格式化，并符合有关法律法规以及国家有关部门颁发的标准文本的要求。

第二十条　除本办法和技术规范规定的注册登记外，任何单位和个人不得在招标投标活动中设置注册登记、投标报名等前置条件限制潜在投标人下载资格预审文件或者招标文件。

第二十一条　在投标截止时间前，电子招标投标交易平台运营机构不得向招标人或者其委托的招标代理机构以外的任何单位和个人泄露下载资格预审文件、招标文件的潜在投标人名称、数量以及可能影响公平竞争的其他信息。

第二十二条　招标人对资格预审文件、招标文件进行澄清或者修改的，应当通过电子招标投标交易平台以醒目的方式公告澄清或者修改的内容，并以有效方式通知所有已下载资格预审文件或者招标文件的潜在投标人。

第四章　电子投标

第二十三条　电子招标投标交易平台的运营机构，以及与该机构有控股或者管理关系可能影响招标公正性的任何单位和个人，不得在该交易平台进行的招标项目中投标和代理投标。

第二十四条　投标人应当在资格预审公告、招标公告或者投标邀请书载明的电子招标投标交易平台注册登记，如实递交有关信息，并经电子招标投标交易平台运营机构验证。

第二十五条　投标人应当通过资格预审公告、招标公告或者投标邀请书载明的电子招标投标交易平台递交数据电文形式的资格预审申请文件或者投标文件。

第二十六条　电子招标投标交易平台应当允许投标人离线编制投标文件，并且具备分段或者整体加密、解密功能。

投标人应当按照招标文件和电子招标投标交易平台的要求编制并加密投标文件。

投标人未按规定加密的投标文件，电子招标投标交易平台应当拒收并提示。

第二十七条　投标人应当在投标截止时间前完成投标文件的传输递交，并可以补充、修改或者撤回投标文件。投标截止时间前未完成投标文件传输的，视为撤回投标文件。投标截止时间后送达的投标文件，电子招标投标交易平台应当拒收。

电子招标投标交易平台收到投标人送达的投标文件，应当即时向投标人发出确认回执通知，并妥善保存投标文件。在投标截止时间前，除投标人补充、修改或者撤回投标文件外，任何单位和个人不得解密、提取投标文件。

第二十八条　资格预审申请文件的编制、加密、递交、传输、接收确认等，适用本办法关于投标文件的规定。

第五章　电子开标、评标和中标

第二十九条　电子开标应当按照招标文件确定的时间，在电子招标投标交易平台上公开进行，所有投标人均应当准时在线参加开标。

第三十条　开标时，电子招标投标交易平台自动提取所有投标文件，提示招标人和投标人按招标文件规定方式按时在线解密。解密全部完成后，应当向所有投标人公布投标人名称、投标价格和招标文件规定的其他内容。

第三十一条　因投标人原因造成投标文件未解密的，视为撤销其投标文件；因投标人之外的原因造成投标文件未解密的，视为撤回其投标文件，投标人有权要求责任方赔偿因此遭受的直接损失。部分投标文件未解密的，其他投标文件的开标可以继续进行。

招标人可以在招标文件中明确投标文件解密失败的补救方案，投标文件应按照招标文件的要求作出响应。

第三十二条　电子招标投标交易平台应当生成开标记录并向社会公众公布，但依法应当保密的除外。

第三十三条　电子评标应当在有效监控和保密的环境下在线进行。

根据国家规定应当进入依法设立的招标投标交易场所的招标项目，评标委员会成员应当在依法设立的招标投标交易场所登录招标项目所使用的电子招标投标交易平台进行评标。

评标中需要投标人对投标文件澄清或者说明的，招标人和投标人应当通过电子招标投标交易平台交换数据电文。

第三十四条　评标委员会完成评标后，应当通过电子招标投标交易平台向招标人提交数据电文形式的评标报告。

第三十五条　依法必须进行招标的项目中标候选人和中标结果应当在电子招标投标交易平台进行公示和公布。

第三十六条　招标人确定中标人后，应当通过电子招标投标交易平台以数据电文形式向中标人发出中标通知书，并向未中标人发出中标结果通知书。

招标人应当通过电子招标投标交易平台，以数据电文形式与中标人签订合同。

第三十七条　鼓励招标人、中标人等相关主体及时通过电子招标投标交易平台递交和公布中标合同履行情况的信息。

第三十八条　资格预审申请文件的解密、开启、评审、发出结果通知书等，适用本办法关于投标文件的规定。

第三十九条　投标人或者其他利害关系人依法对资格预审文件、招标文件、开标和评标结果提出异议，以及招标人答复，均应当通过电子招标投标交易平台进行。

第四十条　招标投标活动中的下列数据电文应当按照《中华人民共和国电子签名法》和招标文件的要求进行电子签名并进行电子存档：

（一）资格预审公告、招标公告或者投标邀请书；

（二）资格预审文件、招标文件及其澄清、补充和修改；

（三）资格预审申请文件、投标文件及其澄清和说明；

（四）资格审查报告、评标报告；

（五）资格预审结果通知书和中标通知书；

（六）合同；

（七）国家规定的其他文件。

第六章　信息共享与公共服务

第四十一条　电子招标投标交易平台应当依法及时公布下列主要信息：

（一）招标人名称、地址、联系人及联系方式；

（二）招标项目名称、内容范围、规模、资金来源和主要技术要求；

（三）招标代理机构名称、资格、项目负责人及联系方式；

（四）投标人名称、资质和许可范围、项目负责人；

（五）中标人名称、中标金额、签约时间、合同期限；

（六）国家规定的公告、公示和技术规范规定公布和交换的其他信息。

鼓励招标投标活动当事人通过电子招标投标交易平台公布项目完成质量、期限、结算金额等合同履行情况。

第四十二条　各级人民政府有关部门应当按照《中华人民共和国政府信息公开条例》等规定，在本部门网站及时公布并允许下载下列信息：

（一）有关法律法规规章及规范性文件；

（二）取得相关工程、服务资质证书或货物生产、经营许可证的单位名称、营业范围及年检情况；

（三）取得有关职称、职业资格的从业人员的姓名、电子证书编号；

（四）对有关违法行为作出的行政处理决定和招标投标活动的投诉处理情况；

（五）依法公开的工商、税务、海关、金融等相关信息。

第四十三条　设区的市级以上人民政府发展改革部门会同有关部门，按照政府主导、共建共享、公益服务的原则，推动建立本地区统一的电子招标投标公共服务平台，为电子招标投标交易平台、招标投标活动当事人、社会公众和行政监督部门、监察机关提供信息服务。

第四十四条　电子招标投标公共服务平台应当按照本办法和技术规范规定，具备下列主要功能：

（一）链接各级人民政府及其部门网站，收集、整合和发布有关法律法规规章及规范性文件、行政许可、行政处理决定、市场监管和服务的相关信息；

（二）连接电子招标投标交易平台、国家规定的公告媒介，交换、整合和发布本办法第四十一条规定的信息；

（三）连接依法设立的评标专家库，实现专家资源共享；

（四）支持不同电子认证服务机构数字证书的兼容互认；

（五）提供行政监督部门和监察机关依法实施监督、监察所需的监督通道；

（六）整合分析相关数据信息，动态反映招标投标市场运行状况、相关市场主体业绩和信用情况。

属于依法必须公开的信息，公共服务平台应当无偿提供。

公共服务平台应同时遵守本办法第八条至第十五条规定。

第四十五条　电子招标投标交易平台应当按照本办法和技术规范规定，在任一电子招标投标公共服务平台注册登记，并向电子招标投标公共服务平台及时提供本办法第四十一条规定的信息，以及双方协商确定的其他信息。

电子招标投标公共服务平台应当按照本办法和技术规范规定，开放数据接口、公布接口要求，与电子招标投标交易平台及时交换招标投标活动所必需的信息，以及双方协商确定的其他信息。

电了招标投标公共服务平台应当按照本办法和技术规范规定，开放数据接口、公布接口要求，与上一层级电子招标投标公共服务平台连接并注册登记，及时交换本办法第四十四条规定的信息，以及双方协商确定的其他信息。

电子招标投标公共服务平台应当允许社会公众、市场主体免费注册登录和获取依法公开的招标投标信息，为招标人、投标人、行政监督部门和监察机关按各自职责和注册权限登录使用公共服务平台提供必要条件。

第七章　监督管理

第四十六条　电子招标投标活动及相关主体应当自觉接受行政监督部门、监察机关依法实施的监督、监察。

第四十七条　行政监督部门、监察机关结合电子政务建设，提升电子招标投标监督能力，依法设置并公布有关法律法规规章、行政监督的依据、职责权限、监督环节、程序和时限、信息交换要求和联系方式等相关内容。

第四十八条　电子招标投标交易平台和公共服务平台应当按照本办法和技术规范规定，向行政监督平台开放数据接口、公布接口要求，按有关规定及时对接交换和公布有关招标投标信息。

行政监督平台应当开放数据接口，公布数据接口要求，不得限制和排斥已通过检测认证的电子招标投标交易平台和公共服务平台与其对接交换信息，并参照执行本办法第八条至第十五条的有关规定。

第四十九条　电子招标投标交易平台应当依法设置电子招标投标工作人员的职责权限，如实记录招标投标过程、数据信息来源，以及每一操作环节的时间、网络地址和工作人员，并具备电子归档功能。

电子招标投标公共服务平台应当记录和公布相关交换数据信息的来源、时间并进行电子归档备份。

任何单位和个人不得伪造、篡改或者损毁电子招标投标活动信息。

第五十条　行政监督部门、监察机关及其工作人员，除依法履行职责外，不得干预电子招标投标活动，并遵守有关信息保密的规定。

第五十一条　投标人或者其他利害关系人认为电子招标投标活动不符合有关规定的，通过相关行政监督平台进行投诉。

第五十二条　行政监督部门和监察机关在依法监督检查招标投标活动或者处理投诉时，通过其平台发出的行政监督或者行政监察指令，招标投标活动当事人和电子招标投标交易平台、公共服务平台的运营机构应当执行，并如实提供相关信息，协助调查处理。

第八章　法律责任

第五十三条　电子招标投标系统有下列情形的，责令改正；拒不改正的，不得交付使用，已经运营的应当停止运营。

（一）不具备本办法及技术规范规定的主要功能；

（二）不向行政监督部门和监察机关提供监督通道；

（三）不执行统一的信息分类和编码标准；

（四）不开放数据接口、不公布接口要求；

（五）不按照规定注册登记、对接、交换、公布信息；

（六）不满足规定的技术和安全保障要求；

（七）未按照规定通过检测和认证。

第五十四条　招标人或者电子招标投标系统运营机构存在以下情形的，视为限制或者排斥潜在投标人，依照招标投标法第五十一条规定处罚。

（一）利用技术手段对享有相同权限的市场主体提供有差别的信息；

（二）拒绝或者限制社会公众、市场主体免费注册并获取依法必须公开的招标投标信息；

（三）违规设置注册登记、投标报名等前置条件；

（四）故意与各类需要分离开发并符合技术规范规定的工具软件不兼容对接；

（五）故意对递交或者解密投标文件设置障碍。

第五十五条　电子招标投标交易平台运营机构有下列情形的，责令改正，并按照有关规定处罚。

（一）违反规定要求投标人注册登记、收取费用；

（二）要求投标人购买指定的工具软件；

（三）其他侵犯招标投标活动当事人合法权益的情形。

第五十六条　电子招标投标系统运营机构向他人透露已获取招标文件的潜在投标人的名

称、数量、投标文件内容或者对投标文件的评审和比较以及其他可能影响公平竞争的招标投标信息，参照招标投标法第五十二条关于招标人泄密的规定予以处罚。

第五十七条　招标投标活动当事人和电子招标投标系统运营机构协助招标人、投标人串通投标的，依照招标投标法第五十三条和招标投标法实施条例第六十七条规定处罚。

第五十八条　招标投标活动当事人和电子招标投标系统运营机构伪造、篡改、损毁招标投标信息，或者以其他方式弄虚作假的，依照招标投标法第五十四条和招标投标法实施条例第六十八条规定处罚。

第五十九条　电子招标投标系统运营机构未按照本办法和技术规范规定履行初始录入信息验证义务，造成招标投标活动当事人损失的，应当承担相应的赔偿责任。

第六十条　有关行政监督部门及其工作人员不履行职责，或者利用职务便利非法干涉电子招标投标活动的，依照有关法律法规处理。

第九章　附 则

第六十一条　招标投标协会应当按照有关规定，加强电子招标投标活动的自律管理和服务。

第六十二条　电子招标投标某些环节需要同时使用纸质文件的，应当在招标文件中明确约定；当纸质文件与数据电文不一致时，除招标文件特别约定外，以数据电文为准。

第六十三条　本办法未尽事宜，按照有关法律、法规、规章执行。

第六十四条　本办法由国家发展和改革委员会会同有关部门负责解释。

第六十五条　技术规范作为本办法的附件，与本办法具有同等效力。

第六十六条　本办法自 2013 年 5 月 1 日起施行。

中华人民共和国国家发展和改革委员会令
第16号

《必须招标的工程项目规定》已经国务院批准，现予公布，自2018年6月1日起施行。

主　任　　何立峰

2018年3月27日

必须招标的工程项目规定

第一条　为了确定必须招标的工程项目，规范招标投标活动，提高工作效率、降低企业成本、预防腐败，根据《中华人民共和国招标投标法》第三条的规定，制定本规定。

第二条　全部或者部分使用国有资金投资或者国家融资的项目包括：

（一）使用预算资金200万元人民币以上，并且该资金占投资额10%以上的项目；

（二）使用国有企业事业单位资金，并且该资金占控股或者主导地位的项目。

第三条　使用国际组织或者外国政府贷款、援助资金的项目包括：

（一）使用世界银行、亚洲开发银行等国际组织贷款、援助资金的项目；

（二）使用外国政府及其机构贷款、援助资金的项目。

第四条　不属于本规定第二条、第三条规定情形的大型基础设施、公用事业等关系社会公共利益、公众安全的项目，必须招标的具体范围由国务院发展改革部门会同国务院有关部门按照确有必要、严格限定的原则制订，报国务院批准。

第五条　本规定第二条至第四条规定范围内的项目，其勘察、设计、施工、监理以及与工程建设有关的重要设备、材料等的采购达到下列标准之一的，必须招标：

（一）施工单项合同估算价在400万元人民币以上；

（二）重要设备、材料等货物的采购，单项合同估算价在200万元人民币以上；

（三）勘察、设计、监理等服务的采购，单项合同估算价在100万元人民币以上。

同一项目中可以合并进行的勘察、设计、施工、监理以及与工程建设有关的重要设备、材料等的采购，合同估算价合计达到前款规定标准的，必须招标。

第六条　本规定自2018年6月1日起施行。

建设部第 89 号令
《房屋建筑和市政基础设施工程施工招标投标管理办法》

1. 2018 年 9 月 28 日依据《住房城乡建设部关于修改〈房屋建筑和市政基础设施工程施工招标投标管理办法〉的决定》（中华人民共和国住房和城乡建设部令第 43 号）修改；

2. 2019 年 3 月 13 日依据《住房和城乡建设部关于修改部分部门规章的决定》（中华人民共和国住房和城乡建设部令第 47 号）修改

《房屋建筑和市政基础设施工程施工招标投标管理办法》已于二〇〇一年五月三十一日经第四十三次部常务会议讨论通过，现予发布，自发布之日起施行。

部长　俞正声

二〇〇一年六月一日

房屋建筑和市政基础设施工程施工招标投标管理办法

第一章　总　则

第一条　为了规范房屋建筑和市政基础设施工程施工招标投标活动，维护招标投标当事人的合法权益，依据《中华人民共和国建筑法》、《中华人民共和国招标投标法》等法律、行政法规，制定本办法。

第二条　在中华人民共和国境内从事房屋建筑和市政基础设施工程施工招标投标活动，实施对房屋建筑和市政基础设施工程施工招标投标活动的监督管理，适用本办法。

本办法所称房屋建筑工程，是指各类房屋建筑及其附属设施和与其配套的线路、管道、设备安装工程及室内外装修工程。

本办法所称市政基础设施工程，是指城市道路、公共交通、供水、排水、燃气、热力、园林、环卫、污水处理、垃圾处理、防洪、地下公共设施及附属设施的土建、管道、设备安装工程。

第三条　房屋建筑和市政基础设施工程（以下简称工程）的施工单项合同估算价在 200 万元人民币以上，或者项目总投资在 3000 万元人民币以上的，必须进行招标。

省、自治区、直辖市人民政府建设行政主管部门报经同级人民政府批准，可以根据实际情况，规定本地区必须进行工程施工招标的具体范围和规模标准，但不得缩小本办法确定的必须进行施工招标的范围。

第四条　国务院建设行政主管部门负责全国工程施工招标投标活动的监督管理。

县级以上地方人民政府建设行政主管部门负责本行政区域内工程施工招标投标活动的监督管理。具体的监督管理工作，可以委托工程招标投标监督管理机构负责实施。

第五条　任何单位和个人不得违反法律、行政法规规定，限制或者排斥本地区、本系统以外的法人或者其他组织参加投标，不得以任何方式非法干涉施工招标投标活动。

第六条　施工招标投标活动及其当事人应当依法接受监督。

建设行政主管部门依法对施工招标投标活动实施监督，查处施工招标投标活动中的违法行为。

第二章　招　标

第七条　工程施工招标由招标人依法组织实施。招标人不得以不合理条件限制或者排斥潜在投标人，不得对潜在投标人实行歧视待遇，不得对潜在投标人提出与招标工程实际要求不符的过高的资质等级要求和其他要求。

第八条　工程施工招标应当具备下列条件：

（一）按照国家有关规定需要履行项目审批手续的，已经履行审批手续；

（二）工程资金或者资金来源已经落实；

（三）有满足施工招标需要的设计文件及其他技术资料；

（四）法律、法规、规章规定的其他条件。

第九条　工程施工招标分为公开招标和邀请招标。

依法必须进行施工招标的工程，全部使用国有资金投资或者国有资金投资占控股或者主导地位的，应当公开招标，但经国家计委或者省、自治区、直辖市人民政府依法批准可以进行邀请招标的重点建设项目除外；其他工程可以实行邀请招标。

第十条　工程有下列情形之一的，经县级以上地方人民政府建设行政主管部门批准，可以不进行施工招标：

（一）停建或者缓建后恢复建设的单位工程，且承包人未发生变更的；

（二）施工企业自建自用的工程，且该施工企业资质等级符合工程要求的；

（三）在建工程追加的附属小型工程或者主体加层工程，且承包人未发生变更的；

（四）法律、法规、规章规定的其他情形。

第十一条　依法必须进行施工招标的工程，招标人自行办理施工招标事宜的，应当具有编制招标文件和组织评标的能力：

（一）有专门的施工招标组织机构；

（二）有与工程规模、复杂程度相适应并具有同类工程施工招标经验、熟悉有关工程施工招标法律法规的工程技术、概预算及工程管理的专业人员。

不具备上述条件的，招标人应当委托具有相应资格的工程招标代理机构代理施工招标。

第十二条　招标人自行办理施工招标事宜的，应当在发布招标公告或者发出投标邀请书的 5 日前，向工程所在地县级以上地方人民政府建设行政主管部门备案，并报送下列材料：

（一）按照国家有关规定办理审批手续的各项批准文件；

（二）本办法第十一条所列条件的证明材料，包括专业技术人员的名单、职称证书或者执业资格证书及其工作经历的证明材料；

（三）法律、法规、规章规定的其他材料。

招标人不具备自行办理施工招标事宜条件的，建设行政主管部门应当自收到备案材料之日起 5 日内责令招标人停止自行办理施工招标事宜。

第十三条　全部使用国有资金投资或者国有资金投资占控股或者主导地位，依法必须进行施工招标的工程项目，应当进入有形建筑市场进行招标投标活动。

政府有关管理机关可以在有形建筑市场集中办理有关手续，并依法实施监督。

第十四条　依法必须进行施工公开招标的工程项目，应当在国家或者地方指定的报刊、信息网络或者其他媒介上发布招标公告，并同时在中国工程建设和建筑业信息网上发布招标公告。

招标公告应当载明招标人的名称和地址，招标工程的性质、规模、地点以及获取招标文件的办法等事项。

第十五条　招标人采用邀请招标方式的，应当向 3 个以上符合资质条件的施工企业发出投标邀请书。

投标邀请书应当载明本办法第十四条第二款规定的事项。

第十六条　招标人可以根据招标工程的需要，对投标申请人进行资格预审，也可以委托工程招标代理机构对投标申请人进行资格预审。实行资格预审的招标工程，招标人应当在招标公告或者投标邀请书中载明资格预审的条件和获取资格预审文件的办法。

资格预审文件一般应当包括资格预审申请书格式、申请人须知，以及需要投标申请人提供的企业资质、业绩、技术装备、财务状况和拟派出的项目经理与主要技术人员的简历、业绩等证明材料。

第十七条　经资格预审后，招标人应当向资格预审合格的投标申请人发出资格预审合格通知书，告知获取招标文件的时间、地点和方法，并同时向资格预审不合格的投标申请人告知资格预审结果。

在资格预审合格的投标申请人过多时，可以由招标人从中选择不少于 7 家资格预审合格的投标申请人。

第十八条　招标人应当根据招标工程的特点和需要，自行或者委托工程招标代理机构编制招标文件。招标文件应当包括下列内容：

（一）投标须知，包括工程概况，招标范围，资格审查条件，工程资金来源或者落实情况（包括银行出具的资金证明），标段划分，工期要求，质量标准，现场踏勘和答疑安排，投标文件编制、提交、修改、撤回的要求，投标报价要求，投标有效期，开标的时间和地点，评标的方法和标准等；

（二）招标工程的技术要求和设计文件；

（三）采用工程量清单招标的，应当提供工程量清单；

（四）投标函的格式及附录；

（五）拟签订合同的主要条款；

（六）要求投标人提交的其他材料。

第十九条　依法必须进行施工招标的工程，招标人应当在招标文件发出的同时，将招标文件报工程所在地的县级以上地方人民政府建设行政主管部门备案。建设行政主管部门发现招标文件有违反法律、法规内容的，应当责令招标人改正。

第二十条　招标人对已发出的招标文件进行必要的澄清或者修改的，应当在招标文件要求提交投标文件截止时间至少 15 日前，以书面形式通知所有招标文件收受人，并同时报工程所在地的县级以上地方人民政府建设行政主管部门备案。该澄清或者修改的内容为招标文件的组成部分。

第二十一条　招标人设有标底的，应当依据国家规定的工程量计算规则及招标文件规定的计价方法和要求编制标底，并在开标前保密。一个招标工程只能编制一个标底。

第二十二条　招标人对于发出的招标文件可以酌收工本费。其中的设计文件，招标人可以酌收押金。对于开标后将设计文件退还的，招标人应当退还押金。

第三章　投　标

第二十三条　施工招标的投标人是响应施工招标、参与投标竞争的施工企业。

投标人应当具备相应的施工企业资质，并在工程业绩、技术能力、项目经理资格条件、财务状况等方面满足招标文件提出的要求。

第二十四条 投标人对招标文件有疑问需要澄清的，应当以书面形式向招标人提出。

第二十五条　投标人应当按照招标文件的要求编制投标文件，对招标文件提出的实质性要求和条件作出响应。

招标文件允许投标人提供备选标的，投标人可以按照招标文件的要求提交替代方案，并作出相应报价作备选标。

第二十六条　投标文件应当包括下列内容：

（一）投标函；

（二）施工组织设计或者施工方案；

（三）投标报价；

（四）招标文件要求提供的其他材料。

第二十七条　招标人可以在招标文件中要求投标人提交投标担保。投标担保可以采用投标保函或者投标保证金的方式。投标保证金可以使用支票、银行汇票等，一般不得超过投标总价的 2%，最高不得超过 50 万元。

投标人应当按照招标文件要求的方式和金额，将投标保函或者投标保证金随投标文件提交招标人。

第二十八条　投标人应当在招标文件要求提交投标文件的截止时间前，将投标文件密封送达投标地点。招标人收到投标文件后，应当向投标人出具标明签收人和签收时间的凭证，并妥善保存投标文件。在开标前，任何单位和个人均不得开启投标文件。在招标文件要求提交投标文件的截止时间后送达的投标文件，为无效的投标文件，招标人应当拒收。

提交投标文件的投标人少于 3 个的，招标人应当依法重新招标。

第二十九条　投标人在招标文件要求提交投标文件的截止时间前，可以补充、修改或者撤回已提交的投标文件。补充、修改的内容为投标文件的组成部分，并应当按照本办法第二十八条第一款的规定送达、签收和保管。在招标文件要求提交投标文件的截止时间后送达的补充或者修改的内容无效。

第三十条　两个以上施工企业可以组成一个联合体，签订共同投标协议，以一个投标人的身份共同投标。联合体各方均应当具备承担招标工程的相应资质条件。相同专业的施工企业组成的联合体，按照资质等级低的施工企业的业务许可范围承揽工程。

招标人不得强制投标人组成联合体共同投标，不得限制投标人之间的竞争。

第三十一条　投标人不得相互串通投标，不得排挤其他投标人的公平竞争，损害招标人或者其他投标人的合法权益。

投标人不得与招标人串通投标，损害国家利益、社会公共利益或者他人的合法权益。

禁止投标人以向招标人或者评标委员会成员行贿的手段谋取中标。

第三十二条　投标人不得以低于其企业成本的报价竞标，不得以他人名义投标或者以其他方式弄虚作假，骗取中标。

第四章　开标、评标和中标

第三十三条　开标应当在招标文件确定的提交投标文件截止时间的同一时间公开进行；开标地点应当为招标文件中预先确定的地点。

第三十四条　开标由招标人主持，邀请所有投标人参加。开标应当按照下列规定进行：

由投标人或者其推选的代表检查投标文件的密封情况，也可以由招标人委托的公证机构进行检查并公证。经确认无误后，由有关工作人员当众拆封，宣读投标人名称、投标价格和投标文件的其他主要内容。

招标人在招标文件要求提交投标文件的截止时间前收到的所有投标文件，开标时都应当当众予以拆封、宣读。

开标过程应当记录，并存档备查。

第三十五条　在开标时，投标文件出现下列情形之一的，应当作为无效投标文件，不得进入评标：

（一）投标文件未按照招标文件的要求予以密封的；

（二）投标文件中的投标函未加盖投标人的企业及企业法定代表人印章的，或者企业法定代表人委托代理人没有合法、有效的委托书（原件）及委托代理人印章的；

（三）投标文件的关键内容字迹模糊、无法辨认的；

（四）投标人未按照招标文件的要求提供投标保函或者投标保证金的；

（五）组成联合体投标的，投标文件未附联合体各方共同投标协议的。

第三十六条　评标由招标人依法组建的评标委员会负责。

依法必须进行施工招标的工程，其评标委员会由招标人的代表和有关技术、经济等方面的专家组成，成员人数为 5 人以上单数，其中招标人、招标代理机构以外的技术、经济等方面专家不得少于成员总数的三分之二。评标委员会的专家成员，应当由招标人从建设行政主管部门及其他有关政府部门确定的专家名册或者工程招标代理机构的专家库内相关专业的专家名单中确定。确定专家成员一般应当采取随机抽取的方式。

与投标人有利害关系的人不得进入相关工程的评标委员会。评标委员会成员的名单在中标结果确定前应当保密。

第三十七条　建设行政主管部门的专家名册应当拥有一定数量规模并符合法定资格条件的专家。省、自治区、直辖市人民政府建设行政主管部门可以将专家数量少的地区的专家名册予以合并或者实行专家名册计算机联网。

建设行政主管部门应当对进入专家名册的专家组织有关法律和业务培训，对其评标能力、廉洁公正等进行综合评估，及时取消不称职或者违法违规人员的评标专家资格。被取消评标专家资格的人员，不得再参加任何评标活动。

第三十八条　评标委员会应当按照招标文件确定的评标标准和方法，对投标文件进行评审和比较，并对评标结果签字确认；设有标底的，应当参考标底。

第三十九条　评标委员会可以用书面形式要求投标人对投标文件中含义不明确的内容作必要的澄清或者说明。投标人应当采用书面形式进行澄清或者说明，其澄清或者说明不得超出投标文件的范围或者改变投标文件的实质性内容。

第四十条　评标委员会经评审，认为所有投标文件都不符合招标文件要求的，可以否决所有投标。

依法必须进行施工招标工程的所有投标被否决的，招标人应当依法重新招标。

第四十一条　评标可以采用综合评估法、经评审的最低投标标价法或者法律法规允许的其他评标方法。

采用综合评估法的，应当对投标文件提出的工程质量、施工工期、投标价格、施工组织设计或者施工方案、投标人及项目经理业绩等，能否最大限度地满足招标文件中规定的各项要求和评价标准进行评审和比较。以评分方式进行评估的，对于各种评比奖项不得额外计分。

采用经评审的最低投标价法的，应当在投标文件能够满足招标文件实质性要求的投标人中，评审出投标价格最低的投标人，但投标价格低于其企业成本的除外。

第四十二条　评标委员会完成评标后，应当向招标人提出书面评标报告，阐明评标委员会对各投标文件的评审和比较意见，并按照招标文件中规定的评标方法，推荐不超过 3 名有排序的合格的中标候选人。招标人根据评标委员会提出的书面评标报告和推荐的中标候选人确定中标人。

使用国有资金投资或者国家融资的工程项目，招标人应当按照中标候选人的排序确定中标人。当确定中标的中标候选人放弃中标或者因不可抗力提出不能履行合同的，招标人可以依序确定其他中标候选人为中标人。

招标人也可以授权评标委员会直接确定中标人。

第四十三条　有下列情形之一的，评标委员会可以要求投标人作出书面说明并提供相关材料：

（一）设有标底的，投标报价低于标底合理幅度的；

（二）不设标底的，投标报价明显低于其他投标报价，有可能低于其企业成本的。

经评标委员会论证，认定该投标人的报价低于其企业成本的，不能推荐为中标候选人或者中标人。

第四十四条　招标人应当在投标有效期截止时限 30 日前确定中标人。投标有效期应当在招标文件中载明。

第四十五条　依法必须进行施工招标的工程，招标人应当自确定中标人之日起 15 日内，向工程所在地的县级以上地方人民政府建设行政主管部门提交施工招标投标情况的书面报告。书面报告应当包括下列内容：

（一）施工招标投标的基本情况，包括施工招标范围、施工招标方式、资格审查、开评标过程和确定中标人的方式及理由等。

（二）相关的文件资料，包括招标公告或者投标邀请书、投标报名表、资格预审文件、招标文件、评标委员会的评标报告（设有标底的，应当附标底）、中标人的投标文件。委托工程招标代理的，还应当附工程施工招标代理委托合同。

前款第二项中已按照本办法的规定办理了备案的文件资料，不再重复提交。

第四十六条　建设行政主管部门自收到书面报告之日起 5 日内未通知招标人在招标投标活动中有违法行为的，招标人可以向中标人发出中标通知书，并将中标结果通知所有未中标的投标人。

第四十七条　招标人和中标人应当自中标通知书发出之日起 30 日内，按照招标文件和中标人的投标文件订立书面合同；招标人和中标人不得再行订立背离合同实质性内容的其他协议。订立书面合同后 7 日内，中标人应当将合同送工程所在地的县级以上地方人民政府建设行政主管部门备案。

中标人不与招标人订立合同的，投标保证金不予退还并取消其中标资格，给招标人造成的损失超过投标保证金数额的，应当对超过部分予以赔偿；没有提交投标保证金的，应当对招标人的损失承担赔偿责任。

招标人无正当理由不与中标人签订合同，给中标人造成损失的，招标人应当给予赔偿。

第四十八条　招标文件要求中标人提交履约担保的，中标人应当提交。招标人应当同时向中标人提供工程款支付担保。

第五章　罚　则

第四十九条　有违反《招标投标法》行为的，县级以上地方人民政府建设行政主管部门应当按照《招标投标法》的规定予以处罚。

第五十条 招标投标活动中有《招标投标法》规定中标无效情形的，由县级以上地方人民政府建设行政主管部门宣布中标无效，责令重新组织招标，并依法追究有关责任人责任。

第五十一条　应当招标未招标的，应当公开招标未公开招标的，县级以上地方人民政府建设行政主管部门应当责令改正，拒不改正的，不得颁发施工许可证。

第五十二条　招标人不具备自行办理施工招标事宜条件而自行招标的，县级以上地方人民政府建设行政主管部门应当责令改正，处 1 万元以下的罚款。

第五十三条　评标委员会的组成不符合法律、法规规定的，县级以上地方人民政府建设行政主管部门应当责令招标人重新组织评标委员会。招标人拒不改正的，不得颁发施工许可证。

第五十四条　招标人未向建设行政主管部门提交施工招标投标情况书面报告的，县级以上地方人民政府建设行政主管部门应当责令改正；在未提交施工招标投标情况书面报告前，建设行政主管部门不予颁发施工许可证。

第六章　附　则

第五十五条　工程施工专业分包、劳务分包采用招标方式的，参照本办法执行。

第五十六条　招标文件或者投标文件使用两种以上语言文字的，必须有一种是中文；如对不同文本的解释发生异议的，以中文文本为准。用文字表示的金额与数字表示的金额不一致的，以文字表示的金额为准。

第五十七条　涉及国家安全、国家秘密、抢险救灾或者属于利用扶贫资金实行以工代赈、需要使用农民工等特殊情况，不适宜进行施工招标的工程，按照国家有关规定可以不进行施工招标。

第五十八条　使用国际组织或者外国政府贷款、援助资金的工程进行施工招标，贷款方、资金提供方对招标投标的具体条件和程序有不同规定的，可以适用其规定，但违背中华人民共和国的社会公共利益的除外。

第五十九条　本办法由国务院建设行政主管部门负责解释。

第六十条　本办法自发布之日起施行。1992 年 12 月 30 日建设部颁布的《工程建设施工招标投标管理办法》（建设部令第 23 号）同时废止。

参考文献

[1] 祝和意，张皓，蔡倩. 建设工程招投标与合同管理[M]. 西安：西北工业大学出版社，2020.

[2] 张萍. 建筑工程招投标与合同管理[M]. 武汉：武汉理工大学出版社，2011.

[3] 廖礼平，黄春蕾. 建筑工程招投标与合同管理[M]. 西安：西安交通大学出版社，2015.

[4] 朱红章. 工程项目审计[M]. 武汉：武汉大学出版社，2010.

[5] 黄聪普，白秀华. 建设工程招投标与合同管理[M]. 重庆：重庆大学出版社，2017.

[6] 程敏，江俊福. 建设工程招投标与合同管理[M]. 哈尔滨：哈尔滨工程大学出版社，2018.

[7] 宋怡. 建设工程招投标与合同管理[M]. 北京：北京理工大学出版社，2018.

[8] 陈勇强，张水波，吕文学. FIDIC2017 版系列合同条件主要修订分析[J]. 国际经济合作，2018（5）.

[9] 陈勇强、朱星宇、石慧、谢爽. FIDIC2017 版与 1999 版施工合同条件比较分析[J]. 国际经济合作，2018（4）.

[10] 张玲、吕文学、杨志东、吴昊. FIDIC2017 版与 1999 版生产设备与设计 – 建造合同条件比较分析[J]. 国际经济合作，2018（4）.

[11] 赵珊珊、张水波、阿加克布、张启航. FIDIC2017 版与 1999 版设计 – 采购 – 施工与交钥匙工程合同条件比较分析[J]. 国际经济合作，2018（5）.

[12] 张水波、吕文学、陈勇强. FIDIC 合同体系发展 60 年：1957 到 2017[J]. 全球工程经营服务号，2017.

[13] 张水波、何伯森. FIDIC 新版合同条件导读与解析[M]. 北京：中国建筑工业出版社，2003.

[14] 王艳艳，黄伟典. 工程招投标与合同管理[M]. 北京：中国建筑工业出版社，2014.

[15] 黄琨，张坚. 工程项目招投标与合同管理[M]. 上海：华东理工大学出版社，2016.

[16] 王平. 工程招投标与合同管理[M]. 北京：清华大学出版社，2015.

[17] 林密. 工程项目招投标与合同管理[M]. 3 版. 北京：中国建筑工业出版社，2013.

[18] 周艳冬. 工程项目招投标与合同管理[M]. 2 版. 北京：北京大学出版社，2013.

[19] 吴冬平. 工程招投标与合同管理[M]. 2 版. 北京：机械工业出版社，2015.

[20] 蓝兴洲. 工程招投标与合同管理[M]. 重庆：重庆大学出版社，2021.

[21] 杨平，张莉莉. 工程招投标与合同管理[M]. 北京：清华大学出版社，2015.

[22] 钟汉华，姚祖军. 工程招投标与合同管理[M]. 北京：人民邮电出版社，2015.
[23] 武育秦. 工程招投标与合同管理[M]. 6 版. 重庆：重庆大学出版社，2022.
[24] 任志涛. 工程招投标与合同管理[M]. 2 版. 北京：电子工业出版社，2016.
[25] 方洪涛，王铁，吕宗斌. 工程项目招投标与合同管理[M]. 2 版. 北京：北京理工大学出版社，2013.
[26] 杨志中. 建设工程招投标与合同管理[M]. 2 版. 北京：机械工业出版社，2013.
[27] 刘晓勤. 建设工程招投标与合同管理[M]. 2 版. 上海：同济大学出版社，2014.
[28] 彭麟，蒋叶. 工程招投标与合同管理[M]. 武汉：华中科技大学出版社，2018.
[29] 王俊安. 工程招标投标与合同管理[M]. 北京：机械工业出版社，2018.
[30] 武永峰，魏静，年立辉. 建设工程招投标与合同管理[M]. 南京：南京大学出版社，2020.
[31] 杨锐，王兆. 建设工程招投标与合同管理[M]. 北京：人民邮电出版社，2018.
[32] 钱闪光，姚激，杨中. 工程招投标与合同管理[M]. 北京：北京邮电大学出版社，2021.